新编建筑施工岗位胜任力培训丛书

施工员

郭　琦　主编

北京科学技术出版社

图书在版编目(CIP)数据

施工员 / 郭琦主编 . —北京:北京科学技术出版社,2013.5

(新编建筑施工岗位胜任力培训丛书)

ISBN 978-7-5304-6555-4

Ⅰ.①施… Ⅱ.①郭… Ⅲ.①建筑工程—工程施工—岗位培训—教材 Ⅳ.①TU7

中国版本图书馆 CIP 数据核字(2013)第 046795 号

施工员

主　　编:郭　琦
策划编辑:杨晓方
责任编辑:程明翌
责任校对:黄立辉
责任印制:吕　越
封面设计:晓　林
出 版 人:张敬德
出版发行:北京科学技术出版社
社　　址:北京西直门南大街 16 号
邮政编码:100035
电话传真:0086-10-66161951(总编室)
　　　　　0086-10-66113227(发行部) 0086-10-66161952(发行部传真)
电子信箱:bjkjpress@163.com
网　　址:www.bkjpress.com
经　　销:新华书店
印　　刷:三河国新印装有限公司
开　　本:710mm×1000mm　　1/16
字　　数:403 千
印　　张:20.75
版　　次:2013 年 5 月第 1 版
印　　次:2013 年 5 月第 1 次印刷
ISBN 978-7-5304-6555-4/T·743

定　价:45.00 元

编写委员会

主　　编　郭　琦
编　　者　（按姓氏拼音排序）

前　言

　　中国作为一个正在高速发展的国家,加强基础设施及城乡建设既是发展中必不可少的一部分,也是经济发展建设的重要体现。建筑物以其独有的多样性、巨额性、不可移动性、生产周期长等特点而成为一个特殊的产品,需要一大批建筑专业人员进行研究和生产,而建筑施工是建筑产品必不可少的环节。作为建筑施工企业前线岗位的管理人员(如施工员、资料员、安全员、造价员、测量员),他们既是工程建设管理的执行者,也是基层建筑施工工人的技术指导者。他们的管理能力和技术水平的高低直接影响到工程建设的质量、进度和成本,同时也关系到工程建设单位的信誉、资质和未来,甚至整个建筑行业的发展。由于人们生活水平的日渐提高和科技的发展,对建筑物的外观、使用要求也随之提高,这就需要我们建筑专业人员提高自己的专业水平,快速积累经验,成为一个合格的技术员。

　　众所周知,建筑行业是一个实践性非常强的行业,理论和实践永远是有差别的。如何让初涉建筑领域的应届毕业生和社会人员快速提高自己的管理能力和技术水平成为我们思考的问题。为满足这些建筑企业前线岗位管理和技术人员的需要,提高他们的专业能力,我们组织建筑行业的专家学者,走访大量施工现场,结合实践精心编写了《新编建筑施工岗位胜任力培训》丛书。

　　本套丛书内容丰富,包含大量实用的传统建筑工程施工技术及新材料、新技术、新工艺和智能化技术等方面的知识,力求做到技术内容新、实用,文字通俗易懂,结构清晰明了,并穿插大量图例、表格以便读者更直观清晰地理解、掌握知识。

　　本丛书在编写上充分考虑了技术人员的知识需求和学习过程,形象具体地阐述了施工技术要点及方法,让读者清楚的掌握基础和重点知识,满足施工现场所应具备的基本技术和要点,使刚入门的人员尽快成长起来。

　　《新编建筑施工岗位胜任力培训》丛书包括《施工员》《测量员》《资料员》《造价员》和《安全员》5个分册。

　　丛书特点:内容新、知识点全、结合实际、通俗易懂、重点突出、条理清晰、结构合理。

　　"基础必读"＋"重点掌握",选择我,你没错!

"基础必读"将基础知识进行归纳整理,以知识点的形式一一讲解,方便读者查阅和理清思绪。

"重点掌握"在掌握基本知识的基础上进一步提高能力和技术,使其快速进步。

本丛书可供监理单位、施工单位及质量监督单位的相关管理人员作为参考用书,也可作为大中专院校工程建筑专业师生的教学参考用书。由于编者水平有限,错误疏漏之处在所难免,敬请批评指正。

编　者

目　录

第一章

地基与基础工程

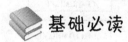 **本章导读**

　　本章主要介绍的是地基与基础工程施工的知识,重点是让读者对基坑开挖以及基坑排水的施工方法有基本的了解,对一些常见的地基和桩基的施工要点以及质量要求作了详细的介绍,有助于读者的学习掌握。

第一节　土方工程

基础必读

要点1:土方工程的作业内容

　　土方工程的作业内容包括:场地平整;基坑、基槽及管沟的开挖与回填;地下工程(人防工程及大型建筑物的地下室、深基础)的开挖与回填;地坪填土与碾压等。在土方工程施工中包含了土方的开挖、运输、填筑等主要施工过程,以及场地清理、测量放线、施工排水与降水和土壁支护等准备工作和辅助工作。

要点2:土的工程分类

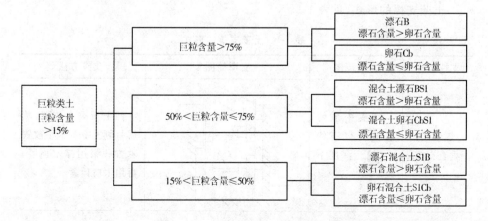

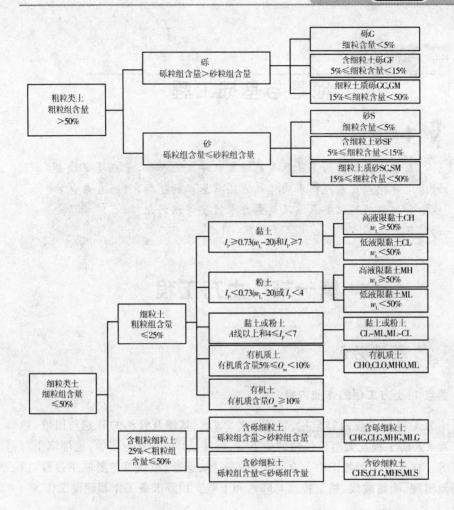

要点3：土壁支撑的形式

土壁支撑的形式，见表1-1。

表1-1　土壁支撑的形式

支撑名称	适用范围	支撑简图	支撑方法
连续式垂直支撑	挖掘松散的或温度很高的土（挖土深度不限）		挡土板垂直放置，然后每侧上下各水平放置木方一根用撑木顶紧，再用木楔顶紧

续表

支撑名称	适用范围	支撑简图	支撑方法
锚拉支撑	开挖较大基坑或使用较大型的机械挖土,而不能安装横撑时		挡土板水平顶在柱桩的内侧,柱桩一端打入土中,另一端用拉杆与远处锚桩拉紧,挡土板内侧回填土
余柱支撑	开挖较大基坑或使用较大型的机械挖土,而不能采用锚拉支撑时		挡土板水平顶在柱桩的内侧,柱桩外侧由斜撑支牢,斜撑的底端只顶在撑桩上,然后在挡土板内侧回填土
短柱横隔支撑	开挖宽度大的基坑,当部分地段下部放坡不足时		打入小短木桩,一半露出地面,一半打入地下,地上部分背面钉上横板,在背面填土
临时挡土墙支撑	开挖宽度大的基坑,当部分地段下部放坡不足时		坡角用砖、石叠砌或用草袋装土叠砌,使其保持稳定

注:1—水平挡土板;2—垂直挡土板;3—竖木方;4—模木方;5—撑木;6—工具式横撑;7—木楔;8—柱桩;9—锚桩;10—拉杆;11—斜撑;12—撑桩;13—回填土;14—装土草袋。

要点4：轻型井点降水的工作原理

轻型井点是沿基坑四周每隔一定距离埋入井点管（直径38～51 mm，长5～7 m的钢管）至蓄水层内，利用抽水设备将地下水从井点管内不停抽出，使原有地下水降至坑底以下。在施工过程中要不断地抽水，直至施工完毕。

 重点掌握

要点5：基坑开挖的要求

（1）基坑（槽）和管沟开挖上部应有排水措施，防止地面水流入坑内，以防冲刷边坡造成塌方和破坏基土。

（2）基坑、基槽尺寸应满足结构和施工要求。当基底为渗水土质，槽底尺寸应根据排水要求和基础模板设计所需基坑大小而定。一般基底应比基础的平面尺寸增宽0.5～1 m。当不设模板时，可按基础尺寸和施工操作工作面、最小回填工作宽度要求确定基底开挖尺寸。

（3）开挖坡度的确定。

1）在天然湿度的土中开挖基槽和管沟，当挖土深度不超过下列数值规定时，可不放坡，不加支撑。

· 密实、中密的砂土和碎石类土（填充物为砂土）：1.0 m。
· 硬塑、可塑的黏质粉土及粉质黏土：1.25 m。
· 硬塑、可塑的黏土和碎石类土（填充物为黏性土）：1.5 m。
· 坚硬的猫土：2.0 m。

2）超过上述规定深度，应采取相应的边坡支护措施，否则必须放坡，边坡最陡坡度应符合表1-2的规定。

表1-2　深度在5 m内的基槽管沟边坡的最陡坡度

土的类别	边坡坡度容许值（高：宽）		
	坡顶无荷载	坡顶有静载	坡顶有动载
中密的砂土	1：1.00	1：1.25	1：1.50
中密的碎石类土（填充物为砂土）	1：0.75	1：1.00	1：1.25
硬塑的黏质粉土	1：0.67	1：0.75	1：1.00
中密的碎石类土（填充物为黏性土）	1：0.50	1：0.67	1：0.75
硬塑的粉质黏土、黏土	1：0.33	1：0.50	1：0.50
老黄土	1：0.10	1：0.25	1：0.33

土的类别	边坡坡度容许值(高∶宽)		
	坡顶无荷载	坡顶有静载	坡顶有动载
软土(经井点降水后)	1∶1.00	—	—

　　注:在软土沟槽坡顶不宜设置静载或动载;需要设置时,应对土的承载力和边坡的稳定性进行验算。

　　(4)当开挖基坑(槽)的土的含水量大而不稳定,或基坑较深,或受到周围场地限制而需用较陡的边坡,或直立开挖而土质较差时,应采用临时性支撑加固,坑、槽宽度应比基础宽,即每边加15~20 cm支撑结构需要的尺寸。挖土时,土壁要求平直,挖好一层,支一层支撑,挡土板要紧贴土面,并用小木桩或横撑木顶住挡板。开挖宽度较大的基坑,当在局部地段无法放坡,或下部土方受到基坑尺寸限制不能放较大坡度时,则应在下部坡脚采取加固措施:采用短桩与横隔板支撑,或砌砖、毛石,或用编织袋、草袋装土堆砌临时矮挡土墙,从而保护坡脚。当开挖深基坑时,则须采取半永久性、安全、可靠的支撑措施。

　　(5)挖土应自上而下水平分段分层进行,边挖边检查坑底宽度,不够时应及时修整。每1 m左右修坡一次,至设计标高后再统一进行修坡并清底,检查坑底宽度和标高,要求坑底凹凸不超过20 mm。如基槽(坑)基底标高不相同时,高低标高相接处应做成阶梯形,阶梯的高宽比不宜大于1∶2。

　　(6)土方开挖的顺序、方法必须与设计工况相一致,并遵循"开槽支撑、先撑后挖、分层开挖、严禁超挖"的原则。

　　土方开挖的分层深度不宜超过0.5 m,多人分段开挖时,施工层面间应留出一定的安全距离。边坡应随挖随修整,不加支护放坡开挖的基坑,应每隔5 m设坡度尺,随时检查开挖坡度是否正确。

　　当开挖深度超过1 m时,应根据土质情况放坡或加设支撑;深度超过5 m时,必须编制专项施工技术方案和安全保障措施,经技术部门审批,由安全部门监督实施。挖深小于1.5 m时,可采用人工出土;挖深在1.5~3 m时,可在基坑内搭设平台,用人工二次倒运出土;挖深大于3 m时,应采用机械出土。

　　(7)基槽(坑)开挖的测量放线工作已完成,并经验收符合设计要求。

　　(8)开挖各种浅基础时,如不放坡,应先按放好的灰线直边切出槽边的轮廓线。

　　(9)开挖各种基槽、管沟的要点如下:

　　1)浅条形基础:一般黏性土可自上而下分层开挖,每层深度以600 mm为宜,从开挖端部逆向倒退按踏步型挖掘;碎石类土先用镐翻松,正向挖掘出土,每层深度视翻土厚度而定。

　　2)浅管沟:与浅条形基础开挖基本相同,但沟帮不需切直修平。标高按龙门板上平面往下返出沟底尺寸,接近设计标高后,再从两端龙门板下面的沟底标高上返 500 mm 为基准点,拉小线用尺检查沟底标高,最后修整沟底。

3)开挖放坡的基槽或管沟时,应先按施工方案规定的坡度粗略开挖,再分层按放坡坡度要求做出坡度线,每隔 3 m 左右做一条,以此为准进行铲坡。深管沟挖土时,应在沟帮中间留出宽 800 mm 左右的倒土台。

4)开挖大面积浅基坑时,沿坑三面开挖,挖出的土方装入手推车或翻斗车,运至弃土(存土)地点。

(10)土方开挖到距槽底 500 mm 以内时,测量放线人员应及时配合抄出距槽底 500 mm 水平标高点;自每条槽端部 200 mm 处,每隔 2～3 m 在槽帮上钉水平标高小木撅。在挖至接近槽底标高时,用尺或事先量好的 500 mm 标准尺杆,随时以小木撅平校核槽底标高。最后由两端轴线(中心线)引桩拉通线,检查沟槽底部尺寸,确定槽宽标志,据此修整槽帮,最后清除槽底土方,修底铲平。

(11)基槽、管沟的直立帮和坡度,在开挖过程和敞露期间应采取措施防止塌方,必要时应加以保护。

在开挖槽边弃土时,应保证边坡和直立帮的稳定。当土质良好时,抛于槽边的土方(或材料),应在距槽(沟)边缘 1.0 m 以外处,高度不宜超过 1.5 m。在柱基周围、墙基或围墙一侧,不得堆土过高。

(12)基坑开挖应尽量防止对地基土的扰动。当用人工挖土的基坑挖好后不能立即进行下道工序时,应预留 15～30 cm 一层土不挖,待下道工序开始再挖至设计标高。

(13)挖至标高后,基底不得长期暴露,并不得受扰动或浸泡。应及时检查基坑尺寸、标高、基底土承载力,符合要求并办理验槽手续后应立即进行后续施工。

(14)如开挖的基坑槽深于邻近建筑基础时,开挖应保持一定的距离和坡度,如图 1-1 所示,以免影响临近建筑基础的稳定,一般应满足下列要求:$h : l < 0.5 \sim 1.0$。如不能满足要求,应采取在坡脚设挡墙或支撑进行加固处理。

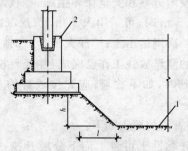

图 1-1　基坑、槽与邻近基础应保持的距离

1—开挖深基坑、槽底部;2—邻近基础

（15）开挖基槽（坑）和管沟时，不得超过基底标高。如个别地方超挖时，应取得设计单位的同意，用与基土相同的土料补填，并夯实至要求的密实度；或用灰土或砂土石填补并夯实。重要部位超挖时，可用低强度等级混凝土填补。

（16）清底。人工挖土接近设计标高后，应预留 100 mm 槽底，并由专人进行清槽见底，以防止基底土被扰动，并确保基底标高和尺寸正确。

（17）在基槽挖土过程中，应随时注意土质变化情况，如基底出现软弱土层、枯井等，应与设计单位共同研究，采取加深、换填或其他加固地基方法进行处理。遇有文物，应做好保护，妥善处理后再继续施工。

（18）基坑挖完后应进行验槽，并做好记录，如发现地基土质与地质勘探报告、设计要求不符时，应与有关人员研究并及时处理。

（19）开挖基槽、管沟的土方，在场地有条件堆放时，留足回填需用的好土，多余的土方运出，避免二次搬运。

要点 6：基坑排水方法

（1）明沟排水。

此方式适宜地基为岩基或粒径较粗、渗透系数较大的砂卵石覆盖面，在国内已建和在建的水利水电工程中应用最多。这种排水方式是通过一系列的排水沟渠，拦截堰体及堰基渗水，并将渗透水流汇集于泵站的集水井，再用水泵排出基坑外。

（2）人工降低地下水位。

在基坑开挖过程中，为了保证工作面的干燥，往往要多次降低排水沟和集水井的高程，经常变更水泵站的位置。这样，往往造成施工干扰，影响基坑开挖工作的正常进行。此外，当进行细砂土、砂壤土之类的基础开挖时，如果开挖深度较大，则随着基坑底面的下降，地下水渗透压力的不断增大，容易产生边坡塌滑、底部隆起以及管涌等事故。为此，采用降低地下水位的办法，即在基坑周围钻设一些井，将地下水汇集于井中抽出，使地下水位降低到开挖基坑的底部以下。

人工降低地下水位的方法很多，按其排水原理分为管井排水法、真空井点排水法、喷射井点法、电渗井点排水法等。

排水方法的选择与土层的地质构造、基坑形状、开挖深度等都有密切关系，但一般主要按其渗透系数来进行选择。管井排水法适用于渗透系数较大、地下水埋藏较浅（基坑低于地下水水位）、颗粒较粗的砂土及岩石裂隙发育的地层；而真空排水法、喷射排水法和电渗排水法等则适用于开挖深度较大、渗透系数较小、且土质又不好的地层。

要点 7：基坑开挖的注意事项

（1）定位标准轴线引桩、标准水准点、龙门板等，在挖运时不得碰撞，也不得坐在龙门板上休息，并应经常测量和校核其位置、水平标高和边坡坡度是否符合设计要求。

（2）土方开挖时，应防止临近已有建（构）筑物、道路、管线等发生下沉或变形，必要时与设计单位或建设单位协商，采取有效防护措施，并在施工中进行沉降和位移观测。

（3）施工中如发现有文物或古墓等，应妥善保护，并立即报请当地有关部门处理，然后方可继续施工。如发现有测量用的永久性标桩或地质、地震部门设置的长期观测点等，应加以保护。在敷设地上或地下管道、电缆的地段进行土方施工时，应事先取得有关管理部门的书面同意，施工中应采取措施，以防止损坏管线。

（4）软土地区桩基挖土应注意的问题：在密集群桩上开挖基坑时，应在打桩完成后间隔一段时间，再对称挖土；在密集桩附近开挖基槽时，应采取措施防止桩基位移及桩顶损坏。

（5）合理安排施工顺序：土方开挖宜先从低处开始，分层分段依次进行，形成一定坡度，以利排水。

（6）保证开挖尺寸：基槽或管沟底部的开挖宽度，除结构宽度外，应根据施工需要增加工作面宽度，如排水措施、支撑结构所需宽度等。

（7）防止基槽或管沟边坡不直不平、基底不平：应加强检查，随挖随修，并要认真验收。

要点 8：土方填筑与压实的要求及注意事项

（1）基坑（槽）底清理：填土前应将基坑（槽）、管沟底的垃圾杂物等清理干净；基槽回填，必须清理到基础底面标高，将回落的松散土、砂浆、石子等清理干净。

（2）检验土质：检验回填土的含水率是否在控制范围内，如含水率偏高，采用翻松、晾晒或均匀掺入干土等措施；如遇回填土的含水率偏低，可采用预先洒水润湿等措施。

（3）分层铺土、耙平。

1）回填土应分层铺摊和夯实。每层铺土厚度应根据土质、密实度要求和机具性能确定。一般蛙式打夯机每层铺土厚度为 200～250 mm；人工打夯不超过 150 mm。每层铺摊后，随之耙平。

2）基坑回填应相对两侧或四周同时进行。基础墙两侧回填土的标高不可相差太多,以免把墙挤歪;较长的管沟墙,应采用内部加支撑的措施,然后再在外侧回填土方。

3)深浅基坑相连时,应先填深坑。分段填筑时交接处应做成1∶2的阶梯状,且分层交接处应铺开,上下层错缝距离不应小于1 m,夯打重叠宽度应为0.5~1 m。接缝不得留在基础、墙角、柱墩等重要部位。

4)回填土每层夯实后,应按规范规定进行环刀取样,实测回填土的最大干密度,达到要求后再铺上一层土。

5)非同时进行的回填段之间的搭接处,不得形成陡坎,应将夯实层留成阶梯状,阶梯的宽度应大于高度的2倍。

(4)夯打密实。

1)回填土每层至少夯打3遍。打夯应一夯压半夯,夯夯连接,纵横交叉。并且严禁用浇水使土下沉的所谓"水夯"法。

2)深浅两基坑(槽)相连时,应先填夯深基坑,填至浅基坑标高时,再与浅基坑一起填夯。如必须分段夯实时,交接处应呈阶梯形,且不得漏夯。上下层错缝距离不小于1.0 m。

3)回填房心及管沟时,为防止管道中心线位移或损坏管道,应用人工先在管子两侧填土夯实;并应由管道两边同时进行,直至管顶500 mm以上时,在不损坏管道的情况下,方可采用蛙式打夯机夯实。在抹带接口处、防腐绝缘层或电缆周围,应回填细粒料。

4)一般情况下,蛙式打夯机和木夯每层夯实3~4遍,手扶式压路机每层夯实6~8遍。若经检验,密实度仍达不到要求,应继续夯(压),直到达到要求为止。基坑及地坪应由四周开始,然后再夯向中间。

第二节　地基与桩基工程

 重点掌握

要点1:强夯地基的施工要点及质量要求

1.施工要点

(1)试夯。

1)强夯前,应在施工现场选择一个或几个试验区,进行试夯或试验性施工。试验区数量应根据建筑场地复杂程度、建筑规模及建筑类型确定。

2)试夯前,应对试验区原状地基土进行载荷试验或标准贯入试验、静力触探试验等原位测试,并采取原状土样进行室内土工试验。

3)根据夯锤直径,用白灰画出试验点中心点位置及夯击圆界限。

4)在夯击试验点界限外两侧,以试验中心点为原点,对称等间距埋设标高施测基准桩。基准桩埋设在同一直线上,直线通过试验中心点,基准桩间距一般为 1 m,基准桩埋设数量视单点夯影响范围而定。

5)试夯应做好现场测试和记录。测试内容及方法应根据地质条件及设计要求确定,基本的测试项目为夯点沉降、夯坑周围土的隆起量、震动的影响范围、饱和软黏土超孔隙水压力的增长和消散情况等。

6)在远离试验点(夯击影响区外)架设水准仪,进行各观测点的水准测量,并作记录。

7)平稳起吊夯锤至设计要求夯击高度,释放夯锤自由平稳落下。

8)用水准仪对基准桩及夯锤顶部进行水准高程测量,并作好试验记录。

9)重复以上 7)、8)至试验要求的夯击次数。

10)试夯一周后,根据夯后土的超孔隙水压力消散情况,对试夯结果进行测试,测试项目与夯前测试相同。

11)根据试夯前后测试结果分析试夯效果,进行调整、修改,并最后确定强夯施工参数。

(2)施工参数确定。

1)在完成各单点夯击试验施工及检测后,综合分析施工检测数据,确定强夯施工参数,包括夯击高度、单点夯击次数、点夯施工遍数及满夯夯击能量、夯击次数、夯点搭接范围、满夯遍数等。

2)根据单点夯击试验资料及强夯施工参数,对处理场地整体夯沉量进行估算。根据建筑设计基础埋深,计算确定需要回填土数量。

3)必要时,应通过强夯小区试验,来确定强夯施工参数。

(3)测高程、放点。

1)测量场地高程:强夯场地的地面高程测量可采用精密水准仪施测。从基桩进行引测,应在图上标出各测点位置、高程,并计算出地面平均高程。采用经纬仪或全站仪,通过基桩确定强夯范围,划定强夯施工小区,用明显的标记在地面上画好线。

2)标出夯点位置:可采用仪器和钢尺标出位置,对强夯施工场地地面进行高程测量。根据第一遍点夯施工图,以夯击点中心为圆心,以夯锤直径为圆直径,用白灰画圆,分别画出每一个夯点。

(4)点夯施工。

1)起重机及夯锤就位。起重机吊起夯锤回转移动时,应保持起重机的稳定;夯锤对准夯点位置,同时应检查夯锤重心是否处于形心,若偏心时应采取在锤边焊钢板或增减混凝土块等办法使其平衡,防止夯坑倾斜,强夯水平偏差应小于 200 mm。

2)测量夯前锤顶高程。夯前应测量锤顶高程,填写强夯施工记录,计算每一击的夯沉量。用水准仪测量时,水准仪应距夯点一定距离,以防止夯击震动对水准仪的影响。

3)夯锤起吊高度误差应在 300 mm 以内,起吊速度根据起重机的起重能力、夯锤重量、起吊高度、起重机的稳定性等因素综合确定。起吊过程中夯锤应平稳、晃动不得过大,并使之自由脱钩。

4)桥式起重机吊起夯锤自由落下,为一次夯击。测量每次夯击后锤顶标高时,塔尺放置的位置应与夯前测量时一致。多台设备进行大面积强夯施工时,由于场地条件和强夯震动的影响,夯点夯沉量的现场测量不得少于夯点数的 50%。

5)重复夯击达到强夯施工设计规定的单点夯击次数后,桥式起重机和夯锤移位到下一个夯点(设计有跳夯要求时应严格执行规定)。

6)完成第 1 遍点夯:一个强夯区域的所有夯点完成设计要求的单点击数和规定的最后两击沉降差合格后,第 1 遍点夯即告完成,随即用推土机将场地推平。根据设计规定的点夯遍数(一般不超过 3 遍),按上述步骤重复进行。当最后两夯的沉降差不能满足设计要求时,应增加一击并对夯沉量较小的夯点查明其夯沉量小的原因。

7)根据第 2 遍点夯施工图进行夯点施放,进行第 2 遍点夯施工。

8)按设计要求可进行 3 遍以上的点夯施工。

(5)满夯施工。

1)规定遍数点夯完成以后,仍采用推土机将场地推平并测量场地水准高程,然后进行低能量满夯夯击。满夯的夯点应搭接夯锤底面积至少 1/3。(在地基加固程度要求不高时,也可采用低能量满夯的方法,对 2~3 m 深度内的地基土进行加固处理。)

2)满夯施工应根据满夯施工图进行并遵循由点到线,由线到面的原则。

3)按设计要求的夯击能量、次数、遍数及夯坑搭接方式进行满夯施工。

4)测量夯后场地标高。测量夯后场地标高时应同夯前测量时的方法和位置一致,以便计算强夯之后地面下沉的平均值,评价强夯加固的效果。一般情况下,强夯后地面总下沉量越大,强夯的加固效果越明显。

(6)施工间隔时间控制。

不同遍数施工之间需要控制的施工间隔时间应根据地质条件、地下水条件、气候条件等因素由设计人员提出,一般宜为 3~7 天。

(7)强夯检测。

强夯检测是强夯施工质量评价的重要步骤。强夯检测应参考场区岩土工程勘查报告和强夯施工记录。强夯检测时间根据工程规模和检测工程量由设计确定。一般对于碎石土和砂土地基,可取 7～14 天;粉土和黏性土地基可取 14～28 天。

(8)施工注意事项。

1)当夯击能过大、夯点间距过小、孔隙水压力过高时,应及时调整夯击能和夯点间距,以免夯坑周围土体隆起。强夯后待孔隙水压力基本消失后才能进行下一步施工。

2)施工过程中避免夯坑内积水,一旦积水要及时排除,必要时换土再夯,避免"橡皮土"出现。在黏粒含量高、易达到饱和状态的土层中,如果产生了"橡皮土"现象,应挖除后,换填碎石土、砂或采取不挖除、增加排水通道、降低含水量等方法,处理后再进行强夯施工;必要时采用强夯碎石桩方法,以确保夯实质量。当夯坑倾斜时,应及时填土找平后再夯。

3)在起夯时,桥式起重机正前方、吊臂下和夯锤下严禁站人。需要整平夯坑内土方时,要先将夯锤吊离并放在坑外地面后方可下人操作。

4)施工时要根据地下水径流排泄方向,应从上水头向下水头方向施工,以利于地下水、土层中水分的排出。

5)严格遵守强夯施工程序及要求,做到夯锤升降平稳,对准夯坑,避免歪夯,禁止错位夯击施工,发现歪夯,应立即采取措施纠正。

6)夯锤的通气孔在施工时保持畅通,如被堵塞,应立即疏通,以防产生"气垫"效应,影响强夯施工质量。

7)加强对夯锤、脱钩器、桥式起重机臂杆和起重索具的检查。

8)对土质不均匀的场地,只控制夯击次数不能保证加固效果,应同时控制夯沉量。地下水位高时可采用降水等其他措施。

9)施工过程中,对已放夯点应进行保护。

10)遍夯完成后应用推土机推平场地,不能产生较大的起伏,以防止积水使地基土变软。冬季应采取防冻措施。

2. 质量要求

(1)主控项目。

1)施工前应检查夯锤重量、尺寸,落距控制手段,排水设施及被夯地基的土质。

2)施工中应检查落距、夯击遍数、夯点位置、夯击范围。

(2)一般项目。

1)施工结束后,检查被夯地基的强度并进行承载力检验。

2)强夯地基质量检验标准应符合表 1-3 的规定。

表 1-3 强夯地基质量检验标准

项目	序	检查项目	允许偏差或允许值 数 值	检查方法
主控 项目	1	地基强度	设计要求	按规定方法
	2	地基承载力	设计要求	按规定方法
一般 项目	1	夯锤落距/mm	±300	钢索设标志
	2	锤重/kg	±100	称 重
	3	夯击遍数及顺序	设计要求	计数法
	4	夯点间距/mm	±500	用钢尺量
	5	夯击范围(超出基础范围距离)	设计要求	用钢尺量
	6	前后两遍间歇时间	设计要求	

要点 2:灰土地基的施工要求及质量要求

1.施工要点

(1)检验土料和石灰粉的质量。检查土料种类、质量以及石灰的质量是否符合规范的要求,然后分别过筛。块灰闷制的熟石灰,过孔径 5~10 mm 的筛子,生石灰直接使用;土料过孔径 15~20 mm 的筛子,并确保粒径要求。

(2)灰土拌和。灰土的配合比除设计有特殊规定外,一般为 2∶8 或 3∶7(灰土体积比)。基础垫层灰土必须过标准斗,严格控制执行配合比。拌和时必须均匀一致,至少翻拌 3 次;拌和好的灰土颜色应一致,要求随用随拌。

(3)灰土施工时,应适当控制含水量,工地检验方法是:用手将灰土紧握成团,两指轻捏即碎为宜。如土料水分过多或不足时,应翻松晾晒或洒水润湿,控制其含水量在最优含水量的±2%范围内(一般为 14%~20%)。

(4)基坑(槽)底或基土表面应将虚土、树叶、木屑、纸片等清理干净,并打 2遍底夯,局部有软弱土层或孔洞时应及时挖除,然后用灰土分层回填夯实,要求坑底平整干净。

(5)分层铺灰土。每层的灰土铺摊厚度,可根据不同的施工方法,按表 1-4选用。各层虚铺厚度都用木耙找平,与坑(槽)边壁上的标志木桩一致,或用尺、标准杆检查。

表 1-4　灰土最大虚铺厚度

项次	夯具种类	重量/kg	虚铺厚度/mm	夯实厚度/mm	备　注
1	人力夯	40～80	200～250	100～150	人力打夯落高 400～500 mm 一夯压半夯
2	轻型夯实机具	120～400	200～250	100～150	蛙式或柴油打夯机
3	压路机	6000～10000	200～300	100～150	双　轮

(6)夯压密实。夯压的遍数应根据设计要求的干土质量密度或现场试验确定,一般不少于4遍,并控制机械碾压速度。打夯应一夯压半夯,夯夯相连,行行相连,纵横交叉。采用压路机往复碾压,其轮距搭接不小于 500 mm。边缘和转角处应用人工或蛙式打夯机补打密实。基础垫层灰土,每层夯压后都应按规定用环刀取样送验,分层取样试验,符合要求后方可进行上层施工。

(7)留接槎规定。灰土分段施工时,要严格按施工规范的规定操作,不得在墙角、柱基及承重窗间墙下接槎。上下两层灰土的接槎距离不得小于 500 mm。铺灰时应从留槎处多铺 500 mm,夯实时夯过接缝 300 mm 以上,接槎时用铁锹在留槎处垂直切齐。当灰土基础标高不同时,应做成阶梯形。

(8)灰土回填每层夯(压)实后,应按规范进行环刀取样,测出灰土经压实后的干质量密度,达到设计要求后再进行上一层灰土的铺摊。取样频率:每单位工程不应少于 3 点;1000 m² 以上工程,每 100 m² 至少 1 点;3000 m² 以上工程,每 300 m² 至少 1 点;每一独立基础下至少应有 1 点;基槽每 20 延长米应有 1 点。压实系数一般为 0.93～0.95,也可按照表 1-5 规定的灰土干质量密度执行。用贯入度仪检测灰土质量时,应先进行现场试验以确定贯入度的具体要求。

表 1-5　灰土干质量密度标准　　　　　　(单位:g/cm³)

土料种类	灰土最小干质量密度
粉　土	1.55
粉质黏土	1.50
黏　土	1.45

(9)找平和验收。灰土最上一层完成后,应拉线或用靠尺检查标高和平整度。高的地方用铁锹铲平,低的地方补上灰土,然后请质量检查员验收。

2.质量要求

(1)主控项目。

1)基底的土质必须符合相关设计要求。

2)灰土的配合比必须符合相关设计要求。

3)灰土的压实系数必须符合相关设计要求。

4)灰土地基的承载力必须符合相关设计要求。

(2)一般项目。

1)配料、含水量正确,拌和均匀,分层虚铺厚度符合规定,夯压密实,表面无松散、翘皮和裂缝现象。

2)留槎和接槎,分层留接槎的位置、方法正确,接槎密实、平整。

3)夯打遍数应符合要求,夯打坚实的灰土声音清脆。

4)石灰粒径、土料粒径、有机质含量应符合标准规定。

5)允许偏差应符合表 1-6 的规定。

表 1-6 灰土地基允许偏差

项次	项 目	允许偏差	检验方法
1	石灰粒径/mm	≤5	筛分法
2	土颗粒粒径/mm	≤15	筛分法
3	土料有机质含量(质量分数,%)	5	实验室焙烧法
4	含水量(质量分数,与要求的最优含水量比较,%)	±2	烘干法
5	分层厚度(与设计要求比较)/mm	±50	水准仪

要点 3:打钎验槽

1.基础打钎

(1)放钎探孔位。按钎探孔平面布置图放线,孔位钉上小木桩或撒上白灰点。

(2)就位触探。将触探杆锥尖对准孔位,再把穿心锤套在探杆上,扶正探杆,拉起穿心锤,使其自由下落,锤落距为 500 mm,将触探杆竖直打入土层中。

(3)记录锤击数。钎杆每打入土层 300 mm 时记录一次锤击数。触探深度如设计无规定时,可按表 1-7 要求执行。

表 1-7 轻型动力触探检验深度及间距 (单位:mm)

排列方式	槽 宽	检验深度	检验间距
中心一排	<0.8	1.5	1.0~1.5,视地层复杂情况而定
两排错开	0.8~2.0	1.5	
梅花形	>2.0	2.1	

(4)拔探杆。用麻绳或铅丝将探杆绑好,留出活套,套内插入撬棍或铁管,

利用机械杠杆原理将探杆拔出。每拔出一段将绳套往下移一段,直至完全拔出为止。拔出后宜用砖盖孔。

(5)移位。将探杆搬到下一孔位,以便继续触探。

(6)灌砂。打完的探孔,经过质量检查人员检查孔深与记录无误后,即进行灌砂。灌砂时,每填入 300 mm 左右可用钢筋棒捣实一次。灌砂有两种形式,一种是每孔打完或几孔打完灌一次,另一种是每天打完,统一灌一次。

(7)整理记录。按孔顺序编号,将锤击数填入统一表格内,字迹要清楚,经过触探人员签字后归档。

(8)季节性施工要点。

1)基土受雨后,不能立即进行钎探。

2)基土冬期触探时,应用保温材料覆盖基底。钎探中,每打完几个孔后应及时将掀开的保温材料盖好,不得大面积掀开,以免基土受冻。

(9)注意事项。

1)钎探完毕后,宜用砖盖孔做好标记,保护好探孔,未经质量检查、有关工长复验,不得堵塞或灌砂。

2)将钎孔平面布置图上的钎探孔编号与记录表上的钎探孔编号对照检查,发现错误,及时纠正,以免记录与实位不符。

3)打不下去的钎探孔,应经有关人员研究后移位打钎,操作人员不得擅自处理。

4)记录和平面布置图的整理。

·在记录表上用彩色铅笔或符号将不同(锤击数)的探孔分开。

·探孔平面布置图上,注明过硬或过软孔号的位置,把枯井或坟墓等尺寸画上,以便勘查设计人员或有关部门验槽时分析处理。

2.基础验槽

(1)所有建(构)筑物均应进行施工验槽。遇到下列情况之一时,应进行专门的施工勘查。

1)工程地质条件复杂,详勘阶段难以查清时。

2)开挖基槽发现土质、土层结构与勘查资料不符时。

3)施工中边坡失稳,需查明原因,进行观察处理时。

4)施工中,地基土受扰动,需查明其性状及工程性质时。

5)为地基处理,需进一步提供勘查资料时。

6)建(构)筑物有特殊要求,或在施工时出现新的岩土工程地质问题时。

施工勘查应针对需要解决的岩土工程问题布置工作量,勘查方法可根据具体情况选用施工验槽、钻探取样和原位测试等。

(2)天然地基基础基槽检验要点。

1)基槽开挖后,应检验下列内容:

・核对基坑的位置、平面尺寸、坑底标高。

・核对基坑土质和地下水情况。

・空穴、古墓、古井、防空掩体及地下埋设物的位置、深度、性状。

2)在进行直接观察时,可用贯入仪作为辅助手段。

3)遇到下列情况之一时,应在基坑底普遍进行轻型动力触探:

・持力层明显不均匀。

・浅部有软弱下卧层。

・有浅埋的坑穴、古墓、古井等,直接观察难以发现时。

・勘查报告或设计文件规定应进行轻型动力触探时。

4)采用轻型动力触探进行基槽检验时,检验深度及间距按表1-7执行。

5)遇下列情况之一时,可不进行轻型动力触探:

・基坑不深处有承压水层,触探可造成冒水涌砂时。

・持力层为砾石层或卵石层,且其厚度符合设计要求时。

6)基槽检验应填写验槽记录或检验报告。

要点4:夯实水泥土桩的施工要点及质量要求

1.施工要点

(1)成孔。

1)采用人工洛阳铲成孔,确定好桩位中心,以中点为圆心,以桩身半径为半径画出圆,作为桩孔开挖尺寸线,从周围向中心开始挖。

2)孔内挖出的土及时运走,不能及时运走的要堆放在离孔口 0.5 m 以外,保证不能掉入孔内。

3)采用长螺旋钻机成孔,在钻机进场后,根据桩长安装钻塔及钻杆,没必要的钻杆不用,避免钻具过长造成晃动,也不易保证钻孔的垂直度。

4)钻机定位后,进行检查,钻尖与桩点偏移不得大于 10 mm,刚接触地面时,下钻速度要慢,尤其遇地表硬层或冻土层,最好用风镐凿破硬层或冻土层后,再进行钻进。

5)钻出的土应及时清运走,不能及时运出的,要保证堆土距孔口 0.5 m 以外。

(2)清孔验收。

1)挖孔过程中及时测量孔径、垂直度,当挖至设计深度时,用量孔器测量孔深、孔径、垂直度及进入设计持力层的深度,满足设计要求。

2)钻至设计孔深时,由质检员进行终孔验收,检验孔深是否满足设计要求,桩尖是否进入持力层设计的长度。

(3)孔底夯实。

1)钻(挖)至设计孔底深度后,检查有无虚土,如虚土较厚,可用专门机具清理。之后采用机械夯机进行夯实,夯击次数可现场试验确定,判断标准为听到"砰砰"的清脆声为准,一般为6~8击。

2)对边角部位,机械无法到位的桩,采用人工夯实,先用小落距轻夯3~5次,然后重夯不少于8次,夯锤落距不小于600 mm,听到"砰砰"的清脆声音为止。

(4)拌和水泥土。

1)选好所用土后,控制其有机物含量、大颗粒含量及含水量,有机物含量分数不大于5%;并要求过10~20 mm的网筛。

2)拌和水泥土要求采用机械搅拌,可采用强制式搅拌机或普通滚背式搅拌机,保证搅拌均匀。只有工程量很小时,可考虑采用人工搅拌,但也一定要拌和均匀。

3)按设计的配比用专用量具量水泥与土的体积,保证配比准确。

4)拌和好的水泥土料,要在2 h内用完,否则应废弃,确保桩所用拌和料是合格的。

(5)水泥土最优含水量检验。

现场控制拌和料的含水量,试验方法是"手攥成团,落地开花"。如拌和料含水量低,可洒水处理。如土的含水量偏高,可进行晾晒或掺加其他干料,如粉煤灰或炉渣等,保证达到最佳含水量。

(6)将水泥土逐层填入孔内,逐层夯实。

1)填料前检查孔口堆土是否在距孔口0.5 m以外,避免夯击时掉入孔内影响质量。检验孔底是否已夯实。在孔口铺一块薄钢板或木板,堆放拌和料。

2)填料应用铁锹匀速填料,每次填料200~300 mm即夯击6~8击,避免直接用手推车或小翻斗车往孔内倒,每填一次夯击密实后再填下一次。

(7)夯至设计桩顶标高。

(8)素土封顶。当夯至桩顶标高时,多填300 mm作为保护桩头,之后再填素土夯至地表,确保桩头质量。

2.质量要求

(1)主控项目。

1)水泥及夯实用土料的质量应符合设计要求。

2)施工中应检查孔位、孔深、孔径,水泥和土的配比、混合料含水量等。

3)施工结束后,应对桩体质量及复合地基承载力做检验,褥垫层应检查其夯填度。

(2)一般项目。

1)夯实水泥土桩的质量检验标准应符合表 1-8 的规定。

表 1-8 夯实水泥土桩的质量检验标准

项	序	检查项目		允许偏差或允许值	检查方法
主控项目	1	桩径/mm		-20	用钢尺量
	2	桩长/mm		+500	测桩孔深度
	3	桩体干密度		设计要求	现场取样检查
	4	地基承载力		设计要求	按规定的方法检查
一般项目	1	土料有机质含量(%)		≤5	焙烧法
	2	含水量(与最优含水量比)(%)		±2	烘干法
	3	土料粒径/mm		≤20	筛分法
	4	水泥质量		设计要求	查产品质量合格证书或抽样送检
	5	桩位偏差	满堂布桩	≤0.40D	用钢尺量,D为桩径
			条基布桩	≤0.25D	
	6	桩孔垂直度(%)		≤1.5	用经纬仪测钻杆或量孔器量测
	7	褥垫层夯填度		≤0.9	用钢尺量

要点 5:砂和砂石地基的施工要点及质量要求

1.施工要点

(1)检验砂石质量。对天然级配砂石进行检验,对人工级配砂石应拌和均匀,其质量均应达到设计要求。

(2)处理地基表面。将地基上表面的浮土和杂物清除于净,平整地基,并妥善保护基坑边坡,防止塌土混入砂石垫层中。基坑(槽)及附近如低于地基的孔洞、沟、井、墓穴等,应在未填砂石前加以填实处理。对旧河暗沟应妥善处理,旧池塘回填前应将池底浮泥清除。

(3)级配砂石。用人工级配的砂石,应将砂石拌和均匀,达到设计要求,并控制材料含水量,可参考表 1-9。

表 1-9　夯压法施工用级配砂石含水量控制

项次	压实方法	虚铺厚度/mm	含水量(质量分数,%)	施工说明	备 注
1	平振法	150～250	15～20	用平板或振动器反复振捣至要求的密实度,振捣器移动时,每行应搭接1/3,以防不达标	不宜使用于细砂或含泥量较大的砂所铺筑的垫层
2	夯实法	200～250	8～12	用蛙式打夯机夯实至要求的密实度,一夯压半夯,全面夯实	适用于大面积垫层或砂石垫层,不宜用于地下水位以下砂垫层
3	碾压法	200～300	8～12	用 6～10 t 的平碾往复碾压密实,平碾行驶速度可控制在 2 km/h,碾压次数以达到要求的密实度为准,一般不少于 4 遍	适用于砂石地基

(4)分层铺筑砂石。

1)砂和砂石地基应分层铺设,分层夯压密实。

2)铺筑砂石应分层进行,每层厚度一般为 150～200 mm,不宜超过 300 mm,也不宜小于 100 mm,分层厚度可用样桩控制。如坑底土质很软弱时,第一分层松砂厚度可酌情增加,增加厚度不计入垫层设计厚度内。在地下水位以下的砂石地基,其最下层的铺筑厚度可适当增加 50 mm。

3)砂石地基底面宜铺设在同一标高上,如基底面标高不同时,搭接处基土面应挖成踏步或斜坡形,踏步宽度不小于 500 mm,高度同每层铺筑厚度,斜坡坡度应大于 1∶1.5,搭接处应注意压(夯)实。施工应按先深后浅的顺序进行。

4)分段施工时,接头处应做成斜坡,每层错开 0.5～1.0 m,充分压实,并酌情增加质量检查点。

5)铺筑的砂石应级配均匀,最大石子粒径不得大于铺筑厚度的 2/3,且不宜大于 50 mm。发现砂窝或石子成堆现象,应将该处砂子或石子挖出,分别填入级配好的砂石。

(5)洒水。铺筑级配砂石在夯实碾压前应根据其干湿程度和气候条件,适当地均匀洒水以保证砂石的最佳含水量(质量分数一般为 8%～12%)。

(6)夯实或碾压。视不同条件,大面积的砂石垫层,宜采用 6～10 t 的压路机碾压,边角不到位处可用人力或蛙式打夯机夯实。夯实或碾压的遍数根据要求的密实度由现场试验确定。用人力夯或蛙式打夯机时,应保持落距为 400～500 mm,要一夯压半夯全面夯实,一般不少于 3 遍。采用压路机往复碾压,一般碾压不少于 4 遍,其轨迹搭接不小于 500 mm,边缘和转角处应用人工夯或蛙式打夯机补夯密实。

(7)施工时应分层找平,夯压密实,并应取样测定砂石的压实度。取样频率为:每单位工程应不少于 3 点;1000 m² 以上工程,每 100 m² 至少 1 点;3000 m² 以上工程,每 300 m² 至少 1 点;每一独立基础下至少应有 1 点;基槽每 20 延长米应有 1 点。下层密实度合格后,方可进行上层施工。

(8)找平和验收。

1)施工时应分层找平,夯、压密实,砂土(卵)石地基应设置纯砂检查点,取样间距不大于 3 m,采用容积不小于 200 mm² 的环刀用压入法取样,测定干砂的质量密度。也可用贯入仪测定其贯入度大小,检查砂石地基的质量。检查结果应满足设计要求的控制值,下层密实度经检验合格后方可进行上层施工。

2)最后一层夯、压密实后,表面应拉线找平,并符合设计标高。

2.质量要求

(1)主控项目。

1)基底土质必须符合设计要求。

2)压实系数或级配砂石干密度必须符合设计要求和施工质量验收规范的要求。

3)级配砂石的配料正确,拌和均匀。

(2)一般项目。

1)级配砂石的原材料质量符合设计要求。

2)级配砂石的分层虚铺厚度符合规定,夯压密实。

3)分段、分层留槎位置、方法正确,接槎夯压密实,平整。

4)允许偏差见表 1-10。

表 1-10　砂石地基的允许偏差

项次	项　目	允许偏差	检验方法
1	顶高标高/mm	±15	用水准仪或拉线和钢尺检查
2	表面平度/mm	20	用 2 m 靠尺和楔形塞尺检查
3	砂石料粒径/mm	≤100	筛分法
4	砂石料含泥量(质量分数,%)	≤5	水洗法
5	砂石料有机质含量(质量分数,%)	5	实验室焙烧法
6	含水量(与要求的最优含水量比较,质量分数,%)	±2	烘干法
7	分层厚度(与设计要求比较)/mm	±50	水准仪

要点 6：土工合成材料地基的施工要点及质量要求

1. 施工要点

(1)测量放线。设立专门水准点，测点可采用 $\phi20$ 钢筋，植入土体 $300\sim500$ mm，以全站仪或经纬仪、水准仪测量其坐标或高程变化。测点布设间距 $5\sim10$ m 为宜。

(2)加筋材料下料。加筋材料应提前下料，加筋材料尺寸应正确，避免边铺边下料，人为造成的尺寸误差。加筋材料的下料长度不得小于设计长度。为铺设方便，应按每层锚固长度和回折长度之和裁成段，按各层需要的长度(墙长)将几幅拼接缝合在一起，接缝处搭接 100 mm，用细尼龙线双排缝合，缝合后的土工格栅每块绕卷在一根木杆上，以便铺设。

(3)加筋材料铺设。加筋材料铺设时，底面应平整、密实。将土工格栅卷打开，铺放应平顺，松紧适度，并应与土面密贴，不得重叠，不得卷曲、扭结。土工格栅的纵向肋应与坑壁垂直。加筋材料不得与硬质尖锐棱角的填料直接碰撞，有损坏时应修补或更换。相邻片(块)可搭接 100 mm；对可能发生位移处应缝接，搭接宽度应适当增大。加筋材料铺设时，边铺边用填料固定其铺设位置，先用填料在加筋材料的中后部形成若干纵列压住加筋材料，填料的多少和疏密以足以固定加筋材料的位置为宜，再逐根检查，拉直、拉紧。加筋材料的分层铺设厚度应根据加筋材料的强度和铺设要求计算确定。

(4)加筋材料铺设质量检查。加筋材料铺设完成后，每层都应进行检查验收。质量检查内容包括加筋材料的铺设长度、宽度、均匀程度、平展度、连接方式、分层厚度等。

(5)填料的摊铺压实。填料应分层回填分层碾压。填料可人工摊铺，也可机械摊铺。填料每层虚铺厚度和压实遍数视填料的性质、设计要求的压实系数和使用压实机械的性能而定，一般应通过现场碾压试验确定。无试验依据时可参考表 1-11 选用。

表 1-11　填料虚铺厚度和压实遍数参考值

压实机械	分层厚度/mm	每层压实遍数
平　碾	$250\sim300$	$6\sim8$
振动压实机	$250\sim350$	$3\sim4$
平板振动器或蛙式打夯机	$200\sim250$	$3\sim4$

填料摊铺平整后，用振动式压路机低频慢速行驶进行碾压。碾压顺序应从筋带中部开始，然后向筋带尾部，最后再返回墙面部位，轻压后再全面碾压。压路机无法压实处，用蛙式打夯机或平板夯等小型压实机具压实，一般情况下宜采用人工夯实。压路机运行方向应平行于基坑，下一次碾压的轮迹应于上一次碾压的轮迹重叠 1/3 轮宽。第一遍先轻压，使加筋材料的位置在填料中能完全固定，然后再重压。分层回填压实循环施工直至达到设计标高。

2.质量要求

(1)主控项目。

1)填料土质必须符合设计要求。

2)填料的压实系数必须符合设计要求。

3)加筋材料规格必须符合设计要求。

4)复合地基承载力必须符合设计要求。按设计承载力要求可分别采用载荷试验、贯入试验、环刀检测或其他规定方法确认。

(2)一般项目。

1)填料拌和均匀,分层虚铺厚度符合设计要求或有关规定,夯压密实,表面无松散、翘皮和裂缝现象。

2)分层留茬、接茬位置、方法正确,接茬密实、平整。

3)夯击遍数符合要求。

4)填料粒径、有机质含量符合有关规定。

5)加筋材料每批均应进行检查。首先进行外观检查,主要检查其宽度、厚度、偏斜度、表面花纹、均匀性等。然后进行随机抽检,试验检测其物理力学性能,包括耐久性。

6)允许偏差见表1-12。

表 1-12　土工格栅加筋土复合地基的允许偏差

项	序	检查项目	允许偏差	检查方法
主控项目	1	土工合成材料强度(%)	≤5	置于夹具上做拉伸试验(结果与设计标准相比)
	2	土工合成材料延伸率(%)	≤3	置于夹具上做拉伸试验(结果与设计标准相比)
	3	地基承载力	设计要求	按规定方法
一般项目	1	顶面标高/mm	±15	用水准仪或拉线钢尺量
	2	表面平整/mm	±20	用2m靠尺和楔形塞尺检查
	3	填料粒径/mm	≤15	筛分法
	4	填料有机质含量(质量分数,%)	≤5	试验室焙烧法
	5	含水率(质量分数,%)	±2	烘干法
	6	分层厚度/mm	±25	用水准仪或拉线钢尺量
	7	筋带长度	不小于设计值	检查5根(束)
	8	筋带根数	不小于设计值	检查5根(束)
	9	筋带与筋带连接	符合设计	检查5处
	10	筋带铺设	符合设计	检查5处

要点 7:水泥土搅拌桩的施工要点及质量要求

1.施工要点

(1)浆液的配制与输送。

1)设专人负责制浆,按设计配比进行制浆,根据每米桩长用水泥多少,一次性配制一根桩所用的水泥浆量。一般水灰比为 0.45~0.5,搅浆时间应为 3 min,浆液比重控制在 1.75~1.85 之间。

2)进入贮浆桶的浆液要经过滤筛,筛网孔径不大于 0.9 mm(20 目),且筛网不得有破损。贮浆桶内的浆液必须持续搅拌防止沉淀。对停置时间超过 2 h 的水泥浆应降低强度等级使用或废弃。

3)水泥浆泵设专人管理,喷搅所额定的浆液量必须使其在各自喷搅完成时贮浆桶内的浆液正好排空。

(2)桩机就位,要求钻尖对准桩位标志下钻,对中误差应小于 20 mm,调整好桩机,桩机的钻杆要保证垂直,可采用双锤法检验,要求垂直度小于 1.5%,防止斜桩。

(3)钻进预搅下沉:正式施工前要在现场进行 2 根桩的工艺性试验,开动深层搅拌机钻进至设计深度,确认钻深。

(4)喷浆搅拌上升。

开动水泥浆泵进行第一次喷浆搅拌,应搅 30 s,在水泥浆与桩端土充分搅拌后,再开始提升搅拌头。边搅边上升,上升速度依据地层不同及钻机型号不同可控制在 0.5~1.5 m/min,喷浆量为 20~40 L/min。依据试验确定的参数进行控制,停浆面控制在设计桩项标高以上 0.5 m。

(5)重复下沉、提升搅拌。根据设计要求的次数,按照上述(3)条、(4)条的步骤重复进行。如喷浆量已达到设计要求时,只需反复搅拌,不再送浆。

(6)成桩。根据设计的搅拌次数,最后一次喷浆或仅搅拌提升直至预定的停浆面,即完成一根搅拌桩的作业。

2.质量要求

(1)主控项目。

1)施工前应检查水泥及外掺剂的质量、桩位、搅拌机工作性能及各种计量设备完好程度(主要是水泥浆流量计及其他计量装置)。

2)施工中应检查机头提升速度、水泥浆注入量、搅拌桩的长度及标高。

3)施工结束后,应检查桩体强度、桩体直径及地基承载力。

4)进行强度检验时,对承重水泥土搅拌桩应取 90 天后的试件;对支护水泥土搅拌桩应取 28 天后的试件。

（2）一般项目。

水泥土搅拌桩地基质量检验标准应符合表 1-13 的规定。

表 1-13　水泥土搅拌桩地基质量检验标准

项	序号	检查项目	允许偏差或允许值	检查方法
主控项目	1	水泥及外掺剂质量	设计要求	查产品合格证书或抽样送检
	2	水泥用量	参考指标	查看流量计
	3	桩体强度	设计要求	按规定办法
	4	地基承载力	设计要求	按规定办法
一般项目	1	机头提升速度/m・min⁻¹	≤1.5	量机头上升距离及时间
	2	桩底标高/min	±200	测机头深度
	3	桩顶标高/mm	100	水准仪(最上部 500 mm 不计入)
	4	桩位偏差/mm	≤50	用钢尺量
	5	桩　径	$<0.04D$	用钢尺量,D 为桩径
	6	垂直度(%)	≤1.0	经纬仪
	7	搭接/mm	>200	用钢尺量

要点 8：振冲地基的施工要点及质量要求

1. 施工要点

（1）桩机定位。桩机就位时，必须保持平稳，不发生倾斜、移位。为准确控制造孔深度，应在桩架上或桩管上做出控制的标尺，以便在施工中进行观测、记录。

（2）造孔。振冲器对准桩位，偏差应小于 50 mm。先开启高压水泵，振冲器端口出水后，再启动振冲器，待运转正常后开始造孔。造孔过程中振冲器应处于悬垂状态，要求振冲器下放速度小于或等于振冲贯入土层速度。造孔速度取决于地基土质条件和振冲类型及造孔水压等，造孔速度宜为 0.5~2.0 m/min。造孔水压大小视振冲器贯入速度和地基土冲刷情况而定。一般 0.2~0.8 MPa。造孔水压大即水量大，返出泥砂多；水压小，返出泥土少。在不影响造孔速度情况下，水压宜小。

（3）造孔至设计深度，确认。造孔深度控制，造孔深度可以小于设计桩深 300 mm，这是为了防止高压水对处理深度以下地基土的冲击。在此造孔深度填料，振冲器带着填料向下贯入到设计深度，并开始加密，减少水冲对下卧地基土的影响，即成桩深度与设计桩身相一致。对于软淤泥、松散粉砂、砂质粉土、粉煤灰等易被水冲破坏的土，初始造孔深度可小于设计深度 300 mm，但开始加密时,深度必须达到设计深度。当造孔时振冲器出现上下颤动或电流大于电机额定电流可终止造孔,此时造孔深度未达到设计深度应与设计人员研究解决。

(4)清孔。造孔后边提升振冲器边冲水直至孔口,再放至孔底,重复两三次扩大孔径,并使孔内泥浆变稀,振冲孔顺直通畅,以利填料加密。

(5)填料。一般清孔结束可将填料倒入孔中。填料方式可采用连续填料、间断填料或强迫填料方式。连续填料:在制桩过程中振冲器留在孔内,连续向孔内填料直至充满振冲孔。一般适用于机械作业。间断填料:填料时将振冲器提出孔口,倒入一定量填料,每次填料厚度一般不宜大于 500 mm,再将振冲器放入孔内振捣填料。一般可适用于 8m 以内孔深。强迫填料:利用振冲器的自重和振动力将上部的填料输送到孔下部需填料的位置。一般适用于大功率振冲器施工。

(6)填料量控制。加密过程中按每延米填入填料数量控制。这种控制标准缺陷在于,由于孔内土质不同,强度不同,相同填料量可能造成沿孔深不同土层存在填料"不足"或"富余"情况,加密不甚理想。该控制方法可在施工中参考使用或复核填料量使用。

(7)电流控制。是指振冲器的电流达到设计确定的密实电流值。设计确定的密实电流是振冲器空载电流加某一增量电流值。在施工中由于不同振冲器的空载电流有差值,密实电流应作相应调整。30 kW 振冲器的密实电流宜为 45～60 A,75 kW 振冲器宜为 70～100 A。

(8)控制留振时间。密实电流、留振时间、加密段长度综合指标法:采用这 3 种指标作为加密控制标准可使加密质量更具保证。加密效果与密实电流值大小有关,也与达到该电流值的维持时间长短有关,留振时间即是保证达到密实电流值延续的时间。在相同密实电流和留振时间条件下,加密段长度大小对加密效果起着关键作用,加密段长度小效果好,加密段长度大效果差。留振时间宜为 5～15 s,加密段长度宜为 200～500 mm,加密水压宜为 0.1～0.5 MPa。

(9)控制加密段长度。采用密实电流、留振时间、加密段长度作为加密控制标准,填料数量作为参考标准,但填料数量过小,特别对于以置换性质为主的加固,若填料数量与设计要求相差较大,应同设计人员共同分析研究填料量大小对地基加固质量影响,当确定影响加固效果时应及时调整加密技术参数,确保施工质量。

(10)桩顶标高控制。为保证桩头密实,宜在槽底标高以上预留 200～500 mm 厚土层,碎石桩施工宜达到设计桩顶标高以上 200～500 mm。

(11)关闭高压水泵。加密结束,应先关闭振冲器,后关闭高压水泵。

2.质量要求

振冲地基质量检验标准应符合表 1-14 的规定。

表 1-14　振冲地基质量检验标准

项	序号	检查项目	允许偏差或允许值	检查方法
主控项目	1	填料粒径	设计要求	抽样检查
		密实电流(黏性土)/A	50～55	电流表读数
	2	密实电流(砂性土或粉土)/A (功率 30kW 振冲器)	40～50	电流表读数
		密实电流(其他类型振冲器)/A	1.5～2.0	(空振电流)
	3	地基承载力	设计要求	按规定方法检测
一般项目	1	填料含泥量(%)	<5	抽样检查
	2	振冲器喷水中心与孔径中心偏差/mm	≤50	用钢尺量
	3	成孔中心与设计孔位中心偏差/mm	≤100	用钢尺量
	4	桩体直径/mm	<50	用钢尺量
	5	孔　深/mm	±200	量钻杆或重锤检测

要点 9:水泥粉煤灰碎石桩的施工要点及质量要求

1. 施工要点

(1)桩机定位。桩机就位时,必须保持平稳,不发生倾斜、移位。为准确控制造孔深度,应在桩架上或桩管上作出控制的标尺,以便在施工中进行观测、记录。

(2)钻孔施工。钻机进场后,应根据桩长来安装钻塔及钻杆,钻杆的连接应牢固,每施工 2～3 根桩后,应对钻杆连接处进行紧固。桩机就位前进行孔位复核。钻机定位后,钻尖封口,最好用橡皮筋箍住。进行预检,钻尖与桩点偏移不得大于 10 mm,并采用双向锤法将钻杆调整垂直,慢速开孔。钻进速度应根据土层情况来确定:杂填土、黏性土、砂卵石层为 0.2～0.5 m/min;黏性土、粉土、砂层为 1.0～1.5 m/min。施工前应根据试钻结果进行调整。钻机钻进过程中,一般不得反转或提升钻杆,如需提升钻杆或反转应将钻杆提至地面,对钻尖开启门须重新清洗、调试、封口。在钻进过程中,如遇到卡钻、钻机摇晃、偏斜或发现有节奏的声响时,应立即停钻,查明原因,采取相应措施后,方可继续作业。钻出的土应随钻随清,钻至设计标高时,应将钻杆导正器打开,以便清除钻杆周围土。钻到桩底设计标高,由质检员终孔验收后,进行压灌混凝土作业。

(3)混凝土配制、运输及泵送。采用预拌混凝土,其原材料、配合比、强度等级应符合设计要求。运输要求:采用混凝土罐车进行运输,罐车需要保证在规定时间内到达施工现场。

(4)地泵输送混凝土。

1)混凝土地泵的安放位置应与钻机的施工顺序相配合,尽量减少弯道,混凝土泵与钻机的距离一般在 60 m 以内为宜。

2)混凝土泵送前采用水泥砂浆进行润湿,不得泵入孔内。混凝土的泵送尽可能连续进行,当钻机移位时,地泵料斗内的混凝土应连续搅拌。泵送时,应保持料斗内混凝土的高度不得低于 400 mm,以防吸进空气造成堵管。

3)混凝土输送泵管尽可能保持水平,长距离泵送时,泵管下面应用垫木垫实。当泵管需向下倾斜时,应避免角度过大。

(5)压灌混凝土成桩。

1)成桩施工各工序应连续进行。成桩完成后,应及时清除钻杆及软管内残留混凝土。长时间停置时,应用清水将钻杆、泵管、地泵清洗干净。

2)钻至桩底标高后,应立即将钻机上的软管与地泵管相连,并在软管内泵入水泥浆或水泥砂浆,以起润湿软管和钻杆的作用。

3)钻杆的提升速度应与混凝土泵送量相一致,充盈系数不小于 1.0,应通过试桩确定提升速度及何时停止泵送。遇到饱和砂土或饱和粉土层,不得停泵待料,并应减慢提升速度。成桩过程中经常检查排气阀是否工作正常,如不能正常工作,要及时修复。

4)必要时成桩后对桩顶 3~5 m 范围内进行振捣。

(6)成桩验收。

2.质量要求

(1)主控项目。

1)水泥、粉煤灰、砂及碎石等原材料应符合设计要求。

2)施工中应检查桩身混凝土的配合比、坍落度和提拔钻杆速度、成孔深度、混合料灌入量等。

3)施工结束后,应对桩顶标高、桩位、桩体质量、地基承载力以及褥垫层的质量作检查。

(2)一般项目。

水泥粉煤灰碎石桩复合地基的质量检验标准应符合表 1-15 的规定。

表 1-15　水泥粉煤灰碎石桩复合地基的质量检验标准

项目	序号	检查项目		允许偏差或允许值	检查方法
主控项目	1	原材料		设计要求	查产品合格证书或抽样送检
	2	桩径/mm		−20	用钢尺量或计算填料量
	3	桩身强度		设计要求	查 28 天试块强度
	4	地基承载力		设计要求	按规定的方法检查
一般项目	1	桩身完整性		按桩基检测技术规范	
	2	桩位偏差	满堂布桩	≤0.40D	用钢尺量,D 为桩径
			条基布桩	≤0.25D	
			单排布桩	≤60 mm	
	3	桩孔垂直度(%)		≤1.0	用经纬仪测钻杆
	4	桩长/mm		+100	测钻杆长度或垂球测孔深
	5	褥垫层夯填度		≤0.9	用钢尺量

注:1.夯填度指夯实后的褥垫层厚度与虚体厚度的比值。

　　2.桩径允许偏差负值是指个别断面。

第二章

砌筑工程

本章导读

　　砌筑工程是建筑工程中的重要组成部分,主要是学习各种砌体结构的构造要求以及砌筑方法,本章学习起来不是很难,主要还是在实践中多多练习,这样才能很好地掌握本章的内容。

第一节　砌筑工程材料

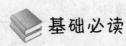 基础必读

要点 1:砂浆的拌制和使用

(1)原材料必须符合要求,而且具备完整的测试数据和书面材料。

(2)砂浆一般采用机械搅拌,如果采用人工搅拌时,宜将石灰膏先化成石灰浆,水泥和砂子拌和均匀后,加入石灰浆中,最后用水调整稠度,翻拌 3～4 遍,直至色泽均匀,稠度一致,没有疙瘩为合格。

(3)砂浆的配合比由试验室提供。

(4)砌筑砂浆拌制以后,应及时送到作业点,要做到随拌随用。一般应在 2 h 之内用完,气温低于 10 ℃延长至 3 h,但气温达到冬期施工条件时,应按冬期施工的有关规定执行。

要点 2:砂浆配合比设计

(1)计算砂浆适配强度 $f_{m,0}$(MPa)。

(2)按公式计算出每立方米砂浆中的水泥用量 Q_c(kg)。

(3)按水泥用量 Q_c 计算每立方米砂浆掺和料用量 Q_D(kg)。

(4)确定每立方米砂浆用量 Q_w(kg)。

(5)按砂浆稠度选用每立方米砂浆用水量 Q_w(kg)。

(6)进行砂浆试配。

(7)配合比确定。

要点 3：砂浆原材料要求

（1）水泥。

1）水泥的种类：常用的水泥有硅酸盐水泥（代号 P·Ⅰ，P·Ⅱ），普通硅酸盐水泥（简称普通水泥，代号 P·O）、矿渣硅酸盐水泥（简称矿渣水泥，代号 P·S）、火山灰质硅酸盐水泥（简称火山灰质水泥，代号 P·P）、粉煤灰硅酸盐水泥（简称粉煤灰水泥，代号 P·F）。此外，还有特殊功能的水泥，如高强、快硬、耐酸、耐热、耐膨胀等不同性质的水泥以及装饰用的白水泥等。

2）水泥强度等级：水泥强度等级按规定龄期的抗压强度和抗折强度来划分，以 28 天龄期抗压强度为主要依据。根据水泥强度等级，将水泥分为 32.5、32.5R、42.5、42.5R、52.5、52.5R、62.5、62.5R 等 8 种。

3）水泥的特性：水泥具有与水结合而硬化的特点，不但能在空气中硬化，还能在水中硬化，并继续增加强度，因此水泥属于水硬性胶结材料。水泥经过初凝、终凝，随后产生明显强度，并逐渐发展成坚硬的人造石，这个过程称为水泥的硬化。初凝时间不少于 45 min，终凝时间除硅酸盐水泥不得迟于 6.5 h 外，其他均不多于 10 h。

4）水泥的保管：水泥属于水硬材料，必须妥善保管，不得淋雨受潮。储存时间一般不宜超过 3 个月，超过 3 个月的水泥（快硬硅酸盐水泥为 1 个月），必须重新取样送检，待确定强度等级后再使用。

（2）砂子。砂子是岩石风化后的产物，由不同粒径混合组成。按产地可分为山砂、河砂、海砂几种；按平均粒径可分为粗砂、中砂、细砂三种。粗砂平均粒径不小于 0.5 mm，中砂平均粒径为 0.35～0.5 mm，细砂平均粒径为 0.25～0.35 mm，还有特细砂，其平均粒径为 0.25 mm 以下。

对于水泥砂浆和强度等级等于或大于 M5 的水泥混合砂浆，水泥的质量分数不超过 5%；在 M5 以下的水泥混合砂浆中水泥的质量分数不超过 20%。对于含泥量较高的砂子，在使用前应过筛并用水冲洗干净。

砌筑砂浆以使用中砂为好，粗砂的砂浆和易性差，不便于操作；细砂的砂浆强度较低，一般用于勾缝。

（3）塑化材料。为改善砂浆和易性可采用塑化材料。施工中常用的塑化材料有石灰膏、电石膏、粉煤灰及外加剂等。

1）石灰膏。生石灰经过熟化，用孔洞不大于 3 mm×3 mm 网滤渣后，储存在石灰池内，沉淀 14 天以上；磨细生石灰粉，其熟化时间不小于 1 天，经充分熟化后即成为可用的石灰膏。严禁使用脱水硬化的石灰膏。

2）电石膏。电石原属工业废料，水化后形成青灰色乳浆，经过泌水和去渣后就可使用,其作用同石灰膏。电石应进行 20 min 加热至 700 ℃检验,无乙炔气味时方可使用。

3)粉煤灰。粉煤灰是电厂排出的废料,在砌筑砂浆中掺入一定量的粉煤灰,可以增加砂浆的和易性。粉煤灰有一定的活性,因此能节约水泥,但塑化性不如石灰膏和电石膏。

4)外加剂。外加剂在砌筑砂浆中起改善砂浆性能的作用,一般有塑化剂、抗冻剂、早强剂、防水剂等。冬期施工时,为了增大砂浆的抗冻性,一般在砂浆中掺入抗冻剂。抗冻剂有亚硝酸钠、三乙醇胺、氯盐等多种,而最简便易行的则为氯化钠——食盐。掺入食盐可以降低拌和水的冰点,起到抗冻作用。

5)拌和用水。拌和砂浆应采用自来水或天然洁净可供饮用的水,不得使用含有油脂类物质、糖类物质、酸性或碱性物质和经工业污染的水。拌和水的 pH 值应不小于 7,硫酸盐含量以 SO_2^{-4} 为准,不得超过水重的 1%,海水因含有大量盐分,不能用作拌和水。

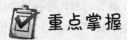 重点掌握

要点 4:烧结多孔砖的质量要求

(1)烧结多孔砖的尺寸允许偏差应符合表 2-1 的规定。

表 2-1　烧结多孔砖尺寸允许偏差　　　　　　　(单位:mm)

尺　寸	样本平均偏差	样本极差≤
>400	±3.0	10.0
300～400	±2.5	9.0
200～300	±2.5	8.0
100～200	±2.0	7.0
<100	±1.5	6.0

(2)烧结多孔砖的外观质量应符合表 2-2 的要求。

表 2-2　烧结多孔砖外观质量　　　　　　　(单位:mm)

项　目	指　标
(1)完整面	≥一条面和一顶面
(2)缺棱掉角的三个破坏尺寸	≤30

续表

项　目	指　标
（3）裂纹长度 1）大面（有孔面）上深入孔壁 15 mm 以上宽度方向及其延伸到条面的长度	≤80
2）大面（有孔面）上深入孔壁 15 mm 以上长度方向及其延伸到顶面的长度	≤100
3）条顶上的水平裂纹	≤100
（4）杂质在砖或砌块上造成的凸出高度	≤5

注：凡有下列缺陷之一者，不能称为完整面。

1.缺损在条面或顶上面造成的破坏面尺寸同时大于 20 mm×30 mm；

2.条面或顶面上有裂纹宽度大于 1 mm，其长度超过 70 mm；

3.压陷、焦花、粘底在条面或顶面上的凹陷或凸出超过 2 mm，区域最大投影尺寸同时大于 20 mm×30 mm。

（3）烧结多孔砖的密度等级应符合表 2-3 的规定。

表 2-3　烧结多孔砖密度　　　　　（单位：kg/m³）

强度等级		3 块砖或砌块干燥表观密度平均值
砖	砌　块	
—	900	≤900
1000	1100	900～1000
1100	1100	1000～1100
1200	1200	1100～1200
1300	—	1200～1300

（4）烧结多孔砖的强度等级应符合表 2-4 的规定。

表 2-4　烧结多孔砖强度　　　　（单位：MPa）

强度等级	抗压强度平均值 $f\geqslant$	强度标准值 $f_k\geqslant$
MU30	30.0	22.0
MU25	25.0	18.0
MU20	20.0	14.0
MU15	15.0	10.0
MU10	10.0	6.5

（5）孔型孔洞率及孔洞排列应符合表 2-5 的规定。

表 2-5　孔型孔洞率及孔洞排列

孔　型	孔洞尺寸/mm		最小外壁厚/mm	最小肋厚/mm	孔洞率(%)		孔洞排列
	孔宽度 b	孔长度 L			砖	砌块	
矩形条孔或矩形孔	≤13	≤40	≥12	≥5	≥28	≥33	(1)所有孔宽应相等。孔采用单向或双向交错排列 (2)孔洞排列上下、左右应对称,分布均匀,手抓孔的长度方向尺寸必须平行于砖的条面

注:1. 矩形孔的孔长度 L,孔宽度 b 满足式 $L \geqslant 3b$ 时,为矩形条孔。

　　2. 孔四个角应做成过渡圆角,不得做成直尖角。

　　3. 如设有砌筑砂浆槽,则砌筑砂浆槽不计算在孔洞率内。

　　4. 规格大的砖和砖块应设置手抓孔,手抓孔尺寸为(30～40)mm×(75～85)mm。

要点 5:烧结空心砖的质量要求

(1)烧结空心砖的尺寸允许偏差应符合表 2-6 的要求。

表 2-6　烧结空心砖的尺寸允许偏差　　　　　　　　(单位:mm)

尺　寸	优等品		一等品		合格品	
	样本平均偏差	样本极差	样本平均偏差	样本极差	样本平均偏差	样本极差
>300	±2.5	≤6.0	±3.0	≤7.0	±3.5	≤8.0
>200～300	±2.0	≤5.0	±2.5	≤6.0	±3.0	≤7.0
100～200	±1.5	≤4.0	±2.0	≤5.0	±2.5	≤6.0
<100	±1.5	≤3.0	±1.7	≤4.0	±2.0	≤5.0

(2)砖和砌块的外观质量应符合表 2-7 的要求。

表 2-7　砖和砌块的外观质量　　　　　　　　(单位:mm)

项　　目	优等品	一等品	合格品
(1)弯曲	≤3	≤4	≤5
(2)缺棱掉角的三个破坏尺寸不得同时	>15	>30	>40
(3)垂直度差	≤3	≤4	≤5

续表

项　目	优等品	一等品	合格品
(4)未贯穿裂纹长度			
1)大面上宽度方向及其延伸到条面的长度	不允许	≤100	≤120
2)大面上长度方向或条面上水平面方向的长度	不允许	≤120	≤140
(5)贯穿裂纹长度			
1)大面上宽度方向及其延伸到条面的长度	不允许	40	60
2)壁、肋沿长度方向、宽度方向及其水平方向的长度	不允许	40	60
(6)肋、壁内残缺长度	不允许	≤40	≤60
(7)完整面　　　　　　　　　　　　　≥	一条面和一大面	一条面或一大面	—

注:凡有下列缺陷之一者,不能称为完整面。

1.缺损在大面、条面上造成的破坏面尺寸同时大于 20 mm×30 mm。

2.大面、条面上裂纹宽度大于 1 mm,其长度超过 70 mm。

3.压陷、黏底、焦花在上面、条面上的凹陷或凸出超过 2 mm,区域尺寸同时大于 20 mm×30 mm。

(3)烧结空心砖的强度等级应符合表 2-8 的要求。

表 2-8　烧结空心砖的强度等级

强度等级	抗压强度/MPa			密度等级范围/kg·m⁻³
	抗压强度平均值 f≥	变异系数 δ≤0.21 强度标准值 f_k≥	变异系数 δ≤0.21 单块最小抗压强度值 f_{min}≥	
MU10.0	10.0	7.0	8.0	≤1100
MU7.5	7.5	5.0	5.8	
MU5.0	5.0	3.5	4.0	
MU3.5	3.5	2.5	2.8	
MU2.5	2.5	1.6	1.8	≤800

(4)烧结空心砖的密度等级应符合表 2-9 的要求。

表 2-9　烧结空心砖的密度等级　　　　　　　　(单位:kg/m³)

密度等级	5 块密度平均值
800	≤800
900	801～900
1000	901～1000
1100	1001～1100

要点 6:烧结普通砖的质量要求

(1)烧结普通砖的尺寸允许偏差应符合表 2-10 的规定。

表 2-10　烧结普通砖的尺寸允许偏差　　　　（单位:mm）

公称尺寸	优等品		一等品		合格品	
	样本平均偏差	样本极差	样本平均偏差	样本极差	样本平均偏差	样本极差
240(长)	±2.0	≤8	±2.5	≤8	±3.0	≤8
115(宽)	±1.5	≤6	±2.0	≤6	±2.5	≤7
53(厚)	±1.5	≤4	±1.6	≤5	±2.0	≤6

(2)烧结普通砖的外观质量应符合表 2-11 的规定。

表 2-11　烧结普通砖外观质量　　　　（单位:mm）

项　目	优等品	一等品	合格品
(1)两条面高度差	≤2	≤3	≤4
(2)弯曲	≤2	≤3	≤4
(3)杂质凸出高度	≤2	≤3	≤4
(4)缺棱掉角的三个破坏尺寸	≤5	≤20	≤30
(5)裂纹长度 1)大面上宽度方向及其延伸至条面的长度	≤30	≤60	≤80
2)大面上长度方向及其延伸至顶面的长度或条顶上水平裂纹的长度	≤50	≤80	≤100
(6)完整面	≥两条面和两顶面	≥两条面和一顶面	—
(7)颜色	基本一致	—	—

注:凡有下列缺陷之一者,不能称为完整面。

1.缺损在条面或顶面上造成的破坏面尺寸同时大于 10 mm×10 mm。

2.条面或顶面上裂纹宽度大于 1 mm,其长度超过 30 mm。

3.压陷、黏底、焦花在条面或顶面上的凹陷或凸出超过 2 mm,区域尺寸同时大于 10 mm×10 mm。

(3)烧结普通砖的强度等级应符合表 2-12 的要求。

表 2-12　烧结普通砖强度等级　　　　（单位:MPa）

强度等级	抗压强度平均值 $f \geqslant$	变异系数 $\delta \leqslant 0.21$	变异系数 $\delta \geqslant 0.21$
			单块最小抗压强度值 $f_{min} \geqslant$
MU30	30.0	22.0	25.0

续表

强度等级	抗压强度 平均值 $f \geqslant$	变异系数 $\delta \leqslant 0.21$	变异系数 $\delta \geqslant 0.21$ 单块最小抗压强度值 $f_{min} \geqslant$
MU25	25.0	18.0	22.0
MU20	20.0	14.0	16.0
MU15	15.0	10.0	12.0
MU10	10.0	6.5	7.5

(4)烧结普通砖的抗风化性能,见表 2-13。

表 2-13　抗风化性能

砖种类	严重风化区				非严重风化区			
	5 h 沸煮吸水率 (%)≤		饱和系数≤		5 h 沸煮吸水率 (%)≤		饱和系数≤	
	平均值	单块最大值	平均值	单块最大值	平均值	单块最大值	平均值	单块最大值
黏土砖	18	20	0.85	0.87	19	20	0.88	0.90
粉煤灰砖	21	23			23	25		
页岩砖 煤矸石砖	16	18	0.74	0.77	18	20	0.78	0.80

要点 7:蒸压灰砂砖的质量要求

(1)尺寸偏差和外观应符合表 2-14 的规定。

表 2-14　尺寸偏差和外观

项目			指　标		
			优等品	一等品	合格品
尺寸允许偏差 /mm	长　度	L	±2	±2	±3
	宽　度	B	±2		
	高　度	H	±1		
缺棱掉角	个数不多于/个		1	1	2
	最大尺寸不得大于/mm		10	15	20
	最小尺寸不得大于/mm		5	10	10
	对应高度不得大于/mm		1	2	3

续表

项 目		指 标		
		优等品	一等品	合格品
裂 纹	条数不多于/条	1	1	2
	大面上宽度方向及基延伸到条面的长度不得大于/mm	20	50	70
	大面上长度方向及其延伸到顶面上的长度或条、顶面水平裂纹的长度不得大于/mm	30	70	100

(2)颜色应基本一致,无明显色差但对本色灰砂砖不作规定。

(3)抗压强度和抗折强度应符合表 2-15 的规定。

表 2-15　力学性能　　　　　　　　　　(单位:MPa)

强度级别	抗压强度		抗折强度	
	平均值不小于	单块值不小于	平均值不小于	单块值不小于
MU25	25.0	20.0	5.0	4.0
MU20	20.0	16.0	4.0	3.2
MU15	15.0	12.0	3.3	2.6
MU10	10.0	8.0	2.5	2.0

(4)抗冻性应符合表 2-16 的规定。

表 2-16　抗冻性指标

强度级别	冻后抗压强度/MPa 平均值不小于	单块砖的干质量损失(%) 不大于
MU25	20.0	2.0
MU20	16.0	2.0
MU15	12.0	2.0
MU10	8.0	2.0

要点 8:普通混凝土小型空心砌块的质量要求

(1)普通混凝土小型空心砌块主规格尺寸为 390 mm×190 mm×190 mm,有两个方形孔,最小外壁厚应不小于 30 mm,最小肋厚应不小于 25 mm,空心率应不小于 25%,如图 2-1 所示。

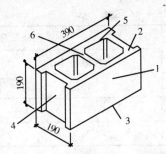

图 2-1　普通混凝土小型空心砌块

1—条面;2—坐浆面(肋厚较小的面);

3—铺浆面(肋厚较大的面);4—顶面;5—壁;6—肋

(2)普通混凝土小型空心砌块的尺寸允许偏差应符合表 2-17 的规定。

表 2-17　普通混凝土小型空心砌块的尺寸允许偏差　　（单位:mm）

项目名称	优等品（A）	一等品（B）	合格品（C）
长　度	±2	±3	±3
宽　度	±2	±3	±3
高　度	±2	±3	+3,-4

(3)普通混凝土小型空心砌块外观质量应符合表 2-18 的要求。

表 2-18　普通混凝土小型空心砌块外观质量

项　目	优等品	一等品	合格品
弯曲/mm	≤2	≤2	≤3
缺棱掉角/个数	≤0	≤2	≤2
三个方向投影尺寸的最小值/mm	≤0	≤20	≤30
裂纹延伸的投影尺寸累计/mm	≤0	≤20	≤30

(4)普通混凝土小型空心砌块强度等级应符合表 2-19 的要求。

表 2-19　普通混凝土小型空心砌块强度等级　　（单位:MPa）

强度等级	砌块抗压强度	
	平均值不小于	单块最小值不小于
MU3.5	3.5	2.8
MU5.0	5.0	4.0
MU7.5	7.5	6.0

强度等级	砌块抗压强度	
	平均值不小于	单块最小值不小于
MU10.0	10.0	8.0
MU15.0	15.0	12.0
MU20.0	20.0	16.0

(5)相对含水率应符合表 2-20 的规定。

表 2-20　普通混凝土小型空心砌块的相对含水率　（单位:%)

使用地区	潮湿	中等	干燥
相对含水率不大于	45	40	35

注:潮湿——系指年平均相对湿度大于 75% 的地区;

中等——系指年平均相对湿度 50%～75% 的地区;

干燥——系指年平均相对湿度小于 50% 的地区。

(6)抗渗性:用于清水墙的砌块,其抗渗性应满足表 2-21 的规定。

表 2-21　普通混凝土小型空心砌块的抗渗性　（单位:mm)

项目名称	指　标
水面下降高度	三块中任一块不大于 10

(7)抗冻性:应符合表 2-22 的规定。

表 2-22　普通混凝土小型空心砌块的抗冻性

使用环境条件		抗冻等级	指标
非采暖地区		不规定	—
采暖地区	一般环境	F15	强度损失≤25%
	干湿交替环境	F25	质量损失≤5%

注:非采暖地区指最冷月份平均气温高于 −5℃ 的地区;采暖地区指最冷月份平均气温
低于或等于 −5℃ 的地区。

第二节　砖砌体工程

 基础必读

要点 1：排砖摆底

一般外墙第一层砖摆底时，两山墙排丁砖，前后檐纵墙排条砖。根据弹好的门窗洞口位置线，认真核对窗间墙、垛尺寸及位置是否符合排砖模数，如不符合模数时，可在征得设计方同意的条件下将门窗的位置左右移动，使之符合排砖的要求。若有破活，七分头或丁砖应排在窗口中间、附墙垛或其他不明显的部位。移动门窗口位置时，应注意暖卫立管安装及门窗开启时不受影响。另外，排砖还要考虑在门窗口上边的砖墙合拢时也不出现破活。

要点 2：预留拉结筋的要求

1. 粉煤灰砖墙的拉结筋

拉结钢筋数量为每 120 mm 厚墙用 1 根 ϕ6 钢筋（240 mm 厚墙用 2 根 ϕ6 钢筋），间距沿墙高不超过 500 mm；埋入长度从留槎处算起每边不小于 500 mm，对抗震设防的地区，不应小于 1000 mm，且钢筋末端应做 90° 弯钩，如图 2-2 所示。施工洞口也应按以上要求留水平拉结钢筋，不应漏放、错放。

2. 空心砌块砖墙拉结筋

（1）承重墙的外墙转角处，墙体交接处，均应沿墙高 1 m 左右在水平灰缝中放置拉结筋，拉结钢筋为 3 根 ϕ6 钢筋，钢筋伸入墙内不小于 1000 mm。

（2）非承重墙的外墙转角处，与承重墙体交接处，均应沿墙高 1 m 左右在水平灰缝中放置拉结钢筋，拉结钢筋为 2 根 ϕ6 钢筋，钢筋伸入墙内不小于 700 mm。

（3）墙的窗口处，窗台下第一皮砌块下面

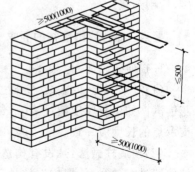

图 2-2　拉结筋示意图

应设置 3 根 ϕ6 拉结钢筋，拉结钢筋伸过窗口侧边应不小于 500 mm。墙洞口上边也应放置 2 根 ϕ6 钢筋，并伸过墙洞口，每边长度不小于 500 mm。

（4）加气混凝土砌块墙的高度大于 3 m 时，应按设计规定作钢筋混凝土拉结带。如设计无规定时，一般每隔 1 m 加设 2 根 ϕ6 或 3 根 ϕ6 钢筋拉结带，以确保墙体的整体稳定性。

要点3：砌体组砌方法

(1)"三一"砌砖法。"三一"砌砖法又称铲灰挤砌法,其基本操作是"一铲灰、一块砖、一揉压"。

(2)铺灰挤砌法。铺灰挤砌法是用铺灰工具铺好一段砂浆,然后进行挤浆砌砖的操作方法。铺灰工具可采用灰勺、大铲或瓢式铺灰器等。挤浆砌砖可分双手挤浆和单手挤浆两种。

(3)满刀灰刮浆法。满刀灰刮浆法是用瓦刀铲起砂浆刮在砖面上,再进行砌筑。刮浆一般分四步,如图2-3所示。满刀灰刮浆法砌筑质量较好,但生产效率较低,仅用于砌砖拱、窗台、炉灶等特殊部位。

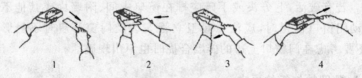

图2-3　满刀灰刮浆法

(4)"二三八一"砌筑法。"二三八一"砌筑法是瓦工在砌砖过程中一种比较科学的砌砖方法,它包括了瓦工在砌砖过程中人体各个部位的运动规律。其中:"二"指两种步法,即丁字步和并列步;"三"指三种弯腰身法,即侧身弯腰、丁字步弯腰和正弯腰;"八"指八种铺浆手法,即砌顺砖时用甩、扣、泼和溜四种手法,砌丁砖时用扣、溜、泼和一带二四种手法;"一"指一种挤浆动作,即先挤浆揉砖,后刮余浆。

要点4：圈梁、构造柱的要求

1.普通砖砌体

(1)过梁、梁垫的安装:安装过梁、梁垫时,其标高、位置及型号必须准确,坐灰饱满。如坐灰厚度超过20 mm时,要用细石混凝土铺垫。过梁安装时,两端支承点的长度应一致。

(2)构造柱做法:凡设有构造柱的工程,在砌砖前,先根据设计图样将构造柱位置进行弹线,并把构造柱插筋处理顺直。砌砖墙时,与构造柱连接处砌成马牙槎。每一个马牙槎沿高度方向的尺寸不应超过300 mm。马牙槎应先退后进。拉结筋按设计要求放置,设计无要求时,一般沿墙高500 mm设置2根 $\phi 6$ 水平拉结筋,每边深入墙内不应小于1 mm。

2.多孔砖砌体

具体方法参见上述"普通砖砌体"的内容。但需要注意每边深入墙内不应小于 1m。

3. 小型空心砌块

(1)固定圈梁、挑梁等构件侧模的水平拉杆、扁钢或螺栓应从小砌块灰缝中预留 4 根 ϕ10 孔穿入,不得在小砌块块体上凿安装洞。内墙可利用侧砌的小砌块孔洞进行支模,模板拆除后应采用 C20 混凝土将孔洞填实。

(2)墙体顶面(圈梁底)砌块孔洞应采取封堵措施(如铺细钢丝网、窗纱等),防止混凝土下漏。

(3)墙体与构造柱连接处应砌成马牙槎。从每层柱脚开始,先退后进,形成 100 mm 宽、200 mm 高的凹凸槎口。柱墙间采用 2 根 ϕ6 的拉结钢筋、间距宜为 400mm,每边伸入墙内长度为 1000 mm 或伸至洞口边。

要点 5:砌筑工程留槎的要求

1. 普通砖墙留槎

外墙转角处应同时砌筑,隔墙与承重墙不能同时砌筑又留成斜槎时,可于承重墙中引出凸槎,并在承重墙的水平灰缝中预埋拉结筋。斜槎水平投影长度不应小于高度的 2/3,槎子必须平直、通顺。拉结筋每道墙不得少于 2 根。

2. 多孔砖墙留槎

(1)外墙转角处应双向同时砌筑;内外墙交接处必须留斜槎,斜槎水平投影长度不应小于高度 h 的 2/3,留槎必须平直、通顺,如图 2-4 所示。

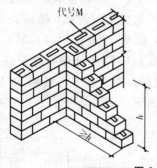 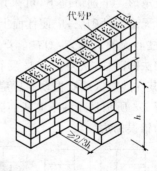

图 2-4 多孔砖斜砌

(2)非承重墙与承重墙或柱不同时,砌筑时可留阳槎加设预埋拉结筋。拉结筋沿墙高按设计要求或每 500 mm 预留 2 根 ϕ6 钢筋,其埋入长度从留槎处算起,每边不小于 1000 mm,末端加 90°弯钩。

(3)施工洞口留阳槎也应按上述要求设水平拉结筋。

(4)留槎处继续砌砖时,应将其浇水充分湿润后方可砌筑。

3. 粉煤灰砖墙的留槎

砌体的转角处和交接处应同时砌筑,严禁无可靠措施的内外墙分砌施工。

对不能同时砌筑而又必须留置的临时间断处应砌成斜槎,斜槎的水平投影长度不应小于高度 h 的 2/3。槎子必须平直通顺,如图 2-5 所示。当不能留斜槎时,若抗震设防烈度低于 8 度,除大角外,可留置直槎,但必须砌成凸槎,并加设拉结钢筋。

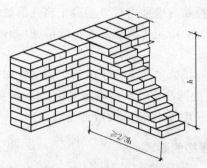

图 2-5 粉煤灰砖墙留槎示意图

 重点掌握

要点 6:砖柱砌筑的构造要求及施工要点

砖柱是用烧结普通砖与水泥混合砂浆(或水泥砂浆)砌筑而成。砖的强度等级应不低于 MU10,砂浆强度等级应不低于 M5。砖柱的断面形状,一般采用方形或矩形。个别情况下,可采用八角形、圆形等。砖柱依其断面大小有不同砌法。无论哪种砌法,应使柱面上下皮的竖向灰缝相互错开 1/2 砖长或 1/4 砖长,在柱心无通天缝,少打砖。严禁采用包心砌法,即先砌四周后填心的砌法。包心砌法的砖柱,从外面看来没有通缝,但在柱中间部分却有通天缝,整体性差,尤其在地震区或有振动的厂房内,包心柱往往沿着柱中心破坏,引起砖柱倒塌。图 2-6 所示是几种不同断面砖柱的正确砌法。图 2-7 所示是几种不同断面砖柱的错误砌法。

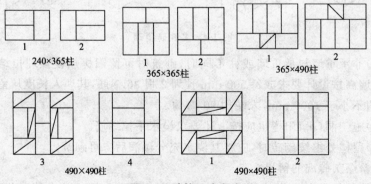

图 2-6 砖柱正确砌法

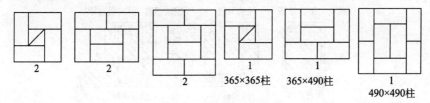

图 2-7 砖柱错误砌法

单独的砖柱砌筑,可立固定皮数杆,也可以经常用流动皮数杆检查高低情况。当几个砖柱同列在一条直线上时,可先砌两头砖柱,再在其间逐皮拉通线砌筑中间部分砖柱,这样易控制皮数正确,进出及高低一致。砖柱四面都有棱角,在砌筑时一定要勤检查,尤其是下面几皮砖要吊直,并要随时注意灰缝平整,防止发生砖柱扭曲或砖皮一头高、一头低等情况。砖柱表面的砖应边角整齐、色泽均匀。砖柱的水平灰缝厚度和竖向灰缝宽度宜为 10 mm 左右。砖柱上不得留设脚手孔。

要点 7:配筋砌体砌筑的构造要求及施工要点

1.网状配筋砖柱砌筑

(1)构造要求。

1) 网状配筋砖柱宜采用不低于 MU10 的烧结普通砖与不低于 M5 的水泥砂浆砌筑。

2) 钢筋网有方格网和连弯网两种。方格网的钢筋直径为 3~4 mm,连弯网的钢筋直径不大于 8 mm,钢筋网中钢筋的间距不应大于 120 mm,且不应小于 30 mm。钢筋沿砖柱高度方向的间距不应大于 5 皮砖,且不应大于 400 mm,当采用连弯网时,网的钢筋方向应互相垂直,沿砖柱高度方向交错设置,连弯网间距取同一方向网的间距,如图 2-8 所示。

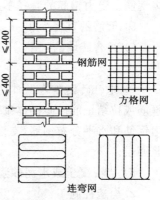

图 2-8 网状配筋砌筑砖

(2)施工要点。

1) 网状配筋砖柱砌筑同普通砖柱一样要求。设置在砌体水平灰缝内的钢筋,应居中置于灰缝中。水平灰缝厚度应大于钢筋直径 4 mm 以上。砌体外露面砂浆保护层的厚度不应小于 15 mm。

2) 设置在砌体水平灰缝内的钢筋应进行防腐保护,可在其表面涂刷钢筋防腐涂料或防锈剂。组合砖砌体砌筑构造要求:组合砖砌体是由砖砌体和钢筋混凝土面层或钢筋砂浆面层组成的,有组合砖柱、组合砖垛、组合砖墙等,如图 2-9 所示。

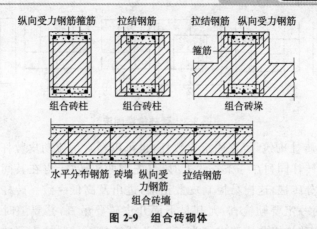

纵向受力钢筋箍筋　拉结钢筋　　拉结钢筋　纵向受力钢筋

箍筋

组合砖柱　　　组合砖柱　　　　组合砖垛

水平分布钢筋　砖墙　纵向受　拉结钢筋
　　　　　　　　　力钢筋
组合砖墙

图 2-9　组合砖砌体

3) 组合砖砌体所用砖的强度等级不应低于 MU10,砂浆强度等级不应低于 M5。面层厚度为 30～45 mm 时,宜采用水泥砂浆,水泥砂浆强度等级不低于 M7.5。面层厚度大于 45 mm 时,宜采用混凝土,混凝土强度等级宜采用 C15 或 C20。

4) 受力钢筋宜采用 HPB235 级钢筋,对于混凝土面层也可采用 HPB235 级钢筋。受力钢筋的直径不应小于 8 mm,钢筋的净间距不应小于 30 mm。

5) 箍筋的直径为 4～6 mm,箍筋的间距为 120～500 mm。

6) 组合砖墙的水平分布钢筋竖向间距及拉结钢筋的水平间距,均不应大于 500 mm。

7) 组合砖砌体施工时,应先砌筑砖砌体部分,并按设计要求在砌体中放置箍筋或拉结钢筋。砖砌体砌到一定高度后(一般不超过一层楼的高度),绑扎受力钢筋和水平分布钢筋,支设模板,浇水湿润砖砌体,浇筑混凝土面层或水泥砂浆面层。

8) 当混凝土或水泥砂浆的强度达到设计强度 30% 以上时,方可拆除模板。

2.构造柱施工

(1)构造要求。构造柱一般设置在房屋外墙四角、内外墙交接处以及楼梯间四角等部位,为现浇钢筋混凝土结构形式。

1)构造柱的下端应锚固于基础之内(与地梁连接)。构造柱的截面不小于 240 mm×180 mm,柱内配置直径 12 mm 的 4 根纵向钢筋,箍筋间距不应大于 250 mm。

2)构造柱与墙体的连接处应砌成马牙槎,从每层柱脚开始,先退后进,每一马牙槎沿高度方向的尺寸不宜超过 300 mm,沿墙高每隔 500 mm 设置 2 根直径 6 mm 的水平拉结钢筋,拉结钢筋每边伸入墙内不宜小于 1 m,如图 2-10 所示。当墙上门窗洞口边到构造柱边(即墙马牙槎外齿边)的长度小于 1 m 时,拉结钢筋则伸至洞口边止。

3）施工时,应按先绑扎柱中钢筋、砌砖墙,再支模,后浇捣混凝土。

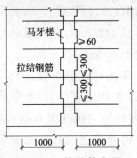

马牙槎

拉结钢筋

≥60

≤300

≤300

1000 1000

图 2-10 拉结筋布置

（2）施工要点。

1）砌筑砖墙时,马牙槎应先退后进,即每一层楼的砌墙开始砌第一个马牙槎应两边各收进 60 mm,第二个马牙槎到构造柱边,第三个马牙槎再两边各收进 60 mm,如此反复一直到顶。各层柱的底部（圈梁面上）,以及该层二次浇筑段的下端位置留出 2 皮砖洞眼,供清除模板内杂物用,清除完毕应立即封闭洞眼。

2）每层砖墙砌好后,立即支模。模板必须与所在墙的两侧严密贴紧,支撑牢固,防止板缝漏浆。

3）浇筑混凝土前,必须将砌体和模板浇水湿润,并清除模板内的落地灰、砖碴等杂物。混凝土浇筑可以分段进行,每段高度不宜大于 2 m。在施工条件较好并能确保浇筑密实时,也可每层浇筑一次。浇筑混凝土前,在结合面处先注入适量水泥砂浆,再浇筑混凝土。

4）浇捣构造柱混凝土时,宜用插入式振动器,分层捣实,每次振捣层的厚度不应超过振捣棒长度的 1.25 倍。振捣时应避免振捣棒直接碰触砖墙,严禁通过砖墙传振。

5）在砌完一层墙后和浇筑该层构造柱混凝土之前,是否对已砌好的独立墙片采取临时支撑等措施,应根据风力、墙高确定。必须在该层构造柱混凝土浇完后,才能进行上一层的施工。

3. 复合夹心墙砌筑

（1）构造要求。复合夹心墙是由两侧砖墙和中间高效保温材料组成,两侧砖墙之间设置拉结钢筋,如图 2-11 所示。

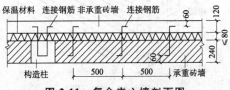

保温材料 连接钢筋 非承重砖墙 连接钢筋

60

120

≤80

240

构造柱 500 500 承重砖墙

图 2-11 复合夹心墙剖面图

砖墙有承重墙和非承重墙,均用烧结普通砖与水泥混合砂浆(或水泥砂浆)砌筑,砖的强度等级不低于 MU10,砂浆强度等级不低于 M5。

承重砖墙的厚度不应小于 240 mm,非承重砖墙的厚度不应小于 115 mm,两砖墙之间空腔宽度不应大于 80 mm。

拉结钢筋直径为 6 mm,采用梅花形布置,沿墙高间距不大于 500 mm,水平间距不大于 1 m。连接钢筋端头弯成直角,端头距墙面为 60 mm。

复合夹心墙的转角处、内外墙交接处以及楼梯间四角等部位必须设置钢筋混凝土构造柱。非承重墙与构造柱之间应沿墙高设置 2 根 ϕ6 水平拉结钢筋,间距不大于 500 mm。

(2)施工要点。

1)复合夹心墙宜从室内地面标高以下 240 mm 开始砌筑。可先砌承重砖墙,并按设计要求在水平灰缝中设置拉结钢筋,一层承重砖墙砌完后,清除墙面多余砂浆,在承重砖墙里侧铺贴高效保温材料,贴完整个墙面后,再砌非承重砖墙。当高效保温材料为松散体时,承重砖墙与非承重砖墙应同时砌筑,每砌高500 mm,在砖墙之间空腔中填充高效保温材料,并在水平灰缝中放置拉结钢筋,如此反复进行,直到墙顶。

2)复合夹心墙的门窗洞口周边可采用丁砖或钢筋连接空腔两侧的砖墙。沿门窗洞口边的连接钢筋采用直径 6 mm 的 HPB235 级钢筋,间距为 300 mm。连接丁砖的强度等级不低于 MU10,沿门窗洞口通长砌筑,并用高强度等级的砂浆灌缝。

4.填心墙砌筑

(1)构造要求。填心墙是由两侧的普通砖墙与中间的现浇钢筋混凝土组成,两侧砖墙之间设置拉结钢筋。砖墙所用砖的强度等级不低于 MU10,砂浆强度等级不低于 M5,砖墙厚度不小于 115 mm。混凝土的强度等级不低于C15。拉结钢筋直径不小于 6 mm,间距不大于 500 mm,如图 2-12 所示。

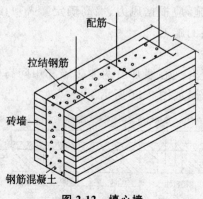

配筋

拉结钢筋

砖墙

钢筋混凝土

图 2-12　填心墙

（2）施工要点。

1）低位浇筑混凝土。两侧砖墙每次砌筑高度不超过 600 mm，砌筑中按设计要求在墙内设置拉结钢筋，拉结钢筋与钢筋混凝土中的配筋连接固定。当砌筑砂浆的强度达到使砖墙能承受浇筑混凝土的侧压力时，将落入两砖墙之间的杂物清除干净，并浇水湿润砖墙然后浇筑混凝土。这一过程反复进行，直至墙体全部完成。

2）高位浇筑混凝土。两侧砖墙砌至全高，但不得超过 3 m，两侧砖墙的砌筑高度差不应大于墙内拉结钢筋的竖向间距。砌筑砖墙时按设计要求在墙内设置拉结钢筋，拉结钢筋与钢筋混凝土中的配筋连接固定。为了便于清理两侧砖墙之间空腔中的落地灰、砖渣等杂物，砌墙时在一侧砖墙的底部预留清理洞口，清理干净空腔内的杂物后，用同品种、同强度等级的砖和砂浆堵塞洞口。当砂浆强度达到使砖墙能承受住浇筑混凝土的侧压力时（养护时间不少于 3 天），浇水湿润砖墙，再浇筑混凝土。

要点 8:砖垛砌筑的构造要求及施工要点

砖垛是用烧结普通砖与水泥混合砂浆砌成，砖的强度等级应不低于 MU10，砂浆的强度等级应不低于 M5。砖和砂浆的品种应与附墙相同。砖垛砌法应根据墙厚及垛的断面尺寸而定。无论哪种砌法都应使垛与墙身逐皮搭接，切不可分离砌筑。搭接长度至少 1/4 砖长，争取搭接 1/2 砖长。砖垛根据错缝需要，可加砌七分头砖或半砖，但不得加砌二分头砖。

砖垛砌筑时，墙和垛应同时砌起，不能先砌墙后砌垛或先砌垛后砌墙。不得留设脚手眼。图 2-13 所示是一砖墙不同尺寸砖垛的砌法。图 2-14 所示是一砖半墙不同尺寸砖垛的砌法。

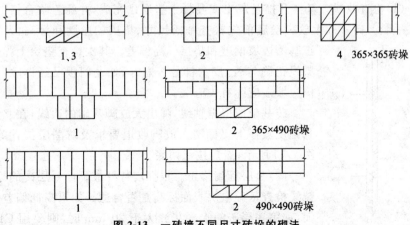

1、3　　　　　2　　　　　4　365×365砖垛

1　　　　　2　365×490砖垛

1　　　　　2　490×490砖垛

图 2-13　一砖墙不同尺寸砖垛的砌法

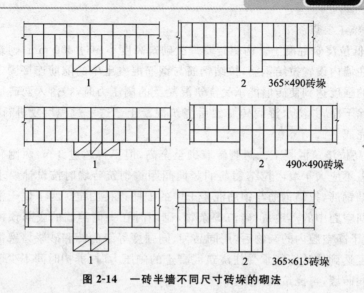

图 2-14   一砖半墙不同尺寸砖垛的砌法

要点 9:砖基础砌筑的构造要求及施工要点

1.构造要求

砖基础根据其不同形式,有条形基础和独立基础。条形基础一般设在砖墙下,独立基础一般设在砖柱下。

砖基础由基础墙与大放脚组成,基础墙与墙身同厚(或略厚一些),基础墙下部扩大部分称为大放脚。大放脚下是基础垫层,垫层可用 C10 混凝土或 3∶7 灰土做成;当采用碎石混凝土时垫层的厚度一般不宜小于 200 mm,采用灰土时不宜小于 300 mm,砖基础依其大放脚收皮不同,分为等高式和不等高式。

2.施工要点

(1)检查放线。基槽开挖及灰土或混凝土垫层已完成,并经验收合格,办完检验手续。砖基础大放脚摆底前先检查基槽尺寸、垫层的厚度和标高,及时修正基槽边坡偏差和垫层标高偏差。其次检查垫层上弹好的墨线正确与否,皮数杆是否立好,如龙门板已经拆除,则基槽边坡上应弹有中心线。

砖基础应根据轴线,弹出大放脚基础的边线,在立好的基础皮数杆上要标明大放脚收退要求及防潮层位置等,如图 2-15 所示,然后按此摆底。

(2)垫层标高修正。根据皮数杆最下面一层砖的标高,拉线检查基础垫层表面标高是否合适。如果高低偏差值较大,如第一层砖的水平灰缝大于 20 mm 时,则要用 C10 细石混凝土找平,严禁在砂浆中加细石及切砖找平;当偏差值

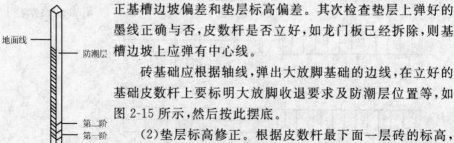

图 2-15   基础皮数杆

地面线
防潮层
第二阶
第一阶

比较小时,可在砌筑过程中逐皮纠正。找平层修正宽度应两边各大于大放脚 50 mm,找平层应平整,以保证上部砖大放脚首皮砖为整块砖,而且水平灰缝厚度控制在 10 mm 左右。

(3)摆底。垫层标高修正符合规定,则可以开始排砖摆底。排砖就是按照基底尺寸线和已定的组砌方式,不用砂浆,把砖在一段长度内摆一层,排时考虑竖直灰缝的宽度,要求山墙摆成丁砖、檐墙摆成顺砖。因设计尺寸是以 100 为模数,砖是以 125 为模数,两者有矛盾,要通过排砖来解决。在排砖中要把转角、墙垛、洞口、交接处等不同部位排得既合砖的模数,又合乎设计的模数,要求接槎合理、操作方便。

排完砖,用砂浆把干摆的砖砌起来,称为摆底。对摆底的要求:一是不能使排好的砖的位置发生移动,要一铲灰一块砖地砌筑;二是必须严格按皮数杆标准砌筑。

基础大放脚的摆底,关键要处理好大放脚的转角,处理好檐墙和山墙相交接槎部位。为满足大放脚上下皮错缝要求,基础大放脚的转角处要放七分头,七分头应在山墙和檐墙两处分层交替放置,不论底下多宽,都按此规律,一直退至实墙,再按墙的排砌法砌筑。基础大放脚转角处的排砌法,如图 2-16 所示。

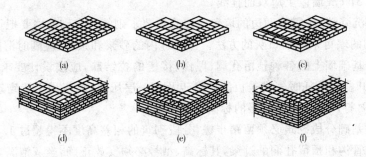

图 2-16 大放脚排砖法

等高式大放脚是每两皮一收,每次收进 1/4 砖(角 120 mm 高,收 60 mm 宽),其 $n/t=2.0$;不等高式大放脚是一层一收及一层一收交错进行,每次收 60 mm,其 $n/t=1.5$,如图 2-17 所示。

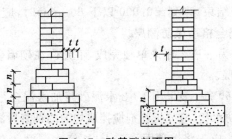

图 2-17 砖基础剖面图

砖基础大放脚摆放宜先从摆放转角开始,先摆转角,转角摆通后,砌几皮砖再按转角为标准,以山丁檐跑的方法摆通全墙身,按皮数双面拉水平线进行首皮大放脚的摆底工作。

(4)放脚(收退)。砖基础大放脚摆底完成后,即开始砌筑大放脚,砌筑大放脚重点要掌握好大放脚的收退方法。砌基础大放脚的收退,应遵循"退台压顶"的原则,宜采用"一顺一丁"的砌法,退台的每台阶上面一皮砖为丁砖,有利于传力,砌筑完毕填土时也不易将退台砖碰掉。间隔式大放脚收一皮处,应以丁砌为主。基础大放脚的退台从转角开始,每次退台必须用卷尺量准尺寸,中间部分的退台应按照大角处拉准线进行,不得用目测估算或砖块比量,以防出现偏差。

(5)正墙。

1)基础大放脚收退结束即为正墙身。砖基础大放脚收退到正墙身处,砌基础墙最后一皮砖也要求用丁砖排砌。

2)砖基础正墙砌筑,作为承上启下的部分,对质量要求较高,应掌握的要点是,随时检查垂直度、平整度和水平标高。基础墙的墙角,每次砌筑高度不超过5皮砖,随盘角随靠平吊直,以保证墙身横平竖直。砌墙应挂通线,24 cm 墙外手挂线,37 cm 墙以上应双面挂线。

3)沉降缝、防震缝两边的墙角应按直角要求砌筑。先砌的墙要把舌头灰刮尽,后砌的墙可采用缩口灰的方法。掉入缝内的砂浆和杂物,应随时清除干净。

4)基础墙上的各种预留孔洞、埋件、接槎的拉结筋,应按设计要求留置,不得事后开凿。承托暖气沟盖板的挑檐砖及上一层压砖,均应用丁砖砌筑。主缝碰头灰要打严实。挑檐砖层的标高必须准确。

5)基础分段砌筑必须留踏步槎,分段砌筑的相差高度不得超过 1.2 m。

6)管沟和预留孔洞的过梁,其标高、型号必须安放正确,坐灰饱满。如坐灰厚度超过 20 mm 时应用细石混凝土铺垫。

7)基础灰缝必须密实,以防止地下水的侵入。各层砖与皮数杆要保持一致,偏差不得大于±1 cm。

(6)检查、抹防潮层、完成基础。

1)砖基础正墙结束(砌到±0.000 以下 60 mm)时,应及时检查轴线位置、垂直度和标高,检查合格后做防潮层。

2)防潮层应作为一道工序来单独完成,不允许在砌墙砂浆中添加防水剂进行砌砖来代替防潮层。

3)防潮层所用砂浆一般采用1:2水泥砂浆加水泥含量3%～5%的防水剂搅拌而成。如使用防水粉,应先把粉剂搅拌成均匀的稠浆后添加到砂浆中去。

4)抹防潮层时,应先将墙顶面清扫干净,浇水湿润。在基础墙顶的侧面抄出水平标高线，然后用直尺夹在基础墙两侧，尺上平按水平线找准，然后摊铺砂浆，一般 20 mm 厚，待初凝后再用水抹子收压一遍，做到平、实、表面光滑。

要点 10：空心砖砌筑的构造要求及施工要点

1. 构造要求

空心砖墙宜采用"满刀灰刮浆法"进行砌筑。空心砖墙组砌为十字缝，上下皮竖缝相互错开 1/2 砖长，砖孔方向应符合设计要求。当设计无具体要求时，宜将砖孔置于水平位置；当砖孔垂直砌筑时，水平铺灰应用套板。砖竖缝应先挂灰后砌筑。空心砖墙底部应砌烧结普通砖或多孔砖，其高度不宜小于 200 mm，如图 2-18 所示。

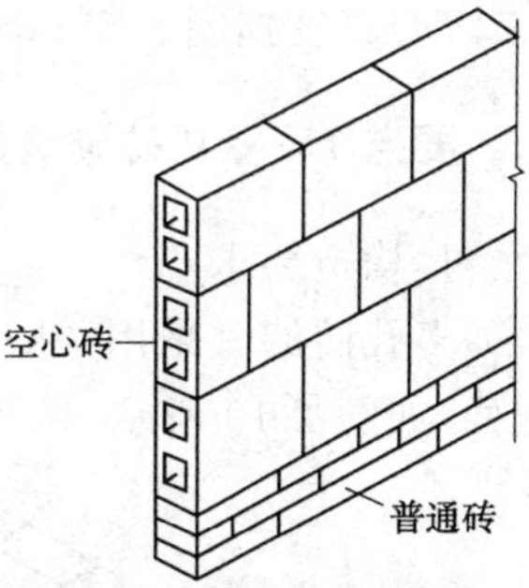

2. 施工要点

(1)施工准备。空心砖的运输、装卸过程中，严禁抛掷和倾倒。进场后应按品种、规格分别堆放整齐，堆置高度不宜超过 2 m。砌筑前 1～2 天浇水湿润，含水率宜为 10%～15%。因空心砖不易砍砖，应准备切割用的砂轮锯砖机，以便组砌时用半砖或七分头。

(2)排砖撂底。空心砖墙排砖撂底时应按砖块尺寸和灰缝计算皮数和排数，水平灰缝厚度和竖向灰缝宽度为 8～12 mm；排列时在不够半砖处，可用普通黏土砖补砌；门窗洞口两侧 240 mm 范围内应用普通黏土砖排砌；每隔 2 皮空心砖高，在水平灰缝中放置 2 根 $\phi6$ 的拉结钢筋；上下皮砖排通后，应按排砖的竖缝宽度要求和水平灰缝厚度要求拉紧通线，完成撂底工作。

(3)砌筑墙身。空心砖墙砌筑时，要注意上跟线、下对楞。砌到高度 1.2 m 以上时，脚手架宜提高小半步，使操作人员体位高，调整砌筑高度，从而保证墙体砌筑质量。

(4)砌筑转角及丁字交接处。空心砖墙的转角处及丁字墙交接处，应用普通黏土砖实砌。转角处砖砌在外角上，丁字交接处砖砌在纵墙上。盘砌大角不宜超过 3 皮砖，且不得留直槎，砌筑过程中要随时检查垂直度和砌体与皮数杆的相符情况。内外墙应同时砌筑，如必须留槎，应砌成斜槎，斜槎长厚比应按砖的规格尺寸确定。

(5)墙顶砌筑。空心砖墙砌至接近上层梁、板底时，应留一定空隙，待墙砌筑完并应至少间隔 7 天后，再采用侧砖、立砖、砌块斜砌挤紧，其倾斜度宜为 30°左右，砌筑砂浆应饱满。

(6)墙与柱连接。空心砖墙与框架柱相接处，必须把预埋在框架柱中的拉结筋砌入墙内。拉结筋的规格、数量、间距、长度应符合设计要求。空心砖墙与

图 2-18　空心砖墙

框架柱之间缝隙应采用砂浆填满。

（7）预留孔洞。空心砖墙中不得留设脚手眼。墙上的管线留置方法，当设计无具体要求时，可采用弹线定位后凿槽或开槽，不得斩砖预留槽。

（8）灰缝要求。空心砖墙的灰缝应横平竖直，砂浆密实，水平灰缝砂浆饱满度不得低于80％，竖缝不得出现透明缝、瞎缝和假缝。

（9）高度控制。空心砖墙每天砌筑高度不得超过1.2 m。

要点11：多孔砖砌筑的构造要求及施工要点

1.构造要求

多孔砖墙宜采用一顺一丁或梅花丁的砌筑形式，多孔砖的孔洞应垂直于受压面，如图2-19所示。

代号P多孔砖

全顺   一顺一丁   梅花丁

图2-19 多孔砖砌筑

2.施工要点

（1）施工准备。多孔砖墙砌筑时，砖应提前1～2天浇水湿润，含水率以10％～15％为宜。

（2）排砖摞底。多孔砖墙排砖摞底时应按砖的尺寸和灰缝计算皮数和排数，水平灰缝厚度和竖向灰缝宽度为8～12 mm。多孔砖从转角或定位处开始向一侧排砖，内外墙同时排砖，纵横墙交错搭接，上下皮错缝搭砌。上下皮砖排通后，按排砖的竖缝宽度和水平缝厚度要求拉紧通线，完成摞底工作。

（3）砌筑墙身。多孔砖砌筑时，要注意上跟线、下对楞。灰缝应横平竖直，水平灰缝砂浆饱满度不得小于80％；竖缝应刮浆适宜并加浆填灌，不得出现透明缝、瞎缝和假缝，严禁用水冲浆灌缝。多孔砖墙砌到高度1.2 m以上时，脚手架宜提高小半步。

（4）砌筑转角及交接处。多孔砖墙的转角处和交接处应同时砌筑，严禁无可靠措施自内向外墙分砌施工。对不能同时砌筑而又必须留置的临时间断处应砌成斜槎。M型多孔砖墙的斜槎长度应不小于斜槎高度；P型多孔砖墙的斜槎长度应不小于斜槎高度的2/3。施工中不能留斜槎时，除转角处，可留直槎，但直槎必须做成凸槎，并应加设拉结筋，拉结筋的数量、间距、长度应满足设计要求。

（5）预埋木砖、铁件和脚手眼。多孔砖墙门、窗洞口的预埋木砖、铁件混凝土块等应采用与多孔砖横截面一致的规格。多孔砖墙的下列部位不得设置脚手眼：宽度小于 1 m 的窗间墙；过梁与过梁成 60°角的三角形范围及过梁净跨度 1/2 的高度范围内；梁和梁垫下及其左右各 500 mm 范围内；门、窗洞口两侧 200 mm 和转角处 450 mm 范围内。

(6)墙顶处理。多孔砖坡屋顶房屋的顶层内纵墙顶,宜增加支撑端山墙的踏步式墙垛。

要点 12：空心墙砌筑的构造要求及施工要点

1.构造要求

空斗墙的砌筑形式有一眠一斗、一眠二斗、一眠三斗、无眠空斗等(图 2-20)。大面向外平行于墙面的侧砌砖称为斗砖,垂直于墙面的平砌砖称为眠砖,垂直于墙面的侧砌砖称为丁砖。

空斗墙的所有斗砖或眠砖上下皮都要错缝、每隔一块斗砖必须砌 1~2 块丁砖,墙面不应有竖向通缝。

一眠一斗　　　无眠空斗　　　一眠二斗　　　一眠三斗

图 2-20　砌筑形式

2.施工要点

(1)空斗墙应用整砖和水泥混合砂浆砌筑。

(2)砌筑前应试摆,不够整砖处,可加砌丁砖,不得砍凿斗砖。

(3)在有眠空斗墙中,眠砖层与丁砖接触处,除两端外,其余部分不应填塞砂浆。

(4)空斗墙中留置的洞口,必须在砌筑时留出,严禁砌完后再进行砍凿。

(5)空斗墙与实砌体的竖向连接处,应相互搭砌。

(6)空斗墙的水平灰缝厚度和竖向灰缝宽度一般为 10 mm,但不应小于 7 mm,也不应大于 13 mm。

(7)空斗墙的尺寸和位置的偏差如超过规定的限值时,应拆除重砌或作补救处理,不应采用敲击的方法矫正。

第三章

钢筋混凝土工程

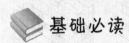 **本章导读**

　　钢筋混凝土工程是建筑工程中的重点,本章主要介绍钢筋加工的方法、钢筋绑扎的要求、混凝土现场拌制的要求以及各种混凝土结构的施工要求、模板施工方法等。读者在学习的过程中应该重点学习钢筋绑扎、混凝土结构的施工方法等内容,最好在实践中能够熟练运用。

第一节　钢筋工程

基础必读

要点 1:钢筋冷加工的控制方法

1. 钢筋除锈

　　工程中钢筋的表面应洁净,以保证钢筋与混凝土之间的握裹力。钢筋上的油渍、漆污和用锤敲击时能剥落的浮皮、铁锈等应在使用前清除干净。带有颗粒状或片状老锈的钢筋不得使用。

　　(1)钢筋除锈一般有以下几种方法。

　　1)手工除锈,即用钢丝刷、砂轮等工具除锈。

　　2)钢筋冷拉或钢丝调直过程中除锈。

　　3)机械方法除锈,如采用电动除锈机。

　　4)喷砂或酸洗除锈等。

　　(2)对大量的钢筋除锈,可通过钢筋冷拉或钢筋调直机调直完成;少量的钢筋除锈可采用电动除锈机或喷砂方法;钢筋局部除锈可采取人工用钢丝刷或砂轮等方法进行。也可将钢筋通过砂箱往返搓动除锈。

　　(3)电动除锈的圆盘钢丝刷有成品供应(也可用废钢丝绳头拆开编成),其直径为 20～30 cm、厚度为 5～15 cm,电动机功率为 1.0～1.5 kW,转速为1000 r/min。

　　(4)如除锈后钢筋表面有严重的麻坑、斑点等已伤蚀截面时,应降级使用或剔除不用,带有蜂窝状锈迹的钢丝不得使用。

2.钢筋调直

钢筋调直分为人工调直和机械调直两类。人工调直可分为绞盘调直(多用于 12 mm 以下的钢筋、板柱)、铁柱调直(用于粗钢筋)、蛇形管调直(用于冷拔低碳钢丝)。机械调直常用的有钢筋调直机调直(用于冷拔低碳钢丝和细钢筋)、卷扬机调直(用于粗细钢筋)。

(1)对局部曲折、弯曲或成盘的钢筋应加以调直。

(2)钢筋调直普遍使用慢速卷扬机拉直和用调直机调直,在缺乏调直设备时,粗钢筋可采用弯曲机、平直锤或用卡盘、扳手锤击矫直;细钢筋可用绞盘(磨)拉直或用导轮、蛇形管调直装置来调直,如图 3-1 所示。

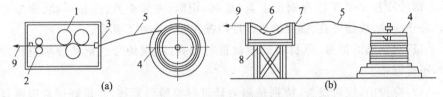

图 3-1　导轮和蛇形管调直设备

(a)导轮调直装置;(b)蛇形管调直装置

1—辊轮;2—导轮;3—旧拔丝模;4—盘条架;5—细钢筋或钢丝;

6—蛇形管;7—旧球轴承;8—支架;9—人力牵引

(3)采用钢筋调直机调直冷拔低碳钢丝和细钢筋时,要根据钢筋的直径选用调直模和传送辊,并要恰当掌握调直模的偏移量和压紧程度。

(4)用卷扬机拉直钢筋时,应注意控制冷拉率。用调直机调直钢丝和用锤击法平直粗钢筋时,表面伤痕不应使截面面积减少 5% 以上。

(5)调直后的钢筋应平直,无局部曲折;冷拔低碳钢丝表面不得有明显擦伤。应当注意:冷拔低碳钢丝经调直机调直后,其抗拉强度一般要降低 10%～15%,使用前要加强检查,按调直后的抗拉强度选用。

(6)已调直的钢筋应按级别、直径、长短、根数分扎成若干小扎,分区堆放整齐。

3.钢筋切断

(1)钢筋切断应合理统筹配料,将相同规格钢筋根据不同长短搭配,统筹排料;一般先断长料,后断短料,以减少短头、接头和损耗。避免用短尺量长料,以免产生累积误差;切断操作时应在工作台上标出尺寸刻度并设置控制断料尺寸用的挡板。

(2)向切断机送料时应将钢筋摆直,避免弯成弧形,操作者应将钢筋握紧,并应在冲动刀片向后退时送进钢筋。切断长 300 mm 以下钢筋时,应将钢筋套在钢管内送料,防止发生事故。

(3)操作中,如发现钢筋硬度异常(过硬或过软)与钢筋级别不相称时,应考虑对该批钢筋进一步检验;热处理预应力筋切料时,只允许用切断机或氧乙炔割断,不得用电弧切割。

(4)切断后的钢筋断口不得有马蹄形或起弯等现象;钢筋长度偏差不应小于±10 mm。

4.钢筋弯曲成形

钢筋的弯曲成形方法有手工弯曲和机械弯曲两种。钢筋弯曲均应在常温下进行,严禁将钢筋加热后弯曲。手工弯曲成形设备简单、成形正确,机械弯曲成形可减轻劳动强度、提高工效,但操作时要注意安全。

5.钢筋冷拉

钢筋冷拉主要工序有钢筋上盘、放圈、切断、夹紧夹具、冷拉开始、观察径值、停止冷拉、放松夹具、捆扎堆放。冷拉操作要点有如下几点。

(1)对钢筋的炉号、原材料的质量进行检查,不同炉号的钢筋分别进行冷拉,不得混杂。

(2)冷拉前,应对设备,特别是测力计进行校验和复核,并做好记录以确保冷拉质量。

(3)钢筋应先拉直(约为冷拉应力的10%),然后量其长度再行冷拉。

(4)冷拉时,为使钢筋充分拉长,冷拉速度不宜快,一般以0.5~1 m/min为宜,当达到规定的控制应力(或冷拉长度)后,须稍停(1~2 min),待钢筋变形充分拉长后,再放松钢筋,冷拉结束。钢筋在低温下进行冷拉时,其温度不宜低于−20 ℃,如采用控制应力方法时,冷拉控制应力应较常温提高30 MPa,采用控制冷拉伸方法时,冷拉率与常温相同。

(5)钢筋伸长的起点应以钢筋发生初应力时为准。如无仪表观测时,可观测钢筋表面的浮锈或氧化铁皮,以开始剥落时起计。

(6)预应力筋应先对焊后冷拉,以免后焊因高温而使钢筋冷拉后的强度降低。如焊接接头被拉断,可切除该焊区总长200~300 mm,重新焊接后再冷拉,但一般不超过2次。

(7)钢筋时效可采用自然时效,冷拉后宜在常温(15~20 ℃)下放置一段时间(一般为7~14天)后使用。

(8)钢筋冷拉后应防止经常雨淋、水湿,因钢筋冷拉后性质尚未稳定,遇水易变脆,且易生锈。

6.钢筋冷拔

(1)冷拔前应对原材料进行必要的检验。对钢号不明或无出厂证明的钢材,应取样检验。遇截面不规整的扁圆,带刺、过硬、潮湿的钢筋,不得用于拔制,以免损坏拔丝模和影响质量。

（2）钢筋冷拔前必须经轧头和除锈处理。除锈装置可以利用拔丝机卷筒和盘条转架，其中设 3～6 个单向错开或上下交错排列的带槽剥壳轮，钢筋经上下左右反复弯曲，即可除锈。也可使用与钢筋直径基本相同的废拔丝模以机械方法除锈。

（3）为方便钢筋穿过拔丝模，钢筋头要轧细一段（长 150～200 mm），轧压至直径比拔丝模孔小 0.5～0.8 mm，以便顺利穿过拔丝模孔。为减少轧头次数，可用对焊方法将钢筋连接，但应将焊缝处的凸缝用砂轮修平磨滑，以保护设备及拉丝模。

（4）在操作前，应按常规对设备进行检查和空载运转一次。安装拔丝模时，要分清正反面，安装后应将固定螺栓拧紧。

（5）为减少拔丝力和拔丝模孔损耗，抽拔时须涂以润滑剂，一般在拔丝模前安装一个润滑盒，使钢筋黏滞润滑剂进入拔丝模。润滑剂的配方为动物油（羊油或牛油）∶肥皂∶石蜡∶生石灰∶水＝（0.15～0.20）∶（1.6～3.0）∶1∶2∶2。

（6）拔丝速度宜控制在 50～70 m/min。钢筋连拔不宜超过 3 次，如需再拔，应对钢筋消除内应力，采用低温退火（600～800 ℃）处理使钢筋变软。加热后取出埋入砂中，使其缓冷，冷却速度应控制在 150 ℃/h 以内。

（7）拔丝的成品，应随时检查砂孔、沟痕、夹皮等缺陷，以便随时更换拔丝模或调整转速。

7.钢筋冷轧扭工艺

（1）钢筋冷轧扭装置，由放盘架、调直箱、轧机、扭转装置、切断机、落料架、冷却系统及控制系统等组成。

（2）加工工艺程序为：圆盘钢筋从放盘架上引出后，经调直箱调直并清除氧化薄膜，再经轧机将圆筋轧扁；在轧辊推动下，强迫钢筋通过扭转装置，从而形成表面为连续螺旋曲面的麻花状钢筋，再穿过切断机的圆切刀刀孔进入落料架的料槽，当钢筋触到定位开关后，切断机将钢筋切断落到架上。

（3）钢筋长度的控制可调整定位开关在落料架上的位置获得。钢筋调直、扭转及输送的动力均来自轧辊在轧制钢筋时产生的摩擦力。

要点 2：钢筋冷加工验收标准

（1）为了保证受力钢筋与混凝土协同受力，受力钢筋弯钩、弯折的形状和尺寸应符合下列规定。

1）HPB235 级钢筋末端应做 180°弯钩，其弯弧内直径不应小于钢筋直径的 2.5 倍，弯钩的弯后平直部分长度不应小于钢筋直径的 3 倍，见表 3-1。

表 3-1　一、二级抗震等级纵向受力钢筋检验强度实测值要求

项　目	钢筋拉强度实测值($a_{b实}$)比屈服强度实测值($a_{b实}$)	钢筋的屈服强度实测值($a_{s实}$)比强度标准值($a_{s标}$)
比　值	≥1.25	≤1.3
原　因	梁中受力钢筋形成屈服台阶,在钢筋达到屈服强度,而未达到抗拉强度时,人们有躲避及补救的时间	地震时在梁上产生塑性铰,形成"强柱弱梁",避免出现由于梁钢筋强度过高,地震时梁不断、柱先断的情况

2)当设计要求钢筋末端需做 135°弯钩时,HRB 335 级、HRB 400 级钢筋的弯弧内直径不应小于钢筋直径的 4 倍,弯钩的弯后平直部分长度应符合设计要求。

3)钢筋做不大于 90°的弯折时,弯折处的弯弧内直径不应小于钢筋直径的 5 倍,弯钩的弯后平直部分长度应符合设计要求。

(2)受扭构件中的箍筋宜做成封闭式,且箍筋弯钩平直部分长度不宜小于箍筋直径的 5 倍。

(3)箍筋末端应做弯钩,弯钩的形式应符合设计要求;当设计无具体要求时,应符合下列规定。

1)箍筋 180°弯钩的弯弧内直径不应小于钢筋直径的 2.5 倍,且不小于受力钢筋直径,弯钩的弯后平直部分长度不应小于钢筋直径的 3 倍。

2)箍筋弯钩的弯折角度:对一般结构不应小于 90°;对有抗震等要求的结构,应为 135°。

3)箍筋弯后平直部分长度:对一般结构,不宜小于箍筋直径的 5 倍;对有抗震等要求的结构,不应小于箍筋直径的 10 倍。

4)弯钩的形式,可按图 3-2 (a)、(b)加工,对有抗震要求或受扭的构件可按图 3-2(c)加工。

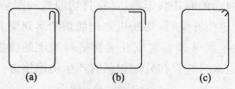

图 3-2　弯钩的形式

(a)90°/180°弯钩;(b)90°/90°弯钩;(c)135°/135°弯钩

(4)钢筋调直应优先选用机械方法,也可采用冷拉方法。当采用冷拉方法调直钢筋时,钢筋的冷拉率应符合表 3-2 的规定。

表 3-2　钢筋的冷拉率控制值

钢筋级别	HPB 235	HRB 335、HRB 400 及 RRB 400
冷拉率	不宜大于 4%	不宜大于 1%

要点 3：钢筋的进场验收及存放

1．钢筋质量检验

(1)钢筋的外观检查。

1)工程所用的钢筋应逐批进行检查，钢筋的级别、型号、形状、尺寸及数量必须与设计图纸及钢筋配料单相同，应认真核对，保证与所使用部位相符合。

2)钢筋应平直、无损伤，表面不得有裂缝、褶皱、结疤及夹杂。若工程无特殊要求，盘条钢筋允许有压痕及局部的凸块、凹块、划痕、麻面，但其深度或高度(从实际尺寸算起)不得大于 0.20 mm，带肋钢筋表面凸块不得超过横肋高度，钢筋表面上其他缺陷的深度和高度不得大于所在部位尺寸的允许偏差，冷拉钢筋不得有局部缩颈。对于有明显外观缺陷的钢筋要针对不同的情况进行技术处理，不得随意使用。

3)钢筋表面应洁净，不得有油污、颗粒状或片状老锈。对于有油渍、漆污和铁锈的钢筋应在使用前用钢丝刷清除干净，否则应降级使用或另作处置使用，以免影响钢筋的强度和锚固性能。

4)钢筋进场存放了较长的一段时间，在使用前应对外观质量进行全数检查。弯折过的钢筋不得敲直后作为受力钢筋使用。

5)带肋钢筋表面标志应清晰明了，符合下列规定。

·带肋钢筋应在其表面轧上牌号标志，还可依次轧上厂名(或商标)和直径(mm)数字。

·钢筋牌号以阿拉伯数字表示，HRB335、HRB400、HRB500 对应的阿拉伯数字分别为 2、3、4。厂名以汉语拼音字头表示。直径(mm)数以阿拉伯数字表示。直径不大于 10 mm 的钢筋，可不轧制标志，可采用挂标牌方法。

·标志应清晰明了，标志的尺寸由供方按钢筋直径大小作适当规定，与标志相交的横肋可以取消。

(2)进场钢筋质量证明文件检查。

1)钢筋的质量证明文件应随钢筋进场。钢筋与质量证明文件应物证相符。钢筋的质量证明文件包括钢筋的质量证明书(合格证)及钢筋性能检测报告。主要有两个作用：第一，它是产品的质量证明资料，证明该批钢筋合格；第二，它同时又是产品生产厂家的"质量责任书"或"质量担保书"。如果万一发生质量不合格等问题，则可以据此来追究生产厂家的质量责任。当钢筋为进口产品时，钢筋的质量证明书(合格证)及钢筋性能检测报告应有相应的中文文本，且质量指标不得低于我国有关标准，所以应仔细核实其各项内容是否符合要求，如不符合应予以退场。

2)质量有保证的生产厂家，钢筋标牌可作为质量合格证。

3)检查钢筋的质量证明书一个重要的目的是防止把钢筋的强度等级弄错。如在施工现场常发生误将 HPB235 级钢筋(相当于原级别Ⅰ级钢筋)中的直径 10 mm、12 mm 当作 HRB335(20 MnSi)级钢筋(相当于原级别Ⅱ级钢筋)用作受力钢筋,极易发生断筋等事故。

(3)钢筋原材的力学性能复试。

常规的钢筋(包括型钢)检验中,一般都要做力学性能检验。而钢筋(型钢)的力学性能检验中,一般要做两个项目的检验,即钢筋(型钢)的拉伸检验和钢筋(型钢)的弯曲检验。对于钢丝来说,做弯曲检验是无济于事的,所以钢丝一般是做反复弯曲检验来测定其塑性指标。拉伸检验中要测定钢筋(型钢)的屈服点、抗拉强度、延伸率三个指标。而弯曲检验是用弯心直径与弯曲角度来表示的,钢丝是用反复弯曲的次数来表示。这些指标国家都在相应的标准中作了明确的规定。当钢筋在加工过程中,如发现脆断、焊接性能不良或力学性能显著不正常等现象,应根据现行国家标准对该批钢筋进行化学成分检验或其他专项检验。进场复验报告是进场钢筋抽样检验的结果,它是该批钢筋能否在工程中应用的最终判断依据。

1)钢筋混凝土用热轧光圆钢筋。

·试验项目。

必试:拉伸试验(屈服点、抗拉强度、伸长率)、弯曲试验。

其他:反向弯曲、化学成分。

·组批原则及取样规定。

同一厂别、同一炉罐号、同一规格、同一交货状态,每60 t 为一验收批,不足60 t 按一批计。

每一验收批取一组试件(拉伸2个,弯曲2个)。

在任选的2根钢筋切取。

2)钢筋混凝土用热轧带肋钢筋。参见上述"1)钢筋混凝土用热轧光圆钢筋"的内容。

3)钢筋混凝土用余热处理钢筋。参见上述"1)钢筋混凝土用热轧光圆钢筋"的内容。

4)冷轧带肋钢筋。钢筋应按批进行检查和验收,每批应由同一钢号、同一规格、同一级制的钢筋组成,每批不大于50 t,钢筋的力学性能应逐盘、逐捆进行检验。从每盘或每捆取2个试件1个做拉伸试验,1个做冷弯试验。

5)冷轧扭钢筋。冷轧扭钢筋进场时,应分批进行检查和验收。冷轧扭钢筋验收批应由同一钢厂、同一牌号、同一规格的钢筋组成,且每批不大于10 t,不足10 t 按一批计;当连续检验10批均为合格时检验批质量可扩大1倍。

冷轧扭钢筋的试样由验收批钢筋中随机抽取。每批抽取3根钢筋,各取1

个试件,其中,2 个试件做拉伸试验,1 个试件做冷弯试验。取样部位应距钢筋端部不小于 500 mm。试样长度宜取偶数倍节距,且不应小于 4 倍节距,同时不小于 500 mm。

6)钢筋特殊情况的检验。

·《混凝土结构工程施工质量验收规范》(GB 50204—2002)第 5.2.3 条规定:无论何时,一旦发现钢筋脆断、焊接性能不良或力学性能显著不正常等现象时,应对该批钢筋进行化学成分检验或其他专项检验。这是针对异常情况作出的预防和补救措施。

·钢筋出现下列情况之一者,必须做化学成分检验:

无出厂证明书或钢种、钢号不明的。

有焊接要求的进口钢筋。

在加工过程中,发生脆断、焊接性能不良或力学性能显著不正常的。

2.钢筋的堆放与管理

(1)钢筋的运输。

较长钢筋要用吊架吊装装车和卸车,不得用钢丝绳拦腰捆绑,运输时不得将长钢筋一端拖地运输,要根据钢筋的长短配备运输车辆,不准用短车厢运输长钢筋。

(2)钢筋的堆放。

钢材应按批,分钢种、品种、直径、外形妥善堆放,每垛钢材应有标志牌,写明钢材产地、规格、品种、数量、复试报告单编号,注明合格或不合格。

钢材库要保持库内干燥,通风良好,库内地面要高出库外地坪 200 mm,库顶不得漏雨。要坚持先进库先用,尽量缩短储存时间。施工现场无库房时,宜选择地势高,地面干燥之处,同时要将钢筋垫起,并在四周设置排水沟,遇雨雪天时应及时用苫布盖好。

(3)钢筋的管理。

钢筋的管理应建立入库、出库台账。由专职材料员严格管理。

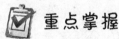 **重点掌握**

要点 4:现浇框架结构钢筋绑扎的要求及其质量标准

1.施工要求

(1)柱钢筋绑扎。

1)弹柱位置线、模板控制线。

2)清理柱筋污渍、柱根浮浆。用钢丝刷将柱预留筋上的污渍清刷干净。根据柱皮位置线向柱内偏移 5 mm 弹出控制线,将控制线内的柱根混凝土浮浆用剁斧清理到全部露出石子,用水冲洗干净,但不得留有明水。

3)修整底层伸出的柱预留钢筋。根据柱外皮位置线和柱竖筋保护层厚度大小,检查柱预留钢筋位置是否符合设计要求及施工规范的规定,如柱筋位移过大,应按1:6的比例将其调整到位。

4)在预留钢筋上套柱子箍筋。按图纸要求间距及柱箍筋加密区情况,计算好每根柱箍筋数量,先将箍筋套在下层伸出的搭接筋上。

5)绑扎(焊接或机械连接)柱子竖向钢筋。连接柱子竖向钢筋时,相邻钢筋的接头应相互错开,错开距离符合有关施工规范、图集及图纸要求。并且接头距柱根起始面的距离要符合施工方案的要求。

采用绑扎形式立柱子钢筋,在搭接长度内,绑扣不少于3个,绑扣要向柱中心。如果柱子主筋采用光圆钢筋搭接时,角部弯钩应与模板成45°,中间钢筋的弯钩应与模板成90°。

6)标志箍筋间距线。在立好的柱子竖向钢筋上,按图纸要求用粉笔画出箍筋间距线(或使用皮数杆控制箍筋间距)。柱上下两端及柱筋搭接区箍筋应加密,加密区长度及加密区内箍筋间距应符合设计图纸和规范要求。

7)柱箍筋绑扎。按已画好的箍筋位置线,将已套好的箍筋往上移动,由上而下绑扎,宜采用缠扣绑扎,如图3-3所示。

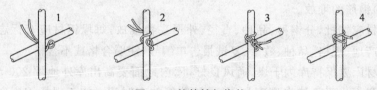

图3-3　箍筋缠扣绑扎

箍筋与主筋要垂直和紧密贴实,箍筋转角处与主筋交点均要绑扎,主筋与箍筋非转角部分的相交点成梅花形交错绑扎。

箍筋的弯钩叠合处应沿柱子竖筋交错布置,并绑扎牢固,如图3-4所示。

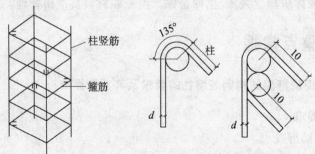

图3-4　箍筋的弯钩叠合处应沿柱子竖筋交错布置

有抗震要求的地区,柱箍筋端头应弯成135°。平直部分长度不小于10d(d

为箍筋直径)。如箍筋采用 90°搭接,搭接处应焊接,焊缝长度单面焊缝不小于 10d。

如设计要求柱设有拉筋时,拉筋应钩住箍筋,如图 3-5 所示。

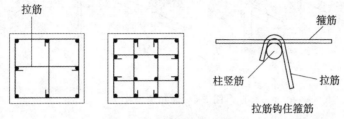

图 3-5　拉筋钩住箍筋连接

8)在柱顶绑定距框。为控制柱子竖向主筋的位置,一般在柱子预留筋的上口设置一个定距框,定距框距混凝土面上 150 mm 设置,定距框用 φ14 mm 以上的钢筋焊制,可做成"井"字形,卡口的尺寸大于柱子竖向主筋直径 2 mm 即可。

9)保护层垫块设置。钢筋保护层厚度应符合设计要求,垫块应绑扎在柱筋外皮上,间距一般为 1000 mm(或用塑料卡卡在外竖筋上),以保证主筋保护层厚度准确。

(2)梁钢筋绑扎。

1)画主次梁箍筋间距。框架梁底模支设完成后,在梁底模板上按箍筋间距画出位置线,箍筋起始筋距柱边为 50 mm,梁两端应按设计、规范的要求进行加密。

2)放主次梁箍筋。根据箍筋位置线,算出每道梁箍筋数量,将箍筋放在底模上。

3)穿主梁底层纵筋及弯起筋。先穿主梁的下部纵向受力钢筋及弯起钢筋,梁筋应放在柱竖筋内侧,底层纵筋弯钩应朝上,端头距柱边的距离应符合设计及有关图集、规范的要求。梁下部纵向钢筋伸入中间节点锚固长度及伸过中心线的长度要符合设计、规范及施工方案要求。框架梁纵向钢筋在端节点内的锚固长度也要符合设计、规范及施工方案要求。

4)穿次梁底层纵筋。按相同的方法穿次梁底层纵筋。

5)穿主梁上层纵筋及架立筋。底层纵筋放置完成后,按顺序穿上层纵筋和架立筋,上层纵筋弯钩应朝下,一般应在下层筋弯钩的外侧,端头距柱边的距离应符合设计图纸的要求。

框架梁上部纵向钢筋应贯穿中间节点,支座负筋的根数及长度应符合设计、规范的要求。框架梁纵向钢筋在端节点内的锚固长度也要符合设计、规范及施工方案要求。

6)绑主梁箍筋。主梁纵筋穿好后,将箍筋按已画好的间距逐个分开,隔一定间距将架立筋与箍筋绑扎牢固。调整好箍筋位置,应与梁保持垂直,绑架立筋,再绑主筋。绑梁上部纵向筋的箍筋,宜用套扣法绑扎,如图 3-6 所示。

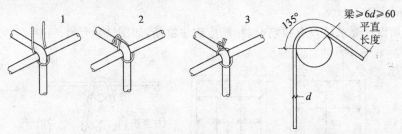

图 3-6　套扣法绑扎

箍筋在叠合处的弯钩,在梁中应交错绑扎,箍筋弯钩为 135°,平直部分长度为 $10d$,如做成封闭箍时,单面焊缝长度为 $10d$。

7)穿次梁上层纵向钢筋。按相同的方法穿次梁上层纵向钢筋,次梁的上层纵筋一般在主梁上层纵筋上面。当次梁钢筋锚固在主梁内时,应注意主筋的锚固位置和长度符合要求。

8)绑次梁箍筋。按相同的方法绑次梁箍筋。

9)拉筋设置。当设计要求梁设有拉筋时,拉筋应钩住箍筋与腰筋的交叉点。

10)保护层垫块设置。框架梁绑扎完成后,在梁底放置砂浆垫块(也可采用塑料卡),垫块应设在箍筋下面,间距一般 1 m 左右。在梁两侧用塑料卡卡在外箍筋上,以保证主筋保护层厚度准确。

(3)板钢筋绑扎。

1)模板上弹线。清理模板上面的杂物,按板筋的间距用墨线在模板上弹出下层筋的位置线。板筋起始筋距梁边为 50 mm。

2)绑板下层钢筋。按弹好的钢筋位置线,按顺序摆放纵横向钢筋。板下层钢筋的弯钩应竖直向上,下层筋应伸入到梁内,其长度应符合设计的要求。在现浇板中有板带梁时,应先绑板带梁钢筋,再摆放板钢筋。

绑扎板筋时一般用顺扣(图 3-7)或八字扣,除外围 2 根筋的相交点应全部绑扎外,其余各点可交错绑扎,双向板相交点需全部绑扎。

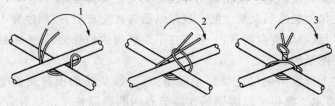

图 3-7　绑扎板筋

3)水电工序插入。预埋件、电气管线、水暖设备预留孔洞等及时配合安装。

4)绑板上层钢筋。按上层筋的间距摆放好钢筋,上层筋通常为支座负弯矩钢筋,应横跨梁上部,并与梁筋绑扎牢固。当上层筋有搭接时,搭接位置和搭接长度应符合设计及施工规范的要求。上层筋的直钩应垂直朝下,不能直接落在模板上。上层筋为负弯矩钢筋,每个相交点均要绑扎,绑扎方法同下层筋。

5)设置马凳及保护层垫块。如板为双层钢筋,两层筋之间必须加钢筋马凳,以确保上部钢筋的位置。钢筋马凳应设在下层筋上,并与上层筋绑扎牢靠,间距 800 mm 左右,呈梅花形布置。在钢筋的下面垫好砂浆垫块(或塑料卡),间距 1000 mm,梅花形布置。垫块厚度等于保护层厚度,应满足设计要求。

(4)楼梯钢筋绑扎。

1)绑扎楼梯梁。对于梁式楼梯,先绑扎楼梯梁,再绑扎楼梯踏步板钢筋,最后绑扎楼梯平台板钢筋,钢筋绑扎要注意楼梯踏步板和楼梯平台板负弯矩筋的位置。楼梯梁的绑扎同框架梁的绑扎方法。

2)画钢筋位置线。根据下层筋间距,在楼梯底板上画出主筋和分布筋的位置线。

3)绑下层筋。板筋要锚固到梁内。板筋每个交点均应绑扎。绑扎方法同板钢筋绑扎。

4)绑上层筋。绑扎方法同板钢筋绑扎。

5)设置马凳及保护层垫块。上下层钢筋之间要设置马凳以保证上层钢筋的位置。板底应设置保护层垫块保证下层钢筋的位置。

2.质量要求

同"底板钢筋绑扎的要求及其质量标准"的要求。

要点 5:砌筑工程构造柱、圈梁钢筋绑扎的要求及其质量标准

1.施工要求

(1)构造柱钢筋绑扎。

1)绑扎构造柱钢筋骨架。

·先将 2 根竖向受力钢筋平放在绑扎架上,并在钢筋上画出箍筋间距,自柱脚起始箍筋位置距竖筋端头为 40 mm。放置竖筋时,柱脚始终朝一个方向,若构造柱竖筋超过 4 根,竖筋应错开布置。

·在钢筋上画箍筋间距时,在柱顶、柱脚与圈梁钢筋交接的部位,应按设计和规范要求加密柱的箍筋,加密范围一般在圈梁上、下均不应小于 1/6 层高或 450 mm,箍筋间距不宜大于 100 mm(柱脚加密区箍筋待柱骨架立起搭接后再绑扎)。

有抗震要求的工程,柱顶、柱脚箍筋加密,加密范围 1/6 柱净高,同时不小于 450 mm,箍筋间距应按 6d 或 100 mm 加密进行控制,取较小值。钢筋绑扎接头应避开箍筋加密区,同时接头范围的箍筋加密 5d,且 100 mm。

·根据画线位置,将箍筋套在主筋上逐个绑扎,要预留出搭接部位的长度。为防止骨架变形,宜采用反十字扣或套扣绑扎。箍筋应与受力钢筋保持垂直;箍筋弯钩叠合处,应沿受力钢筋方向错开放置。

·另外 2 根或更多受力钢筋,并与箍筋绑扎牢固,箍筋端头平直长度不小于 10d (d 为箍筋直径),弯钩角度不小于 135°。

2)修整底层伸出的构造柱搭接筋。

根据已放好的构造柱位置线,检查搭接筋位置及搭接长度是否符合设计和规范的要求。若预留搭接筋位置偏差过大,应按 1∶6 坡度进行矫正。

底层构造柱竖筋应与基础圈梁锚固;无基础圈梁时,埋设在柱根部混凝土座内,如图 3-8 所示当墙体附有管沟时,构造柱埋设深度应大于沟深。构造柱应伸入室外地面标高以下 500 mm。

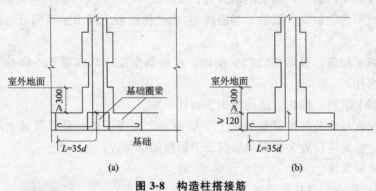

图 3-8　构造柱搭接筋

(a)有基础圈梁;(b)无基础圈梁

3)安装构造柱钢筋骨架。

先在搭接处主筋上套上箍筋,然后再将预制构造柱钢筋骨架立起来,对正伸出的搭接筋,搭接倍数按设计图纸和规范,且不低于 35d,对好标高线,在竖筋搭接部位各绑至少 3 个扣,两边绑扣距钢筋端头距离为 50 mm。

4)绑扎搭接部位钢筋。

骨架调整方正后,可以绑扎根部加密区箍筋。按骨架上的箍筋位置线从上往下依次进行绑扎,并保证箍筋绑扎水平、稳固。

5)绑扎保护层垫块。

构造柱绑扎完成后,在与模板接触的侧面及时进行保护层垫块绑扎,采用带绑丝的砂浆垫块,间距不大于 800 mm。

(2)圈梁钢筋的绑扎。

1)划分箍筋位置线。

支完圈梁模板并做完预检,即可绑扎圈梁钢筋,采用在模内直接绑扎的方法,按设计图纸要求间距,在模板侧帮上画出箍筋位置线。按每 2 根构造柱之间为一段,分段画线,箍筋起始位置距构造柱 50 mm。

2)放箍筋。

箍筋位置线画好后,数出每段箍筋数量,放置箍筋。箍筋弯钩叠合处,应沿圈梁主筋方向互相错开设置。

3)穿圈梁主筋。

穿圈梁主筋时,应从角部开始,分段进行。圈梁与构造柱钢筋交叉处,圈梁钢筋宜放在构造柱受力钢筋内侧。圈梁钢筋在构造柱部位搭接时,其搭接倍数或锚入柱内长度要符合设计和规范要求。主筋搭接部位应绑扎 3 个扣。

圈梁钢筋应互相交圈,在内外墙交接处、墙大角转角处的锚固长度,均要符合设计和规范要求。

4)绑扎箍筋。

圈梁受力筋穿好后,进行箍筋绑扎,应分段进行。在每段两端及中间部位先临时绑扎,将主筋架起来,以利于绑扎。绑扎时,要让箍筋与圈梁主筋保证垂直,将箍筋对正模板侧帮上的位置线,先将下部主筋与箍筋绑扎,再绑上部筋,上部角筋处宜采用套扣绑扎。

5)设置保护层垫块。

圈梁钢筋绑完后,应在圈梁底部和与模板接触的侧面加水泥砂浆垫块,以控制受力钢筋的保护层厚度。底部的垫块应加在箍筋下面,侧面应绑在箍筋外侧。

2.质量要求

(1)主控项目。

1)构造柱和圈梁钢筋的品种、规格、形状、尺寸和钢材质量必须符合设计要求和有关标准的规定。钢筋应平直、无损伤,表面不得有裂纹、油污、颗粒状或片状老锈。

2)构造柱和圈梁主筋的数量、位置应正确。

3)主筋的搭接部位、搭接长度必须正确。主筋和箍筋的弯钩朝向、弯曲长度必须正确。

4)构造柱和圈梁绑扎应牢固、方正,不得有变形。

(2)一般项目。

1)钢筋的绑扎、缺扣、松扣的数量不超过绑扣数的 10%,且不应集中。

2)构造柱、圈梁钢筋绑扎允许偏差和检验方法见表 3-3。

表 3-3 构造柱、圈梁钢筋绑扎允许偏差和检验方法

项次	项 目	允许偏差/mm	检验方法
1	骨架的宽度、高度	±5	尺量检查

续表

项次	项目		允许偏差/mm	检验方法
2	骨架的长度		±10	尺量检查
3	受力钢筋	间距	±10	尺量两端、中间各一点,取其最大值
		排距	±5	
4	箍筋、横向钢筋间距		±20	尺量连续三档,取其最大值
5	预埋件	中心线位移	5	尺量检查
		水平高差	+3,−0	
6	主筋保护层厚度		±5	尺量检查

要点6：剪力墙结构墙体钢筋绑扎的要求及其质量标准

1.施工要求

(1)在顶板上弹墙体外皮线和模板控制线。

将墙根浮浆清理干净到露出石子,用墨斗在钢筋两侧弹出墙体外皮线和模板控制线。

(2)调整竖向钢筋位置。

根据墙体外皮线和墙体保护层厚度检查预埋筋的位置是否正确,竖筋间距是否符合要求,如有位移时,应按1:6的比例将其调整到位。如有位移偏大时,应按技术洽商要求认真处理。

(3)接长竖向钢筋。

预埋筋调整合适后,开始接长竖向钢筋。按照既定的连接方法连接竖向筋,当采用绑扎搭接时,搭接段绑扣不小于3个。采用焊接或机械连接时,连接方法详见相关施工工艺标准。接长竖向钢筋时,应保证竖筋上端弯钩朝向正确。竖筋连接接头的位置应相互错开。

(4)绑竖向梯子筋。

根据预留钢筋上的水平控制线安装预制的竖向梯子筋,应保证方正、水平。一道墙设置2~3个竖向梯子筋为宜。

梯子筋如代替墙体竖向钢筋,应大于墙体竖向钢筋一个规格,梯子筋中控制墙厚度的横档钢筋的长度比墙厚小2 mm,端头用无齿锯锯平后刷防锈漆,根据不同墙厚画出梯子筋一览表。梯子筋做法如图3-9所示。

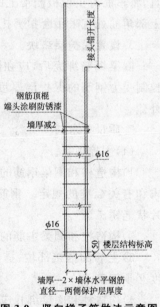

墙厚−2×墙体水平钢筋
直径−两侧保护层厚度

图3-9　竖向梯子筋做法示意图

(5)绑扎暗柱及门窗过梁钢筋。

1)暗柱钢筋绑扎:绑扎暗柱钢筋时先在暗柱竖筋上根据箍筋间距划出箍筋位置线,起步筋距地 30 mm(在每一根墙体水平筋下面)。将箍筋从上面套入暗柱,并按位置线顺序进行绑扎,箍筋的弯钩叠合处应相互错开。暗柱钢筋绑扎应方正,箍筋应水平,弯钩平直段应相互平行。

2)门窗过梁钢筋绑扎:为保证门窗洞口标高位置正确,在洞口竖筋上划出标高线。门窗洞口要按设计和规范要求绑扎过梁钢筋,锚入墙内长度要符合设计和规范要求,过梁箍筋两端各进入暗柱一个,第一个过梁箍筋距暗柱边 50 mm,顶层过梁入支座全部锚固长度范围内均要加设箍筋,间距为 150 mm。

(6)绑墙体水平钢筋。

1)暗柱和过梁钢筋绑扎完成后,可以进行墙体水平筋绑扎。水平筋应绑在墙体竖向筋外侧,按竖向梯子筋的间距从下到上顺序进行绑扎,水平筋第一根起步筋距地应为 50 mm。

2)绑扎时将水平筋调整水平后,先与竖向梯子筋绑扎牢固,再与竖向立筋绑扎,注意将竖筋调整竖直。墙筋为双向受力钢筋,所有钢筋交叉点应逐点绑扎,绑扣采用顺扣时应交错进行,确保钢筋网绑扎稳固,不发生位移。

3)绑扎时水平筋的搭接长度及错开距离要符合设计图纸及施工规范的要求。

4)墙筋在端部、角部的锚固长度、锚固方向应符合要求:

·剪力墙的水平钢筋在端部锚固应按设计和规范要求施工。做成暗柱或加 U 形钢筋,如图 3-10 所示。

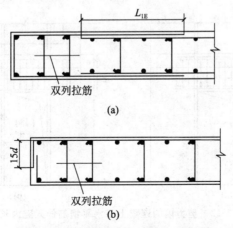

图 3-10　剪力墙的水平钢筋在端部锚固

·剪力墙的水平钢筋在"丁"字节点及转角节点的绑扎锚固,如图 3-11所示。

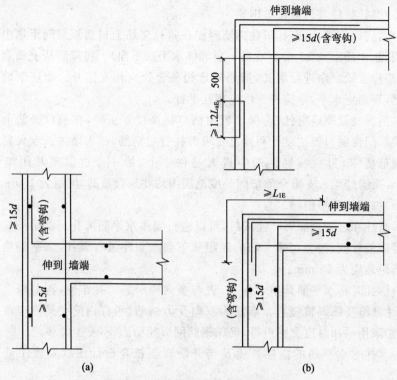

图 3-11　剪力墙在转角处绑扎锚固方法

(a)丁字节点水平筋锚固;(b)拐角节点水平筋锚固

·剪力墙的连梁上下水平钢筋伸入墙内长度。不能小于设计和规范要求,如图 3-12 所示。

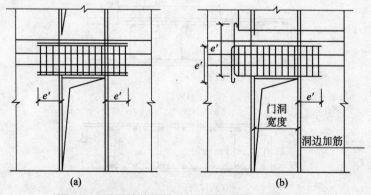

图 3-12　剪力墙的连梁上下水平钢筋伸入腔内长度

·剪力墙的连梁沿梁全长的箍筋构造要符合设计和规范要求,在建筑物的顶层连梁伸入墙体的钢筋长度范围内,应设置间距小于等于 150 mm 的构造箍筋,如图 3-13 所示。

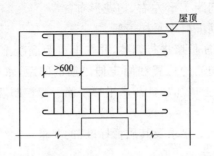

图 3-13 剪力墙的连梁沿梁全长的箍筋构造示意图

·剪力墙洞口周围应绑扎补强钢筋,其锚固长度应符合设计和规范要求。

·剪力墙钢筋与外砖墙连接:先绑外墙,绑内墙钢筋时,先将外墙预留的杯拉结筋理顺,然后再与内墙钢筋搭接绑牢,内墙水平筋间距及锚固按专项工程图纸施工,如图 3-14 所示。

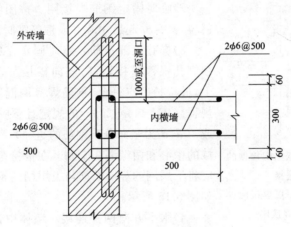

图 3-14 剪力墙钢筋与外砖墙连接

(7)设置拉钩和垫块。

1)拉钩设置:双排钢筋在水平筋绑扎完成后,应按设计要求间距设置拉钩,以固定双排钢筋的骨架间距。拉钩应呈梅花形设置,应卡在钢筋的十字交叉点上。注意用扳手将拉钩弯钩角度调整到135°,并应注意拉钩设置后不应改变钢筋排距。

2)设置垫块:在墙体水平筋外侧应绑上带有钢丝的砂浆垫块或塑料卡,以保证保护层的厚度,垫块间距 1 m 左右,梅花形布置。注意钢筋保护层垫块不要绑在钢筋十字交叉点上。

3)双 F 卡:可采用双 F 卡代替拉钩和保护层垫块,还能起到支撑的作用。支撑可用 φ10～14 mm 钢筋制作,支撑如顶模板,要按墙厚度减 2 mm,用无齿锯锯平并刷防锈漆,间距 1 m 左右,梅花形布置。

(8)设置墙体钢筋上口水平梯子筋。

对绑扎完成的钢筋板墙进行调整,并在上口距混凝土面 150 mm 处设置水平梯子筋,以控制竖向筋的位置和固定伸出筋的间距,水平梯子筋应与竖筋固定牢靠。同时在模板上口加扁铁与水平梯子筋一起控制墙体竖向钢筋的位置。

2.质量要求

同"底板钢筋绑扎的要求及其质量标准"的要求。

要点 7:冷轧带肋钢筋焊接网的要求及其质量标准

1.施工要求

(1)剪力墙冷轧带肋钢筋焊接网绑扎。

1)修理预留搭接筋。按一楼层为一个竖向单元,将墙身处预留钢筋调直理顺,并将表面杂物清理干净。

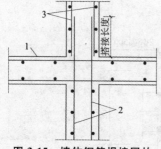

图 3-15 墙体钢筋焊接网的竖向搭接

1—楼板;2—下层焊接网;
3—上层焊接网

2)临时固定钢筋焊接网。按图纸要求将网片就位,网片立起后用木方或钢管临时固定支牢。

3)绑扎根部钢筋。临时固定完钢筋网片后逐根绑扎根部搭接钢筋,竖向搭接可设置在楼面之上,搭接长度应符合《钢筋焊接网混凝土结构技术规程》(JGJ 114—2003)的规定且不应小于 400 mm 或 40d(d 为竖向分布钢筋的直径)。钢筋在搭接区域的中心和两端绑 3 个扣。在搭接范围内,搭接时应将下层网的竖向钢筋与上层网的钢筋绑扎牢固,如图 3-15 所示。

4)水平方向网片连接。墙体中钢筋焊接网在水平方向的搭接采用平搭法或扣搭法时,其搭接长度应符合设计图纸及《钢筋混凝土用钢筋焊接网》(GB/T 1499.3—2010)、《钢筋焊接网混凝土结构技术规程》(JGJ 114—2003)的相关要求。

5)绑扎墙体端部钢筋。

·当墙体端部无暗柱或端柱时,可用现场绑扎的"U"形附加钢筋连接。附加钢筋的间距宜与钢筋焊接网水平钢筋的间距相同,其直径可按等强度设计原则确定,如图 3-16(a)所示。附加钢筋的锚固长度不应小于最小锚固长度。焊接网水平分布钢筋末端宜有垂直于墙面的 90°直钩,直钩长度为 5~10d,且不小于 50 mm。

·当墙体端部设有暗柱时,焊接网的水平钢筋可伸入暗柱内锚固,该伸入部分可不焊接竖向钢筋,或将焊接网设在暗柱外侧,并将水平分布钢筋弯成直钩(直钩长度为 5~10d,且不小于 50 mm)锚入暗柱内如图 3-16(b)所示;对于相交墙体[图 3-16(c)、图 3-16(d)]及设有端柱如图 3-16(e)所示的情况,可将焊接网的水平钢筋直接伸入墙体相交处的暗柱或端柱中。

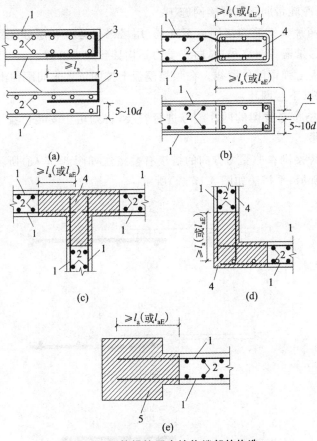

图 3-16　钢筋焊接网在墙体端部的构造

(a)墙端无暗柱;(b)墙端设有暗柱;(c)相交墙体(T 形);

(d)相交墙体(L 形);(e)墙端设有端柱

1—焊接网水平钢筋;2—焊接网竖向钢筋;

3—附加连接钢筋;4—暗柱(墙);5—端柱

钢筋焊接网在暗柱或端柱中的锚固长度,应符合《钢筋焊接网混凝土结构技术规程》(JGJ 114—2003)的规定。

6)绑门窗洞口加筋。绑扎门、窗、洞口处加固筋,要求位置准确。如门窗洞口处预留筋有位移时,应做成缓弯(1:6)理顺,使门窗洞口处的附加筋位置符合设计图纸要求。

7)绑拉筋或支撑筋。墙体内双排钢筋焊接网之间设置拉筋连接,其直径不小于 6 mm,间距不大于 700 mm;对于重要部位的剪力墙应适当增加拉筋的数量。

8)设置保护层垫块。在墙体两侧水平筋外绑扎塑料卡子(或保护层垫块),梅花形布置,间距不大于 1000 mm。

(2)楼板冷轧带肋钢筋焊接网施工。

1)吊运网片。钢筋焊接网运至现场,用塔吊吊运至各层分区集中堆放,注意吊装时应尽量避免一点吊装,防止受力不均导致焊点开焊。

2)在模板上弹钢筋位置线。在顶板模板上按图纸要求间距弹出位置线。

3)铺下铁(下层网片)。

A.应严格按布置图的网片编号进行安装,否则由于安装位置不对,导致返工时很难拆除。

B.钢筋焊接网在非受力方向的搭接有叠搭法如图 3-17 (a)所示、扣搭法如图 3-17 (b)所示、平搭法如图 3-17 (c)所示。

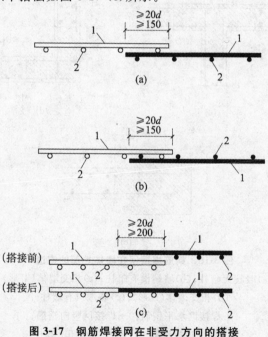

图 3-17　钢筋焊接网在非受力方向的搭接
(a)叠搭法;(b)扣搭法;(c)平搭法
1—分布钢筋;2—受力钢筋

C.底网的布置方式。

a.单向板。一般采用叠搭法。即一张网片叠在另一张网片上的搭接方法。受力主筋深入支座不设置搭接,深入长度不小于 $10d$(d 为受力钢筋直径),且不小于 100 mm。分布筋方向支座处加垫网,底网和垫网如需设置搭接接头,每个网片在搭接范围内至少应有一根受力主筋,搭接长度不应小于 $20d$(d 为分布筋直径),且不应小于 150 mm。

　　b. 双向板。

　　(a)现浇双向板短跨方向的下部钢筋焊接网不设置搭接接头;长跨方向的底部钢筋焊接网可按《钢筋焊接网混凝土结构技术规程》(JGJ 114—2003)的规定设置搭接接头,并将钢筋焊接网伸入支座,必要时可用附加网片搭接,如图 3-18 所示。或用绑扎钢筋伸入支座,搭接长度及构造要求应符合《钢筋焊接网混凝土结构技术规程》(JGJ 114—2003)的规定。

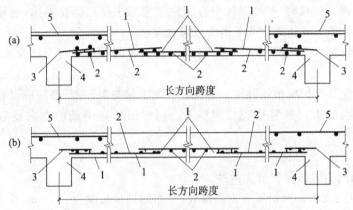

图 3-18　钢筋焊接网在双向板长跨方向的搭接

(a)叠搭法搭接;(b)扣搭法搭接

1—长跨方向钢筋;2—短跨方向钢筋;3—伸入支座的附加网片;

4—支承梁;5—支座上部钢筋

　　(b)现浇双向板带肋钢筋焊接网的底网也可采用下列布网方式:将双向板的纵向钢筋和横向钢筋分别与非受力筋焊成纵向网和横向网,安装时分别插入相应的梁中[图 3-19(a)]。将纵向钢筋和横向钢筋分别采用 2 倍原配筋间距焊成纵向底网和横向底网,安装时(宜用扣搭法)分别插入相应的梁中[图 3-19(b)]。受力筋伸入支座不小于 $10d$(d 为纵向受力钢筋直径),且不小于 100 mm。网片最外侧钢筋距梁边的距离不应大于该方向钢筋间距的 1/2,且不宜大于 100 mm。

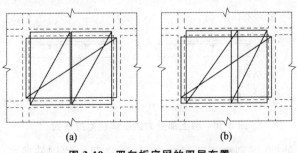

图 3-19　双向板底网的双层布置

D.铺设底网时应先铺短跨方向网片,再铺长跨方向网片。铺设网片时,应先铺与标高低的梁垂直方向的网片,再铺比标高高的梁垂直方向的网片。

E.柱角处底网的安装。楼板底网与柱连接时,板伸入支座的下部纵向受力钢筋,其间距不应大于 400 mm,伸入支座的锚固长度不小于 10d(d 为纵向受力钢筋直径),且不小于 100 mm。网片最外侧钢筋距梁边的距离不应大于该方向钢筋间距的 1/2,且不宜大于 100 mm。当网片分布筋与柱子预留筋发生冲突时,可将分布筋剪断且不必补筋。

F.两网片搭接时,在搭接区中心和两端应采用铁丝绑扎牢固,钢筋网片的搭接采用叠搭法或扣搭法或平搭法应符合要求。

4)土建及水电预留、预埋。安装完下铁钢筋网片后进行土建及水电预留、预埋。

5)马凳及保护层垫块设置。为保证混凝土保护层厚度,底网应设置与保护层厚度相当的水泥砂浆垫块或塑料卡。同时沿长向钢筋的方向设置适量的马凳。

6)铺上铁(上层网片)。

A.面网布置按位置分为两种。

a.跨中:支座面网沿梁长方向铺设,分布筋搭接长度为 250mm,受力钢筋不需搭接;对于通长布置的面网,分纵横双向铺设网片,分布筋方向上不存在搭接。为了保证钢筋的有效长度和保护层,铺设面网时,网片的横向分布筋在受力筋的下方。

b.边跨:边梁处负弯矩面网安装时,其钢筋伸入梁内的长度应符合要求。

(a)对钢筋混凝土框架梁,边跨面网入梁锚固不足 30d,将入梁端钢筋弯折,弯钩安装在梁外侧第一根钢筋之内。

(b)对钢结构和剪力墙,边跨面网入梁锚固应符合《钢筋焊接网混凝土结构技术规程》(JGJ 114—2003)的要求。

(c)对嵌固在承重砌体墙内的结构,面网的钢筋伸入支座的长度应该不小于 110 mm,并在网端应有一根横向钢筋[图 3-20 (a)]或将上部受力钢筋弯折[图 3-20 (b)]。

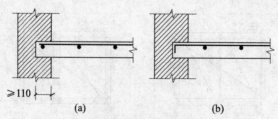

≥110   (a)   (b)

图 3-20　板上部受力钢筋焊接网的锚固

B.遇洞口处理:遇到楼板开洞时,可将通过洞口的钢筋剪断。设计图纸有节点做法时,按原图进行加筋,加筋应设置在上下网片之间;没有特殊要求时,对洞口尺寸小于 1000 mm 时,增设附加绑扎短钢筋加强,加强筋强度不小于被切断的钢筋,且不少于 2 根,加强筋与网片的搭接长度满足要求;对洞口尺寸大于 1000 mm 时,增设附加绑扎长钢筋加强(长钢筋即钢筋两端均入梁锚固,锚固长度满足要求)。

C. 柱角处面网的安装:考虑到安装的方便,面网已预先进行抽筋处理,但要注意安装完毕后应补齐相应抽筋。楼板面网与柱的连接可采用整张网片套在柱上[图 3-21 (a)],然后再与其他网片搭接;也可将面网在两个方向铺至柱边,其余部分按等强度设计原则用附加钢筋补足[图 3-21 (b)]。楼板面网与钢柱的连接可采用附加钢筋连接方式,钢筋的锚固长度应符合规定。

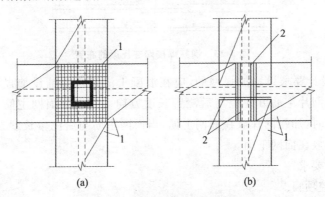

图 3-21 楼板焊接网与柱的连接
(a)焊接网套柱连接;(b)附加钢筋连接
1—焊接网的面网;2—附加锚固筋

D. 对两端须插入梁内锚固的焊接网,当网片纵向钢筋较细时,可利用网片的弯曲变形性能,先将焊接网中部向上弯曲,使两端能先后插入梁内,然后铺平网片;当钢筋较粗焊接网不能弯曲时,可将焊接网的一端少焊 1~2 根横向钢筋,先插入该端,然后退插另一端,必要时可采用绑扎方法补回所减少的横向钢筋。

E. 面网跨梁布置时,先铺主受力筋标高较低的梁上的网片,后铺主受力筋标高较高的梁上的网片;钢网满铺布置时(即纵横向远长网片),两个方向上的搭接宜用平接法。

F. 当梁两侧楼板存在高差时且高差大于 30 mm,两侧的网片应分别布置,在高标高处梁上的网片端部钢筋须作 90°弯钩,并满足锚固长度,低标高处网片直接插入梁中,如图 3-22 所示。

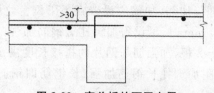

图 3-22　高差板的面网布置

G. 当梁突出于板的上表面(反梁)时,梁两侧的带肋钢筋焊接网的面网和底网均应分别布置(图 3-23)。面网伸入梁中的长度应符合锚固长度的规定。

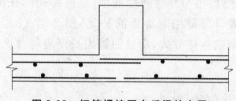

图 3-23　钢筋焊接网在反梁的布置

H. 对设计要求设置加强网的,应在混凝土浇筑之前铺设加强网。对于后浇带处加强网片主筋方向应与后浇带长度方向垂直。当面网主筋与后浇带长度方向垂直时,加强网片放在面网上面,当面网主筋与后浇带长度方向平行时,加强网片应放在面网下面。

2. 质量要求

(1)主控项目。

1)冷轧带肋钢筋焊接网所使用的冷轧带肋钢筋规格、品种和质量必须符合设计要求及有关规范的规定。

2)钢筋焊接网进场复试必须符合设计要求及有关规范的规定。

3)钢筋的规格、形状、尺寸、数量、锚固长度、搭接设置,必须符合设计要求和施工规范的规定。

(2)一般项目。

1)钢筋焊接网交叉点开焊数量不应超过整张网片交叉点总数的 1%,并且任一根钢筋上开焊点数不得超过该根钢筋上交叉点数的 50%。钢筋网最外边钢筋上的交叉点不得开焊。

2)钢筋带有颗粒状和片状老锈,经除锈后仍留有麻点的钢筋,严禁按原规格使用。钢筋表面应保持清洁。焊接网表面不得有影响使用的缺陷,可允许有毛刺、表面浮锈以及因取样产生的钢筋局部空缺,但空缺必须用相应的钢筋补上。

3)钢筋网片焊点处金属熔化均匀,无裂纹、气孔及烧伤等缺陷。焊点压入深度符合钢筋焊接规程的规定。

4)焊接网几何尺寸的允许偏差应符合表 3-4 的规定,在一张网片中纵、横向钢筋的数量应符合设计要求。

表 3-4　焊接网几何尺寸的允许偏差

网片的长度、宽度/mm	±25
网格的长度、宽度/mm	±10
对角线差(%)	±1

5)冷拔光面钢筋焊接网中钢筋直径的允许偏差应符合表 3-5 的规定。

表 3-5　冷拔光面钢筋焊接网中钢筋直径的允许偏差　　(单位:mm)

钢筋公称直径 d	≤5	5<d<10	≥10
允许偏差	±0.10	±0.15	±0.20

要点 8:钢筋手工电弧焊连接的要求及其质量标准

1.施工要求

(1)检查设备。检查电源、焊机及工具。焊接地线应与钢筋接触良好,防止因起弧而烧伤钢筋。

(2)选择焊接参数。根据钢筋级别、直径、接头形式和焊接位置,选择适宜的焊条直径、焊接层数和焊接电流,保证焊缝与钢筋熔合良好。

(3)试焊、做模拟试件(送试/确定焊接参数)。在每批钢筋正式焊接前,应焊接 3 个模拟试件做拉力试验,经试验合格后,方可按确定的焊接参数成批生产。

(4)施焊。

1)引弧:带有垫板或帮条的接头,引弧应在钢板或帮条上进行。无钢筋垫板或无帮条的接头,引弧应在形成焊缝的部位,防止烧伤主筋。

2)定位:焊接时应先焊定位点再施焊。

3)运条:运条时的直线前进、横向摆动和送进焊条三个动作要协调平稳。

4)收弧:收弧时,应将熔池填满,拉灭电弧时,应将熔池填满,注意不要在工作表面造成电弧擦伤。

5)多层焊:如钢筋直径较大,需要进行多层施焊时,应分层间断施焊,每焊一层后,应清渣再焊接下一层。应保证焊缝的高度和长度。

6)熔合:焊接过程中应有足够的熔深。主焊缝与定位焊缝应结合良好,避免气孔、夹渣和烧伤缺陷,并防止产生裂缝。

7)平焊:平焊时要注意熔渣和钢液混合不清的现象,防止熔渣流到钢液前面。熔池也应控制成椭圆形,一般采用右焊法,焊条与工作表面呈 70°。

8)立焊:立焊时,钢液与熔渣易分离。要防止熔池温度过高,铁水下坠形成焊瘤,操作时焊条与垂直面成 60°~80°,使电弧略向上,吹向熔池中心。焊第一道时,应压住电弧向上运条,同时作较小的横向摆动,其余各层用半圆形横向摆动加挑弧法向上焊接。

9)横焊:焊条倾斜 70°~80°,防止钢液受自重作用坠到下坡口上。运条到上坡口处不做运弧停顿,迅速带到下坡口根部,作微小横拉稳弧动作,依次匀速进行焊接。

10)仰焊:仰焊时宜用小电流短弧焊接,熔池宜薄,且应确保与母材熔合良好。第一层焊缝用短电弧作前后推拉动作,焊条与焊接方向呈 80°~90°。其余各层焊条横摆,并在坡口侧略停顿稳弧,保证两侧熔合。

11)钢筋帮条焊:钢筋帮条焊适宜于 HPB235、HRB335、HRB400、RRB400 钢筋。钢筋帮条焊宜采用双面焊,如图 3-24(a)所示,不能进行双面焊时,也可采用单面焊,如图 3-24(b)所示。

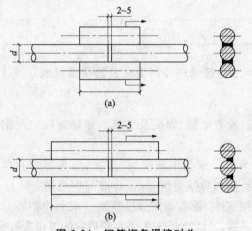

图 3-24　钢筋绑条焊接对头

(a)双面焊;(b)单面焊

帮条宜采用与主筋同牌号、同直径的钢筋制作,其帮条长度 L 见表 3-6。如帮条牌号与主筋相同时,帮条的直径可与主筋相同或小一个规格。如帮条直径与主筋相同时,帮条牌号可与主筋相同或低一个牌号。

表 3-6　钢筋帮条长度

项　次	钢筋牌号	焊缝形式	帮条长度 L
1	HPB235	单面焊	$\geqslant 8d$
		双面焊	$\geqslant 4d$
2	HRB335 HRB400 RRB400	单面焊	$\geqslant 10d$
		双面焊	$\geqslant 5d$

注:d 为钢筋直径。

钢筋帮条接头的焊缝厚度:应不小于主筋直径的 0.3 倍;焊缝宽度 b 不小于主筋直径的 0.8 倍,如图 3-25 所示。

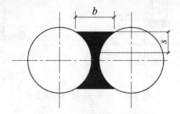

图 3-25　焊缝尺寸图

b—焊缝宽度;s—焊缝厚度

钢筋帮条焊时,钢筋的装配和焊接应符合下列要求:

・两主筋端头之间,应留 2～5 mm 的间隙。

・主筋之间用四点定位固定,定位焊缝应离帮条端部 20 mm 以上。

・焊接时,应在帮条焊或搭接焊形成焊缝中引弧,在端头收弧前应填满弧坑。第一层焊缝应有足够的熔深,主焊缝与定位焊缝,特别是在定位焊缝的始端与终端,应熔合良好。

12)钢筋搭接焊。钢筋搭接焊适用于 HPB235、HRB335、HRB400、RRB400 钢筋。焊接时,宜采用双面焊,如图 3-26(a)所示。不能进行双面焊时,也可采用单面焊,如图 3-26(b)所示。搭接长度 t 应与帮条长度相同,见表 3-6。

搭接接头的焊缝厚度 s 应不小于 $0.3d$,焊缝宽度 b 不小于 $0.8d$。搭接焊时,钢筋的装配和焊接应符合下列要求:

・搭接焊时,钢筋应预弯,以保证两钢筋同轴。在现场预制构件安装条件下,节点处钢筋进行搭接焊时,如钢筋预弯确有困难,可适当预弯。

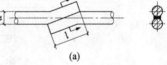

(a)

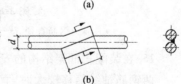

(b)

图 3-26　钢筋搭接焊接头

・搭接焊时,用两点固定,定位焊缝应离搭接端部 20 mm 以上。

・焊接时,应在帮条焊或搭接焊形成焊缝中引弧,在端头收弧前应填满弧坑。第一层焊缝应有足够的熔深,主焊缝与定位焊缝,特别是在定位焊缝的始端与终端,应熔合良好。

13)预埋件 T 形接头电弧焊。

预埋件 T 形接头电弧焊的接头形式分角焊和穿孔塞焊两种,如图 3-27 所示。

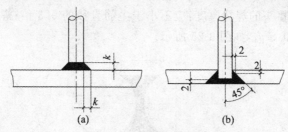

图 3-27 预埋件 T 形接头

焊接时,应符合下列要求:

· 钢板厚度 s 不小于 $0.6d$,并不宜小于 6 mm。

· 当采用 HPB235 钢筋时,角焊缝焊脚 k 不得小于钢筋直径的 0.5 倍;采用 HRB335 和 HRB400 钢筋时,焊脚 k 不得小于钢筋直径的 0.6 倍。

· 施焊中,不得使钢筋咬边和烧伤。

14)钢筋与钢板搭接焊。

钢筋与钢板搭接焊时,接头形式如图 3-28 所示。HPB235 钢筋的搭接长度 l 不得小于 4 倍钢筋直径。HRB335 和 HRB400 钢筋的搭接长度 l 不得小于 5 倍钢筋直径,焊缝宽度 b 不得小于钢筋直径的 0.6 倍,焊缝厚度:不得小于钢筋直径的 0.35 倍。

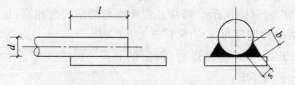

图 3-28 钢筋与钢板搭接接头

d—钢筋直径;l—搭接长度;b—焊缝宽度;s—焊缝厚度

15)在装配式框架结构的安装中,钢筋焊接应符合下列要求。

两钢筋轴线偏移较大时,宜采用冷弯矫正,但不得用锤敲击。如冷弯矫正有困难,可采用氧气乙炔焰加热后矫正,加热温度不得超过 850 ℃,避免烧伤钢筋。焊接时,应选择合理的焊接顺序,对于柱间节点,应对称焊接,以减少结构的变形。

16)钢筋低温焊接。

在环境温度低于−5 ℃的条件下进行焊接时,为钢筋低温焊接。低温焊接时,除遵守常温焊接的有关规定外,应调整焊接工艺参数,使焊缝和热影响区缓慢冷却。当环境温度低于−20 ℃时,不宜施焊。风力超过 4 级时,焊接应有挡风措施。焊后未冷却的接头应避免碰到冰雪。钢筋低温电弧焊时,焊接工艺应符合下列要求:

· 进行帮条平焊或搭接平焊时,第一层焊缝先从中间引弧,再向两端运弧;

立焊时，先从中间向上方运弧，再从下端向中间运弧，以使接头端部的钢筋达到一定的预热效果。在以后各层焊缝的焊接时，采取分层控温施焊。热轧钢筋焊接的层间温度控制在 150～350 ℃之间，余热处理 HRB400 级钢筋焊接的层间温度应适当降低，以起到缓冷的作用。

• HRB335 和 HRB400 钢筋电弧焊接头进行多层施焊时，采用"回火焊道施焊法"，即最后回火焊道的长度比前层焊道在两端各缩短 4～6 mm，如图 3-29 所示，以消除或减少前层焊道及过热区的淬硬组织，改善接头的性能。

• 焊接电流略微增大，焊接速度适当减慢。

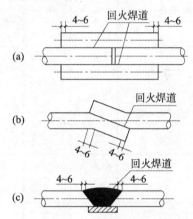

图 3-29　钢筋低温焊接回火焊道示意图
(a)绑条焊；(b)搭接焊；(c)坡口焊

2.质量要求

(1)主控项目。

1)钢筋的品种和质量，焊条的牌号、性能及接头中使用的钢板和型钢，均必须符合设计要求和有关标准的规定。

2)钢筋的规格、焊接接头的位置，同一截面内接头的百分率，必须符合设计要求和施工规范的规定。

3)电弧焊接头的力学性能检验必须合格。电弧焊接头应分批进行检验，并按下列规定作为一个检验批：在现浇混凝土结构中，应以 300 个同牌号钢筋、同形式接头作为一批；在现场安装条件下，应在不超过二楼层中 300 个同牌号钢筋、同形式接头作为一批。每批随机切取 3 个接头，做拉伸试验；在装配式结构中，可按生产条件制作模拟试件，每批 3 个，做拉伸试验；钢筋与钢板电弧搭接焊接头可只进行外观检查。

(2)一般项目。

1)电弧焊接头外观检查结果，应符合下列要求：焊接表面平整，不得有凹陷或焊瘤；焊接接头区域不得有肉眼可见的裂纹；坡口焊等接头的焊缝余高不得大于 3 mm。外观检查不合格的接头,经修整或补强后可提交二次验收。

2)咬边深度、气孔、夹渣的数量和大小,以及接头尺寸的允许偏差,应符合表 3-7 的规定。

表 3-7　钢筋电弧焊接头尺寸偏差及缺陷允许值

项　目		单位	接头形式		
			帮条焊	搭接焊、钢筋与钢板搭接焊	坡口焊
帮条沿接头中心线的纵向偏移		mm	0.3d	—	—
接头处弯折角		(°)	3	3	3
接头处钢筋轴线的偏移		mm	0.1d	0.1d	0.1d
焊缝厚度		mm	+0.05d 0	+0.05d 0	—
焊缝宽度		mm	+0.1d 0	+0.1d 0	—
焊缝长度		mm	−0.3d	−0.3d	—
横向咬边深度		mm	0.5	0.5	0.5
在长 2d 焊缝表面上的气孔及夹渣	数量	个	2	2	
	面积	mm²	6	6	
在全部焊缝表面上的气孔及夹渣	数量	个	—		
	面积	mm²	—		

注:1. d 为钢筋直径。

2. 负温下,咬边深度不大于 0.2 mm。

要点 9:底板钢筋绑扎的要求及其质量标准

1. 施工要求

(1)弹钢筋位置线。

按图纸标明的钢筋间距,算出底板实际需用的钢筋根数,靠近底板模板边的钢筋离模板边为 50 mm,满足迎水面钢筋保护层厚度不应小于 50 mm 的要求。在垫层上弹出钢筋位置线(包括基础梁钢筋位置线)和插筋位置线。插筋位置线包括剪力墙、框架柱和暗柱等竖向筋插筋位置,谨防遗漏。剪力墙竖向起步筋距柱或暗柱为 50 mm,中间插筋按设计图纸标明的竖向筋间距分档,如分到边不到一个整间距时,可按根数均分,以达到间距偏差不大于 10 mm。

（2）运钢筋到使用部位。

按照钢筋绑扎使用的先后顺序，分段进行钢筋吊运。吊运前，应根据弹线情况算出实际需要的钢筋根数。

（3）绑底板下层及地梁钢筋。

1）先铺底板下层钢筋，根据设计、规范和下料单要求，决定下层钢筋在哪个方向的钢筋铺在下面，一般先铺短向钢筋，再铺长向钢筋（如果底板有集水坑、设备基坑，在铺底板下层钢筋前，先铺集水坑、设备基坑的下层钢筋）。

2）根据已弹好的位置线将横向、纵向的钢筋依次摆放到位，钢筋弯钩应垂直向上。平行地梁方向在地梁下一般不设底板钢筋。钢筋端部距导墙的距离应两端一致并符合相关规定，特别是两端设有地梁时，应保证弯钩和地梁纵筋相互错开。

3）底板钢筋如有接头时，搭接位置应错开，满足设计要求或在征得设计同意时可不考虑接头位置，按照 25% 错开接头。当采用焊接或机械连接接头时，应按焊接或机械连接规程的规定确定抽取试样的位置。

钢筋采用直螺纹机械连接时，钢筋应顶紧，连接钢筋处于接头的中间位置，偏差不大于 $1d$（d 为螺距），外露螺纹不超过一个完整螺纹，检查合格的接头，用红油漆作上标记，以防遗漏。

若钢筋采用搭接的连接方式，钢筋的搭接段绑扣不少于 3 个，与其他钢筋交叉绑扎时，不能省去三点绑扎。

4）进行钢筋绑扎时，如单向板靠近外围两行的相交点应逐点绑扎，中间部分相交点可相隔交错绑扎，双向受力的钢筋必须将钢筋交叉点全部绑扎，如采用一面顺扣应交错变换方向，也可采用八字扣，但必须保证钢筋不产生位移。

5）地梁绑扎：对于短基础梁、门洞口下地梁，可采用事先预制，施工时吊装就位即可，对于较长、较大基础梁采用现场绑扎。

·绑扎地梁时，应先搭设绑扎基础梁的钢管临时支架，临时支架的高度达到能够将主跨基础梁支起离基础底板下层钢筋 50 mm 即可，如果两个方向的基础梁同时绑扎，后绑的次跨基础梁的临时支架高度要比先绑基础梁的临时支架高 50～100 mm（保证后绑的次跨基础梁在绑扎钢筋时穿筋方便为宜）。

·基础梁的绑扎先排放主跨基础梁的上层钢筋，根据设计的基础梁箍筋的间距，在基础梁的上层钢筋上用粉笔画出箍筋的间距，按照画出的箍筋间距安装箍筋并绑扎（基础底板门洞口地梁箍筋应满布，洞口处箍筋距离暗柱边 50 mm）。如果基础梁上层钢筋有两排钢筋，穿上层钢筋的下排钢筋（先不绑扎，等次跨基础梁上层钢筋绑扎完毕再绑扎），下排钢筋的临时支架使得下排钢筋距上排钢筋 50～100 mm 为宜，以便后绑的次跨基础梁穿上层钢筋的下排钢筋。

・穿主跨基础梁的下层钢筋的下排钢筋并绑扎,穿主跨基础梁的下层钢筋的上排钢筋(先不绑扎,等次跨基础梁下层钢筋的下排钢筋绑扎完毕再绑扎),下层钢筋的上排钢筋的临时支架使得上排钢筋距下排钢筋 $50\sim100$ mm 为宜,以便后绑的次跨基础梁穿下层钢筋的下排钢筋。

・排放次跨基础梁的上层钢筋的上排钢筋,根据设计的次跨基础梁箍筋的间距,在次跨基础梁的上层钢筋上用粉笔画出箍筋的间距,按照画出的箍筋间距安装箍筋并绑扎。如果基础梁上层钢筋有两排钢筋,穿上层钢筋的下排钢筋并绑扎。

・穿次跨基础梁的下层钢筋的下排钢筋并绑扎,穿次跨基础梁的下层钢筋的上排钢筋(先不绑扎,等主跨基础梁的下层钢筋的上排钢筋绑扎完毕后再绑扎)。

・将主跨基础梁的临时支架拆除,使得主跨基础梁平稳放置在基础底板的下层钢筋上,并进行适当的固定以保证主跨基础梁不变形,再将次跨基础梁的临时支架拆除,使得次跨基础梁平稳放置在主跨基础梁上,并进行适当的固定以保证次跨基础梁不变形,接着按次序分别绑扎次跨基础梁的上层钢筋的下排筋、主跨基础梁的上层钢筋的下排钢筋、主跨基础梁的下层钢筋的上排钢筋、次跨基础梁的下层钢筋的上排钢筋。

・绑扎基础梁钢筋时,梁纵向钢筋超过两排的,纵向钢筋中间要加短钢筋梁垫,保证纵向钢筋间距大于 25 mm(且大于纵向钢筋直径),基础梁上下纵筋之间要加可靠支撑,保证梁钢筋的截面尺寸;基础梁的箍筋接头位置应按照规范要求相互错开。

(4)设置垫块。

检查底板下层钢筋施工合格后,放置底板混凝土保护层用垫块,垫块的厚度等于钢筋保护层厚度,按照 1 m 左右距离梅花形摆放。如基础底板或基础梁用钢量较大,摆放距离可缩小。

(5)水电工序插入。在底板和地梁钢筋绑扎完成后,方可进行水电工序插入。

(6)设置马凳。基础底板采用双层钢筋时,绑完下层钢筋后,摆放钢筋马凳。马凳的摆放按施工方案的规定确定间距。马凳宜支撑在下层钢筋上,并应垂直于底板上层筋的下筋摆放,摆放要稳固。

(7)绑底板上层钢筋。在马凳上摆放纵横两个方向的上层钢筋,上层钢筋的弯钩朝下,进行连接后绑扎。绑扎时上层钢筋和下层钢筋的位置应对正,钢筋的上下次序及绑扣方法同底板下层钢筋。

(8)梁板钢筋全部完成后按设计图纸位置进行地梁排水套管预埋。

(9)设置定位框。钢筋绑扎完成后,根据在防水保护层(或垫层)上弹好的墙、柱插筋位置线,在底板上网上固定插筋定位框,可以采用线坠垂吊的方法使其同位置线对正。

（10）插墙、柱预埋钢筋。

将墙、柱预埋筋伸入底板内下层钢筋上，拐尺的方向要正确，将插筋的拐尺与下层钢筋绑扎牢固，便将其上部与底板上层钢筋或地梁绑扎牢固，必要时可附加钢筋电焊焊牢，并在主筋上绑一道定位筋。插筋上部与定位框固定牢靠。

墙插筋两边距暗柱 50 mm，插入基础深度应符合设计和规范锚固长度要求，甩出的长度和甩头错开百分比及错开长度应符合本工程设计和规范的要求。其上端应采取措施保证甩筋垂直，不歪斜、倾倒、变位。同时要考虑搭接长度、相邻钢筋错开距离。

2. 质量要求

（1）主控项目。

1）受力钢筋的品种、级别、规格、形状、尺寸、数量必须符合设计要求。

2）纵向钢筋的接头位置和连接方式应符合设计和规范要求，并应按《钢筋焊接及验收规程》（JGJ 18—2012）、《钢筋机械连接通用技术规程》（JGJ 107—2010）及相应机械连接标准的规定抽取钢筋接头试件做力学检验，其质量应符合有关规程的规定。

3）钢筋的锚固长度、锚固位置应符合设计和规范要求，弯钩朝向正确。

（2）一般项目。

1）钢筋应平直、无损伤，表面不得有裂纹、油污、颗粒状或片状老锈。

2）钢筋网片和骨架绑扎缺扣、松扣数量不超过绑扣数量的 5%，且不应集中。

3）钢筋的接头宜设在受力较小处，同一截面的接头数量应符合设计和规范的要求，当设计无要求时，必须满足《混凝土结构工程施工质量验收规范》（GB 50204—2002）的相关要求。箍筋加密应符合设计要求，设计无要求时，必须满足《混凝土结构工程施工质量验收规范》（GB 50204—2002）和《建筑抗震设计规范》（GB 50011—2010）的相关要求。闪光对焊钢筋加工连接接头当按规范错开布置时可不计入同一截面的接头数量。

4）钢筋安装及预埋件位置允许偏差和检验方法见表 3-8。

表 3-8　钢筋安装及预埋件位置允许偏差和检验方法

项次	项　目		允许偏差/mm	检验方法
1	绑扎钢筋网	长、宽	±10	尺量连续三档，取其最大值
		网眼尺寸	±20	
2	绑扎钢筋骨架	长	±10	尺量检查
		宽、高	±5	

续表

项次	项 目		允许偏差/mm	检验方法
3	绑扎箍筋、横向钢筋间距		±20	尺量连续三档,取其最大值
4	受力钢筋	间距	±10	尺量两端、中间各一点,取其最大值
		排距	±5	
5	钢筋弯起点位移		20	尺量检查
6	预埋件	中心线位移	5	尺量检查
		水平高差	+3,0	
7	受力钢筋保护层		±10	尺量检查

第二节　混凝土工程

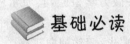 基础必读

要点 1:普通混凝土现场拌制的要求

1.混凝土配合比

(1)混凝土试验室配合比是根据完全干燥的砂、石骨料制定的,但实际使用的砂、石骨料都含有一定的水分,而且含水率又会随气候条件发生变化,特别是雨期变化更大,所以施工时应及时测定砂、石骨料的含水量,并将混凝土试验室配合比换算成骨料在实际含水量情况下的施工配合比。

水泥、砂、石子、混合料等干料的配合比,应采用质量法计算,严禁采用容积法代替质量法。混凝土原材料按质量计的允许偏差,不得超过下列规定:水泥、外掺混合料±2%;粗细骨料±3%;水、外掺剂溶液±2%。

(2)在施工现场,取一定质量的有代表性的湿砂、湿石(石子干燥时可不测),测其含水率,则施工配合比中,每方混凝土的材料用量如下。

1)湿砂重:理论配合比中的干砂重×(1+砂子含水率)。

2)湿石子重:理论配合比中的干石子重×(1+石子含水率)。

3)水重:理论配合比中的水重=干砂×砂含水率-干石重×石子含水率。

4)水泥、掺和料(粉煤灰、膨胀剂)、外加剂质量同于理论配合比中的质量。

(3)结合现场混凝土搅拌机的容量,计算出每盘混凝土材料用量,供施工时执行。

(4)有特殊要求的混凝土配合比设计。

1)抗渗混凝土配合比。

A.抗渗混凝土所用原材料应符合下列规定。

a.粗骨料宜采用连续级配,其最大粒径不宜大于 40 mm,含泥量不得大于 1.0%,泥块含量不得大于 0.5%。

b.细骨料的含泥量不得大于 3.0%、泥块含量不得大于 1.0%。

c.外加剂宜采用防水剂、膨胀剂、引气剂、减水剂或引气减水剂。

d.抗渗混凝土宜掺用矿物掺和料。

B.抗渗混凝土配合比的计算方法和试配步骤应符合下列规定。

a.每立方米混凝土中的水泥用量不得少于 300 kg,掺有活性掺和料时,水泥用量不得少于 280 kg,水灰比不大于 0.60,坍落度不大于 150 mm。如用泵送混凝土时,入泵坍落度宜为 100~140mm。

b.砂率宜为 35%~45%。

c.供试配用的最大水灰比应符合表 3-9 的规定。

表 3-9 抗渗混凝土最大水灰比

抗渗等级	最大水灰比	
	C20~C30 混凝土	C30 以上混凝土
P6	0.60	0.55
P8~P12	0.55	0.50
P12 以上	0.50	0.45

C.掺用引气剂的抗渗混凝土,其含气量宜控制在 3%~5%。

D.进行抗渗混凝土配合比设计时,尚应增加抗渗性能试验,并应符合下列规定。

a.试配要求的抗渗水压值应比设计值提高 0.2 MPa。

b.试配时,宜采用水灰比最大的配合比作抗渗试验,其试验结果应符合下式要求:

$$P_t \geqslant \frac{P}{10} + 0.2$$

式中　　P_t——6 个试件中 4 个未出现渗水时的最大水压值,MPa;

　　　　P——设计要求的抗渗等级值。

c.掺引气剂的混凝土还应进行含气量试验,试验结果应满足 3%~5%的规定。

2) 泵送混凝土配合比。

A.泵送混凝土所采用的原材料应符合下列规定。

a.应选用硅酸盐水泥、普通硅酸盐水泥、矿渣硅酸盐水泥和粉煤灰硅酸盐水泥,不宜采用火山灰质硅酸盐水泥。

　　b. 粗骨料宜采用连续级配,其针片状颗粒含量不宜大于 10%,粗骨料的最大粒径与输送管径之比宜符合表 3-10 的规定。

表 3-10　粗骨料的最大粒径与输送管径之比

石子品种	泵送高度/m	粗骨料最大粒径与输送管径之比
碎石	<50	≤(1∶3.0)
	50~100	≤(1∶4.0)
	>100	≤(1∶5.0)
卵石	<50	≤(1∶2.5)
	50~100	≤(1∶3.0)
	>100	≤(1∶4.0)

　　宜采用中砂,其通过 0.315 mm 筛孔的颗粒含量不应少于 15%。

　　应掺用泵送剂或减水剂,并宜掺用粉煤灰或其他活性矿物掺和料,其质量应符合国家现行有关标准的规定。

　　B. 泵送混凝土试配时要求的坍落度值应按下式计算。

$$T_t^{'} = T_p + \Delta T$$

式中　　T_t——试配时要求的坍落度值;

　　　　T_p——入泵时要求的坍落度值;

　　　　ΔT——试验测得在预计时间内的坍落度经时损失值。

　　C. 配合比的计算和试配步骤应符合下列规定。

　　a. 用水量与水泥和矿物掺和料的总量之比不宜大于 0.60。

　　b. 水泥和矿物掺和料的总量不宜小于 300kg/m³。

　　c. 砂率宜为 35%~45%。

　　d. 掺用引气性外加剂时,其混凝土含气量不宜大于 4%。

　　2. 计量

　　各种计量用器具应定期校验,每次使用前应进行零点校核,保持计量准确。当遇雨天或含水率有显著变化时,应增加含水率检测次数,并及时调整混凝土中所用的砂、石、水用量。

　　(1)砂石计量:用手推车上料,磅秤计量时,必须车车过磅;有储料斗及配套的计量设备,采用自动或半自动上料时,需调整好斗门关闭的提前量,以保证计量准确。

　　(2)水泥计量:采用袋装水泥时,应对每批进场水泥进行抽检 10 袋的质量,实际质量的平均值少于标定质量的要开袋补足;采用散装水泥时,应每盘精确计量。

(3)外加剂及掺和料计量：对于粉状的外加剂和掺和料,应按施工配合比每盘的用料,预先在外加剂和掺和料存放的仓库中进行计量,并以小包装运到搅拌地点备用；液态外加剂要随用随搅拌,并用比重计检查其浓度,用量筒计量。

(4)水计量：水必须每盘计量。

(5)混凝土原材料每盘计量的允许偏差应符合表 3-11 的规定。

表 3-11 混凝土原材料每盘计量的允许偏差

检查项目	允许偏差(%)	检验方法	检查数量
水泥、掺和料	±2	复 称	每工作班抽检不应少于一次
粗、细骨料	±3		
水、外加剂	±2		

3.投料顺序

(1)一次投料法。

向搅拌机加料时应先装砂子,然后装入水泥,使水泥不直接与料斗接触,避免水泥黏附在料斗上,最后装入石子。提起料斗将全部材料倒入拌桶中进行搅拌,同时开启水阀,使定量的水均匀洒布于拌和料中。

(2)二次投料法。

混凝土搅拌二次投料法,先拌水泥、砂、水先搅拌,制成水泥砂浆,然后投入石子,再进行搅拌。这种方法称为二次投料法。二次投料法搅拌出的混凝土比一次投料法搅拌出的混凝土强度可提高 10%～15%。

二次投料法是在不增加原料(主要是水泥)的情况下,通过投料程序的改变,使水泥颗粒充分分散并包裹在砂子表面避免小水泥团的产生,因而可以提高强度。据实验资料表明：采用二次投料法搅拌混凝土,在减少水泥用量 15% 时,仍比一次投料法(不减水泥)28 天强度提高 9%。向料斗中装料顺序应先装石子,再装水泥,最后装砂子。这样把水泥夹在砂、石中间,上料时水泥灰不会到处飞扬,也不会过多地黏附在搅拌机鼓筒上,加水后可避免水泥吸水成团。上料时水泥和砂很快形成水泥砂浆,这样可以缩短包裹石子的时间。

装料前还要根据施工现场使用的搅拌机型号规格,计算每盘投料总质量即施工配料。国产混凝土搅拌机的工作容量一般为进料容量,即干料容量,是指该型号搅拌机可装入的各种材料体积之总和,以此来标定搅拌机的规格。如 11-400 A 搅拌机,其工作容量(即干料容量)为 400 L。

搅拌机每次搅拌出混凝土的体积称为出料容量。出料容量与进料容量之比称为出料系数,一般取 0.65。根据施工配合比及所用搅拌机型号计算施工配料,确定搅拌时一次投料量。投料量要根据出料容量来确定。

1)第一盘混凝土拌制的操作：每次拌制第一盘混凝土时,先加水使搅拌筒空转数分钟,搅拌筒被充分湿润后,将剩余积水倒净。搅拌第一盘时,由于砂浆粘筒壁而损失。因此,石子的用量应按配合比减 10%。

2)从第二盘开始,按给定的混凝土配合比投料。

4.搅拌时间

搅拌时间是指将全部材料投入搅拌筒开始搅拌起至开始卸料止所经历的时间。它与混凝土的和易性要求、搅拌机的类型、搅拌容量、骨料的品种及粒径有关。搅拌时间的长短直接影响混凝土的质量,一般为 1~2 min。搅拌时间过短,混凝土拌和物不匀,且中度和和易性降低;搅拌时间过长,不仅会影响搅拌机的生产效率,而且会降低混凝土的和易性或使不坚硬的粗骨料在大容量搅拌机中因脱角、破碎等影响混凝土的质量。混凝土全部原材料投入搅拌筒在开始卸料止的最短搅拌时间应符合表 3-12 的规定。

表 3-12　混凝土搅拌的最短时间　　　　　　　（单位:s）

混凝土坍落度/mm	搅拌机类型	搅拌机出料量/L		
		＜250	250~500	＞500
≤30	强制式	60	90	120
	自落式	90	120	150
＞30	强制式	60	60	90
	自落式	90	90	120

要点 2:预拌混凝土生产要求

1.原材料准备

(1)水泥及掺和料按品种、等级送入指定筒仓储存,经螺旋输送机向搅拌楼储料斗、计量料斗供料。

(2)搅拌机粗细骨料用装载机由料场装入砂、石储料仓,经皮带输送机运送至搅拌楼储料斗、计量料斗。

(3)外加剂(液体)按品种在储料罐内储存,经管道泵送至外加剂计量罐。

(4)拌和水经管道泵送至水计量罐。

(5)各种材料计量应符合以下要求。

1)各原材料的计量均应按重量计,水和液体外加剂的计量可按体积计。

2)原材料计量允许偏差不应超过表 3-13 规定的范围。

表 3-13　混凝土原材料允许的偏差　　　　　　（单位:%）

序号	原材料品种	水泥	骨料	水	外加剂	掺和料
1	每盘计量允许偏差	±2	±3	±2	±2	±2
2	累计计量允许偏差	±1	±2	±1	±1	±1

2.混凝土搅拌

（1）预拌混凝土应采用符合规定的搅拌楼进行搅拌，并应严格按照设备说明书的规定使用。

（2）混凝土搅拌楼操作人员开盘前，应根据当日生产配合比和任务单，检查原材料的品种、规格、数量及设备的运转情况，并做好记录。

（3）搅拌楼应实行配合比挂牌制，按工程名称、部位分别注明每盘材料配料重量。

（4）试验人员每天班前应测定砂、石含水率，雨后立即补测，根据砂、石含水率随时调整每盘砂、石及加水量，并做好调整记录。

（5）搅拌楼操作人员严格按配合比计量，投料顺序为先倒砂石，再装水泥，搅拌均匀，最后加水搅拌。粉煤灰宜与水泥同步，外加剂宜滞后于水泥。外加剂的配制应用小台秤提前一天称好，装入塑料袋，并做抽查（若人工加掺和料，也同样）和投料工作，应指定专人负责配制与投放。

（6）混凝土的搅拌时间可参照搅拌机使用说明，经试验调整确定。搅拌时间与搅拌机类型、坍落度大小、斗容量大小有关。掺入外加剂或掺和料时，搅拌时间还应延长 20～30 s，混凝土搅拌的最短时间应符合下列规定：当采用搅拌运输车运输混凝土时，其搅拌的最短时间应符合设备说明书的规定，并且每盘搅拌时间（从全部材料投完算起）不得小于 30 s，在制备 C50 以上混凝土或采用引气剂、膨胀剂、防水剂时应相应增加搅拌时间。

（7）搅拌楼操作人员应随时观察搅拌设备的工作状况和坍落度的变化情况，坍落度应满足浇筑地点的要求，如发现异常应及时向主管负责人或主管部门反映，严禁随意更改配合比。

（8）检验人员应每台班抽查每一配合比的执行情况，做好记录。并跟踪抽查原材料、搅拌、运输质量，核查施工现场有关技术文件。

（9）预拌混凝土在生产过程中应按标准严格控制对周围环境的污染，搅拌站机房应为封闭性建筑物，所有粉料的运输及称量工序均应在封闭状态下进行，并有收尘装置。砂料厂宜采取防尘措施。

（10）搅拌站应严格控制生产用水的排放，污水应经沉淀池沉淀后宜综合利用。

（11）搅拌站应设置专门运输车冲洗设施，运输车出厂前应将车外壁及料斗壁上的混凝土残浆清理干净。

3.预拌混凝土运输

（1）预拌混凝土运送应采用国家标准规定的运输车运送。

（2）运输车在装料前应将筒内积水排尽。

（3）如需要在卸料前掺入外加剂时，外加剂掺入后搅拌运输车应快速进行搅拌,搅拌时间应由试验确定,司机严格执行。

(4)严禁向搅拌运输车内的混凝土中加水。

(5)混凝土运送时间系指混凝土由搅拌机卸入运输车开始至运输车开始卸料为止。运送时间应满足合同规定,当合同未做规定时,采用搅拌运输车运送混凝土,宜在 1.5 h 内卸料;当最高气温低于 25 ℃ 时,运送时间可适当延长。如需延长运送时间,应采取相应的技术措施,并通过试验验证。

(6)混凝土运送频率,应能保证浇筑施工的连续性。

(7)运输车在运送过程中应采取措施避免遗洒。

(8)预拌混凝土体积的计算,应由混凝土拌和物表观密度除运输车实际装载量求得。

(9)预拌混凝土供货量应以运输车的发货总量计算。如需要以工程实际量(不扣除混凝土结构中钢筋所占体积)进行复核时,其误差应不超过 ±2%。

要点 3:混凝土泵送施工的要求

1.混凝土泵送设备选型

(1)混凝土泵的选型,根据混凝土工程特点、要求的最大输送距离、最大输出量及混凝土浇筑计划确定。

(2)混凝土泵的最大输送距离按照下列方法确定:

1)由试验确定。

2)根据混凝土泵的最大出口压力、配管情况、混凝土性能指标和输出量,计算确定。

$$L_{\max} = P_{\max} / \Delta P_H$$
$$\Delta P_H = 2/\gamma_0 [K_1 + K_2(1 + t_2/t_1)V_2]a_2$$
$$K_1 = (3.00 - 0.1s_1) \times 10^2$$
$$K_2 = (4.00 - 0.1s_1) \times 10^2$$

式中 $L_{\max}$——混凝土泵的最大水平输送距离,m;(各种类输送管水平换算长度,见表 3-14);

$P_{\max}$——混凝土泵的最大出口压力,Pa,见表 3-15;

ΔP_H——混凝土在水平输送管内流动每米产生的压力值,Pa/m;

γ_0——混凝土输送管半径;

K_1——粘着系数;

K_2——速度系数不胜数,Pa/m・s;

s_1——混凝土坍落度,mm;

t_2/t_1——混凝土泵分配阀切换时间与活塞推压混凝土时间之比,一般取 0.3;

V_2——混凝土拌和物在输送管内的平均流速,m/s;

a_2——径向压力与轴向压力之比,对普通混凝土取 0.90。

表 3-14　混凝土输送管的水平换算长度

类　别	单　位	规格/mm	水平换算长度/m
向上垂直管	每米	120	3
		125	4
		150	5
锥形管	每根	175～150	4
		150～120	8
		125～100	16
弯管	每根	90°R=0.5 m	12
		R=1.0 m	9
软管	5～8 m/根		20

注:1. R 为曲率半径。

　　2. 弯管的弯曲角度小于 90°时,需将表列数值乘以该角度与 90°的比值。

　　3. 向下垂直管,其水平换算长度等于其自身长度。

　　4. 斜向配管时,根据其水平及垂直投影长度,分别按水平、垂直配管计算。

表 3-15　混凝土泵送的换算压力损失

管件名称	换算量	换算压力损失/MPa
水平管	每 20 m	0.10
垂直管	每 5 m	0.10
45°弯管	每只	0.05
90°弯管	每只	0.10
管道接环(管卡)	每只	0.10
管路截止阀	每个	0.80
3.5 m 橡皮软管	每根	0.20

注:附属于泵体的换算压力损失:Y 形管 175～125 mm,0.05 MPa;每个分配阀 80 MPa;
　　每台混凝土泵起动内耗 2.80 MPa。

　　3)参照产品的性能表(曲线)确定。

　　(3)混凝土泵的台数根据混凝土浇筑数量、单机的实际平均输出量和施工作业时间,按下式计算确定:

$$N_2=(Q/Q_1)T_0$$

式中　　N_2——混凝土泵数量,台;

Q——混凝土浇筑数量，m^3；

Q_1——每台混凝土泵的实际平均输出量，m^3/h；

T_0——混凝土泵送施工作业时间，h。

重要工程的混凝土泵送施工，混凝土泵的所需台数，除根据计算确定外，宜有一定的备用台数。

（4）混凝土输送管的选择应满足粗骨料最大粒径、混凝土泵型号、混凝土输出量和输送距离、输送难易程度等要求。输送管需具有与泵送条件相适应的强度且管段无龟裂、无凹凸损伤和无弯折。常用混凝土输送管规格见表 3-16、表 3-17，并应有出厂合格证。

表 3-16　常用混凝土输送管规格

混凝土输送管种类		管径/mm		
		100	125	150
有缝直管	外径	109.0	135.0	159.2
	内径	105.0	131.0	155.2
	壁厚	2.0	2.0	2.0
高压直管	外径	114.3	139.8	165.2
	内径	105.3	130.8	155.2
	壁厚	4.5	4.5	5.0

表 3-17　混凝土输送管管径与粗骨料最大粒径的关系　（单位：mm）

粗骨料最大粒径		输送管最小管径
卵　石	碎　石	
20	20	100
25	25	100
40	40	125

（5）当水平输送距离超过 200 m、垂直输送距离超过 40 m、输送管垂直向下或斜管前面布置水平管、混凝土拌和物单位水泥用量低于 300 kg/m³ 时，宜用直径大的混凝土输送管和长的锥形管，少用弯管和软管。

（6）布料设备选择需符合工程结构特点、施工工艺、布料要求和配管情况。

2.泵送设备平、立面布置

（1）泵设置位置应场地平整，道路通畅，供料方便，距离浇筑地点近，便于配管，供电、供水、排水便利。

（2）作业范围内不得有高压线等障碍物。

(3)泵送管布置宜缩短管路长度,尽量少用弯管和软管。输送管的铺设应保证施工安全,便于清洗管道、排除故障和维修。

(4)在同一管路中应选择管径相同的混凝土输送管,输送管的新、旧程度应尽量相同;新管与旧管连接使用时,新管应布置在泵送压力较大处,管路要布置得横平竖直。

(5)管路布置应先安排浇筑最远处,由远向近依次后退进行浇筑,避免泵送过程中接管。

(6)布料设备应覆盖整个施工面,并能均匀、迅速的进行布料。

3 泵送设备的安装、固定

(1)泵管安装、固定前应进行泵送设备设计,画出平面布置图和竖向布置图。

(2)高层建筑采用接力泵泵送时,接力泵的设置位置使上、下泵送能力匹配,对设置接力泵的楼面应进行结构受力验算,当强度和刚度不能满足要求时应采取加固措施。

(3)输送管路必须保证连接牢固、稳定、弯管处加设牢固的嵌固点,以避免泵送时管路摇晃。

(4)各管卡要紧到位,保证接头密封严密,不漏浆、不漏气。各管、卡与地面或支撑物不应有硬接触,要保留一定间隙,便于拆装。

(5)与泵机出口锥管直接相连的输送管必须加以固定,便于清理管路时拆装方便。

(6)输送泵管方向改变处应设置嵌固点。输送管接头应严密,卡箍处有足够强度,不漏浆,并能快速拆装。

(7)垂直向上配管时,凡穿过楼板处宜用木楔子嵌固在每层楼板预留孔处。垂直管固定在墙、柱上时每节管不得少于 1 个固定点。垂直管下端的弯管不能作为上部管道的支撑点,应设置刚性支撑承受垂直重量。

(8)垂直向上配管时,地面水平管长度不宜小于 15 m,且不宜小于垂直管长度的 1/4,在混凝土泵机 Y 形出料口 3～6 m 处的输送管根部应设置截止阀,防止混凝土拌和物反流。固定水平管的支架应靠近管的接头处,以便拆除、清洗管道。

(9)倾斜向下配管时,应在斜管上端设置排气阀,当高差大于 20 m 时,在斜管下端设置 5 倍高差长度的水平管,或采取增加弯管与环形管,以满足 5 倍高差长度要求。

(10)泵送地下结构的混凝土时,地上水平管轴线应与 Y 形出料口轴线垂直。

(11)泵送管不得直接支撑固定在钢筋、模板、预埋件上。

（12）布料设备应安设牢固和稳定，并不得碰撞或直接搁置在模板或钢筋骨架上，手动布料杆下的模板和支架应加固。

4. 泵送

（1）泵送混凝土前，先把储料斗内清水从管道泵出，达到湿润和清洁管道的目的，然后向料斗内加入与混凝土内除粗骨料外的其他成分相同配合比的水泥砂浆（1：2水泥砂浆或水泥浆），润滑用的水泥浆或水泥砂浆应分散布料，不得集中浇筑在同一处。润滑管道后即可开始泵送混凝土。

（2）开始泵送时，泵送速度宜放慢，油压变化应在允许范围内，待泵送顺利后，才用正常速度进行泵送。采用多泵同时进行大体积混凝土浇筑施工时，应每台泵依顺序逐一启动，待泵送顺利后，启动下一台泵，以防意外。

（3）泵送期间，料斗内的混凝土量应保持不低于缸筒口上 10 mm 到料斗口下 150 mm 之间为宜。太少吸入效率低，容易吸入空气而造成塞管，太多则反抽时会溢出并加大搅拌轴负荷。

（4）混凝土泵送应连续作业。混凝土泵送、浇筑及间歇的全部时间不应超过混凝土的初凝时间。如必须中断时，其中断时间不得超过混凝土从搅拌至浇筑完毕所允许的延续时间。在混凝土泵送过程中，有计划中断时，应在预先确定的中断部位停止泵送，且中断时间不宜超过 1 h。

（5）泵送中途若停歇时间超过 20 min、管道又较长时，应每隔 5 min 开泵一次，泵送少量混凝土，管道较短时，可采用每隔 5 min 正反转 2～3 行程，使管内混凝土蠕动，防止泌水离析，长时间停泵（超过 45 min）、气温高、混凝土坍落度小时可能造成塞管，宜将混凝土从泵和输送管中清除。

（6）泵送先远后近，在浇筑中逐渐拆管。

（7）泵送将结束时，应估算混凝土管道内和料斗内储存的混凝土量及浇筑现场所需混凝土量（直径 150mm 管每 100 m 长度有 1.75m³），以便决定供应混凝土量。

（8）泵送完毕清理管道时，采用空气压缩机推动清洗球。先接好专用清洗水，再启动空压机，渐进加压。清洗过程中，应随时敲击输送管，了解混凝土是否接近排空。当输送管内尚有 10 m³ 左右混凝土时，应将压缩机缓慢减压，防止出现大喷爆和伤人。

（9）泵送完毕，应立即清洗混凝土泵和输送管，管道拆卸后按不同规格分类堆放。

（10）冬期混凝土输送管应用保温材料包裹，保证混凝土的入模温度。在高温季节泵送，宜用湿草袋覆盖管道进行降温，以降低入模温度。

5. 混凝土浇筑

（1）混凝土浇筑前，应根据工程结构特点、平面形状和几何尺寸、混凝土供应和泵送设备能力、劳动力和管理能力,以及周围场地大小等条件,预先划分好混凝土浇筑区域。

(2)混凝土的浇筑顺序应符合下列规定:当采用输送管输送混凝土时,应由远而近浇筑;同一区域的混凝土,应按先竖向结构后水平结构的顺序,分层连续浇筑;当不允许留施工缝时,区域之间、上下层之间的混凝土浇筑间歇时间,不得超过混凝土初凝时间;当下层混凝土初凝后,浇筑上层混凝土时,应先按留预留施工缝的有关规定处理后再开始浇筑。

(3)混凝土的布料方法,应符合下列规定:在浇筑竖向结构混凝土时,布料设备的出口离模板内侧面不应小于 50 mm,且不得向模板内侧面直冲布料,也不得直冲钢筋骨架;浇筑水平结构混凝土时,不得在同一处连续布料,应在 2～3 m 范围内水平移动布料,且宜垂直于模板布料。

(4)混凝土的分层厚度,宜为 300～500 mm。水平结构的混凝土浇筑厚度超过 500 mm 时,按 1∶6～1∶10 坡度分层浇筑,且上层混凝土应超前覆盖下层混凝土 500 mm 以上。

(5)振捣泵送混凝土时,振动棒移动间距宜为 400 mm 左右,振捣时间宜为 15～30 s,隔 20～30 min 后,进行第二次复振。

(6)对于有预留洞、预埋件和钢筋太密的部位,应预先制定技术措施,确保顺利布料和振捣密实。在浇筑混凝土时,应经常观察,当发现混凝土有不密实等现象,应立即采取措施予以纠正。

(7)水平结构的混凝土表面,适时用木抹子抹平搓毛 2 遍以上。必要时,先用铁滚筒压 2 遍以上,防止产生收缩裂缝。

要点 4:混凝土运输的要求

1.混凝土运输要求

(1)运输混凝土的容器应严密、不漏浆,容器内壁应平整光洁,不吸水,黏附于容器上的砂浆应经常清除。

(2)混凝土要以最少的转运次数、最短的运输时间,从搅拌地点运至浇筑地点。

(3)同时运输两种以上强度等级的混凝土时,应在运输设备上设置标志,以免混淆。

(4)混凝土从搅拌机中卸出后到浇筑完毕的延续时间,不得超过下列规定。

1)混凝土强度等级 C30 以下:温度低于 25 ℃时为 120 min,温度高于 25 ℃时为 80 min。

2)混凝土强度等级 C30 以上:温度低于 25 ℃时为 90 min,温度高于 25 ℃时为 60 min。

3)掺有外加剂或用快硬水泥拌制混凝土时应由试验确定延续时间,轻骨料混凝土的运输时间可适当缩短。

(5)混凝土在装入容器前应先用水将容器湿润,气候炎热时须覆盖,以防水分蒸发。冬期施工时,在寒冷地区应采取保温措施,以防在运输途中冻结。

(6)混凝土运输必须保证其浇筑工程能够连续进行。若因故停歇过久,混凝土发生初凝时,应作废料处理,不得再用于工程中。

(7)混凝土在运输后如出现离析或初凝状态,必须进行二次搅拌。当坍落度损失后没有满足施工要求时,应加入原水灰比的水泥砂浆或二次掺加减水剂进行搅拌,事先经实验室验证可行,严禁直接加水。

(8)混凝土垂直运输自由落差高度以不大于2 m为宜,超过2 m时应采取缓降措施,或用皮带机运输。

2.混凝土的允许运输时间

混凝土应以最少的转运次数、最短的时间,从搅拌地点运至浇筑地点,并在初凝前浇筑完毕。混凝土从搅拌机中卸出后到浇筑完毕的延续时间不宜超过表3-18的规定。若运距远可掺加缓凝剂。其缓凝剂缓凝时间由试验确定。使用快硬水泥或掺有促凝剂的混凝土,其运输时间应根据水泥性能及凝结条件确定。

表 3-18　混凝土从搅拌机中卸出后到浇筑完毕的延续时间(单位:min)

混凝土强度等级	气　温	时　间
≤C30	<25℃	120
	≥25℃	90
>C30	<25℃	90
	≥25℃	60

注:1.对掺用外加剂或采用快硬水泥拌制的混凝土,其延长时间应按试验确定。

2.对轻骨料混凝土,其延续时间应适当缩短。

要点 5:轻骨料混凝土现场拌制的要求

1.原材料的堆放与贮存

(1)轻粗骨料应按粒级堆放,且应有防雨和排水措施,以防止含水率变化。混合粒级堆放时,堆料高度一般不宜大于2 m,以防大小颗粒离析,级配不均。若与普通骨料混合使用时,应使轻重骨料分别储放,严禁混杂,以保证配料准确。

(2)水泥、掺和料、外加剂应储放于防雨、防潮的库房,以防止水泥硬结,掺和料含水率变化,粉状外加剂失效,液体外加剂浓度变化。

2. 原材料计量与抽检计量

(1)轻粗细骨料计量:宜采用体积计量,也可采用重量计量。当采用重量计量时必须严格检测骨料的含水率,去除其规定含水率以外水的重量,以保证配料准确。当采用体积计量时,必须使用专用计量手推车或专用体积计量器,每盘要严格计量。轻粗细骨料计量的允许偏差≤3%。

(2)普通砂采用重量计量。

(3)骨料采用重量计量时,使用手推车时,必须车车过磅,卸多补少。有储料斗及配套的计量设备,采用自动或半自动上料时,需调整好斗门开关的提前量,以保证计量准确。

(4)水泥计量:采用袋装水泥时,必须按进货批次随机抽查计量。一般对每批进场的水泥应抽查 10 袋的重量,并计算平均每袋的实际重量。小于标定重量的要开包补足,或以每袋水泥实际重量为准,调整粗细骨料、水及其他材料的用量,按给定配合比重新确定每盘施工配合比。采用散装水泥时,应每盘精确过磅计量。水泥计量的允许偏差应小于或等于±2%。

(5)外加剂及混合料计量:对于袋装粉状外加剂和混合料,应按每批进场抽查 10 袋重量,并计量每袋平均重量,小于标定重量要补足;对于散装或大包装外加剂,应按施工配合比每盘用量预先在其存放处进行计量,并以小包装形式运到搅拌地点备用;液态外加剂要随用随搅拌,并用比重计检查其浓度,用量筒计量。外加剂及混合料的计量允许偏差应小于或等于±2%。

(6)搅拌用水必须盘盘用流量计量器计量,或用水箱水位管标志计量器计量。其每盘计量允许偏差应小于或等于±2%。

3. 轻骨料混凝土的投料与拌制

(1)轻骨料吸水率小于 10% 的混凝土拌制,宜采用二次投料工艺程序。即将粗细骨料投入搅拌机内与 1/2 用水量先拌和约 1 min,再加入水泥拌和数秒,继而加入剩余的水和外加剂,继续搅拌 2 min。

(2)轻骨料吸水率大于 10% 的混凝土拌制,宜采用预湿骨料投料及拌和工艺程序。一般轻粗骨料搅拌前预湿,按粗骨料、水泥、细骨料的顺序投入搅拌机汇总斗,再一并投入搅拌机的搅拌筒干搅拌 0.5 min,然后与水和外加剂搅拌 2.5 min。

(3)采用强制式搅拌机的投料及拌和工艺程序是:先投粗骨料、水泥、细骨料,搅拌 1 min,再加水继续搅拌不少于 2 min。

重点掌握

要点 6：普通混凝土施工配合比的调整计算

1. 混凝土配合比设计的步骤

(1)混凝土配制强度应按下列规定确定：

1)当混凝土的设计强度等级小于 C60 时，配制强度应按下式确定：

$$f_{cu,0} \geqslant f_{cu,k} + 1.645\sigma$$

式中　　$f_{cu,0}$——混凝土配制强度，MPa；

　　　　$f_{cu,k}$——混凝土立方体抗压强度标准值，这里取混凝土的设计强度等
　　　　　　　级值，MPa；

　　　　　σ——混凝土强度标准差，MPa。

2)当设计强度等级大于等于 C60 时，配制强度应按下式确定：

$$f_{cu,0} \geqslant 1.15 f_{cu,k}$$

(2)混凝土强度标准差应按下列规定确定：

1)当具有近 1~3 个月的同一品种、同一强度等级混凝土的强度资料，且试
件组数不小于 30 时，其混凝土强度标准差 σ 应按下式计算：

$$\sigma = \sqrt{\frac{\sum\limits_{i=1}^{n} f_{cu,i}^2 - nm_{fcu}^2}{n-1}}$$

式中　　　σ——混凝土强度标准差；

　　　　$f_{cu,i}$——第 i 组的试件强度，MPa；

　　　　m_{fcu}——n 组试件的强度平均值，MPa；

　　　　　n——试件组数。

对于强度等级不大于 C30 的混凝土，当混凝土强度标准差计算值不小于
3.0MPa 时，应按上式计算结果取值；当混凝土强度标准差计算值小于 3.0MPa
时，应取 3.0MPa。

对于强度等级大于 C30 且小于 C60 的混凝土，当混凝土强度标准计算值不
小于 4.0MPa 时，应按上式计算结果取值；当混凝土强度标准差计算值小于
4.0MPa 时，应取 4.0MPa。

2)当没有近期的同一品种、同一强度等级混凝土强度资料时，其强度标准
差 σ 可按表 3-19 选取。

表 3-19　标准差 σ 值　　　　　　（单位：MPa）

混凝土强度标准值	≤C20	C25~C45	C50~C55
$\sum$	4.0	5.0	6.0

2.混凝土配合比计算

(1)水胶比。

1)当混凝土强度等级小于 C60 时,混凝土水胶比宜按下式计算:

$$W/B=\frac{a_a f_b}{f_{cu,0}+a_a a_b f_b}$$

式中　　W/B——混凝土水胶比;

　　　　a_a、a_b——回归系数,按《普通混凝土配合比设计规程》(JGJ 55—2011)中的第 5.1.2 条相关规定取值;

　　　　f_b——胶凝材料 28 天胶砂抗压强度(MPa),可实测,且试验方法应按现行国家标准《水泥胶砂强度检验方法(ISO 法)》GB/T 17671 执行;也可按《普通混凝土配合比设计规程》(JGJ 55—2011)中的第 5.1.3 条相关规定确定。

2)回归系数(a_a、a_b)宜按下列规定确定:

·根据工程所使用的原材料,通过试验建立的水胶比混凝土强度关系式来确定;

·当不具备上述试验统计资料时,可按表 3-20 选取。

表 3-20　回归系数(a_a、a_b)取值表

系　数　＼粗骨料品种	碎　石	卵　石
a_a	0.53	0.49
a_b	0.20	0.13

3)当胶凝材料 28 天胶砂抗压强度(f_b)无实测值时,可按下式计算:

$$f_b=\gamma_f \gamma_s f_{ce}$$

式中　　γ_f、γ_s——粉煤灰影响系数和粒化高炉矿渣粉影响系数,可按表 3-21 选用;

　　　　f_{ce}——水泥 28 天胶砂抗压强度(MPa),可实测,也可按《普通混凝土配合比设计规程》(JGJ 55—2011)中的第 5.1.4 条相关规定确定。

表 3-21　粉煤灰影响系数(γ_f)和料化高炉矿渣粉影响系数(γ_s)

掺量(％)　＼种　类	粉煤灰影响系数/γ_f	粒化高炉矿渣粉影响系数/γ_s
0	1.00	1.00
10	0.85～0.95	1.00
20	0.75～0.85	0.95～1.00

种类 掺量(%)	粉煤灰影响系数/γ_f	粒化高炉矿渣粉影响系数/γ_s
30	0.65~0.75	0.90~1.00
40	0.55~0.65	0.80~0.90
50	—	0.70~0.85

注:1.采用Ⅰ级、Ⅱ级粉煤灰宜取上限值;

2.采用 S75 级粒化高炉矿渣粉宜取下限值,采用 S95 级粒化高炉矿渣粉宜取上限值,采用 S105 级粒化高炉矿渣粉可取上限值加 0.05;

3.当超出表中的掺量时,粉煤灰和粒化高炉矿渣粉影响系数应经试验确定。

4)当水泥 28 天胶砂抗压强度(f_{ce})无实测值时,可按下式计算:

$$f_{ce} = \gamma_c f_{ce,g}$$

式中　　γ_c——水泥强度等级值的富余系数,可按实际统计资料确定;当缺乏实际统计资料时,也可按表 3-22 选用;

$f_{ce,g}$——水泥强度等级值(MPa)。

表 3-22　水泥强度等级值的富余系数(γ_c)

水泥强度等级值	32.5	42.5	52.5
富余系数	1.12	1.16	1.10

(2)用水量和外加剂用量。

1)每立方米干硬性或塑性混凝土的用水量(m_{w0})应符合下列规定:

· 混凝土水胶比在 0.40~0.80 范围时,可按表 3-23 和表 3-24 选取;

· 混凝土水胶比小于 0.40 时,可通过试验确定。

表 3-23　干硬性混凝土的用水量　　　　(单位:kg/m³)

拌和物稠度		卵石最大公称粒径/mm			碎石最大公称粒径/mm		
项目	指标	10.0	20.0	40.0	16.0	20.0	40.0
维勃稠度(s)	16~20	175	160	145	180	170	155
	11~15	180	165	150	185	175	160
	5~10	185	170	155	190	180	165

表 3-24 塑性混凝土的用水量 （单位：kg/m³）

拌和物稠度		卵石最大公称粒径/mm				碎石最大公称粒径/mm			
项目	指标	10.0	20.0	31.5	40.0	16.0	20.0	31.5	40.0
坍落度 （mm）	10～30	190	170	160	150	200	185	175	165
	35～50	200	180	170	160	210	195	185	175
	55～70	210	190	180	170	220	205	195	185
	75～90	215	195	185	175	230	215	205	195

注：1. 本表用水量系采用中砂时的取值，采用细砂时，每立方米混凝土用水量可增加 5
～10kg；采用粗砂时，可减少 5～10kg；

2. 掺用矿物掺合料和外加剂时，用水量应相应调整。

2）掺外加剂时，每立方米流动性或大流动性混凝土的用水量（m_{w0}）可按下式计算：

$$m_{w0} = m'_{w0}(1-\beta)$$

式中　　m_{w0}——计算配合比每立方米混凝土的用水量（kg/m³）；

　　　　m'_{w0}——未掺外加剂时推定的满足实际坍落度要求的每立方米混凝土用水量（kg/m³），以表 3-24 中 90 mm 坍落度的用水量为基础，按每增大 20 mm 坍落度相应增加 5 kg/m³ 用水量来计算，当坍落度增大到 180 mm 以上时，随坍落相应增加的用水量可减少。

　　　　β——外加剂的减水率（%），应经混凝土试验确定。

3）每立方米混凝土中外加剂用量（m_{a0}）应按下式计算：

$$m_{a0} = m_{b0}\beta_a$$

式中　　m_{a0}——计算配合比每立方米混凝土中外加剂用量（kg/m³）；

　　　　m_{b0}——计算配合比每立方米混凝土中胶凝材料用量（kg/m³），计算应符合《普通混凝土配合比设计规程》（JGJ 55—2011）中的第 5.3.1 条的规定；

　　　　β_a——外加剂掺量（%），应经混凝土试验确定。

（3）胶凝材料、矿物掺合粒和水泥用量。

1）每立方米混凝土的胶凝材料用量（m_{b0}）应按下式计算，并应进行试拌调整，在拌和物性能满足的情况下，取经济合理的胶凝材料用量。

$$m_{b0} = \frac{m_{w0}}{W/B}$$

式中　　m_{b0}——计算配合比每立方米混凝土中胶凝材料用量（kg/m³）；

　　　　m_{w0}——计算配合比每立方米混凝土的用水量（kg/m³）；

　　　　W/B——混凝土水胶比。

2)每立方米混凝土的矿物掺合料用量(m_{f0})应按下式计算：

$$m_{f0}=m_{b0}\beta_f$$

式中　　m_{f0}——计算配合比每立方米混凝土中矿物掺合料用量(kg/m^3)；

　　　　β_f——矿物掺合料掺量(％)，可结合《普通混凝土配合比设计规程》(JGJ 55—2011)的规定确定。

3)每立方米混凝土的水泥用量(m_{c0})应按下式计算：

$$m_{c0}=m_{b0}-m_{f0}$$

式中　　m_{c0}——计算配合比每立方米混凝土中水泥用量(kg/m^3)。

(4)砂率(β_s)。

1)砂率应根据骨料的技术指标、混凝土拌和物性能和施工要求，参考既有历史资料确定。

2)当缺乏砂率的历史资料时，混凝土砂率的确定应符合下列规定：

· 坍落度小于 10 mm 的混凝土，其砂率应经试验确定；

· 坍落度为 10～60 mm 的混凝土，其砂率可根据粗骨料品种、最大公称粒径及水胶比按表 3-25 选取；

· 坍落度大于 60 mm 的混凝土，其砂率可经试验确定，也可在表 3-25 的基础上，按坍落每增大 20 mm 砂率增大 1％的幅度予以调整。

表 3-25　混凝土的砂率　　　　　　　(单位:％)

水胶比	卵石最大公称粒径/mm			碎石最大公称粒径/mm		
	10.0	20.0	40.0	16.0	20.0	40.0
0.40	26～32	25～31	24～30	30～35	29～34	27～32
0.50	30～35	29～34	28～33	33～38	32～37	30～35
0.60	33～38	32～37	31～36	36～41	35～40	33～38
0.70	36～41	35～40	34～39	39～44	38～43	36～41

注:1.本表数值系中砂的选用砂程序结构，对细砂或粗砂，可相应地减少或增大砂度；

　　2.采用人工砂配制混凝土时，砂率可适当增大；

　　3.只用一个单粒级粗骨料配制混凝土时，砂率应适当增大。

(5)粗、细骨料用量。

1)当采用质量法计算混凝土配合比时，粗、细骨料用量应按下式计算：

$$m_{f0}+m_{c0}+m_{g0}+m_{s0}+m_{w0}=m_{cp}$$

2)当采用质量法计算混凝土配合比时，砂率应按下式计算：

$$\beta_s=\frac{m_{s0}}{m_{g0}+m_{s0}}\times100\%$$

式中　　m_{g0}——计算配合比每立方米混凝土的粗骨料用量(kg/m^3)；

　　　　m_{s0}——计算配合比每立方米混凝土的细骨料用量(kg/m^3)；

β_s——砂率(%)；

m_{cp}——每立方米混凝土拌和物的假定质量(kg)，可取 2350～2450 kg/m³。

3)当采用体积法计算混凝土配合比时，砂率应按上式计算，粗、细骨料用量应按下式计算。

$$\frac{m_{c0}}{\rho_c}+\frac{m_{f0}}{\rho_f}+\frac{m_{g0}}{\rho_g}+\frac{m_{s0}}{\rho_S}+\frac{m_{w0}}{\rho_w}+0.01a=1$$

式中　ρ_c——水泥密度(kg/m³)，可按现行国家标准《水泥密度测定方法》(GB/T 208—1994)测定，也可取 2900～3100 kg/m³；

ρ_f——矿物掺合料密度(kg/m³)，可按现行国家标准《水泥密度测定方法》(GB/T 208—1994)测定；

ρ_g——粗骨料的表观密度(kg/m³)，应按现行行业标准《普通混凝土用砂、石质量及检验方法标准》(JGJ 52—2006)测定；

ρ_s——细骨料的表观密度(kg/m³)，应按现行行业标准《普通混凝土用砂、石质量及检验方法标准》(JGJ 52—2006)测定；

ρ_w——水的密度(kg/m³)，可取 1000 kg/m³；

a——混凝土的含气量百分数，在不使用引气剂或引气型外加剂时，a 可取 1。

3.混凝土配合比的试配、调整与确定

(1)试配。

1)混凝土试配应采用强制式搅拌机进行搅拌，并应符合现行行业标准《混凝土试验用搅拌机》(JG 244—2009)的规定，搅拌方法宜与施工采用的方法相同。

2)试验室成型条件应符合现行国家标准《普通混凝土拌合物性能试验方法标准》(GB/T 50080—2002)的规定。

3)每盘混凝土试配的最小搅拌量应符合表 3-26 的规定，并不应小于搅拌机公称容量的 1/4 且不应大于搅拌机公称容量。

表 3-26　混凝土试配的最小搅拌量

粗骨料最大公称粒径/mm	拌和物数量/L
≤31.5	20
40.0	25

4)在计算配合比的基础上应进行试拌。计算水胶比宜保持不变，并应通过调整配合比其他参数使混凝土拌和的性能符合设计和施工要求，然后修正计算配合比，提出试拌配合比。

5)在试拌配合比的基础上应进行混凝土强度试验，并应符合下列规定：

·应采用三个不同的配合比,其中一个应为《普通混凝土配合比设计规程》(JGJ 55—2011)中的第 6.1.4 条确定的试拌配合比,另外两个配合比的水胶比宜较试拌配合比分别增加和减少 0.05,用水量应与试拌配合比相同,砂率可分别增加和减少 1%;

·进行混凝土强度试验时,拌和物性能应符合设计和施工要求;

·进行混凝土强度试验时,每个配合比应至少制作一组试件,并应标准养护到 28 天或设计规定龄期时试压。

(2)配合比的调整与确定。

1)配合比调整应符合下列规定:

·根据《普通混凝土配合比设计规程》(JGJ 55—2011)中的第 6.1.5 条混凝土强度试验结果,宜绘制强度和胶水比的线性关系图或插值法确定略大于配制强度对应的胶水比;

·在试拌配合比的基础上,用水量(m_w)和外加剂用量(m_a)应根据确定的水胶比做调整;

·胶凝材料用料(m_b)应以用水量乘以确定的胶水比计算得出;

·粗骨料和细骨料用量(m_g 和 m_s)应根据用水量和胶凝材料用量进行调整。

2)混凝土拌和物表观密度和配合比校正系数的计算应符合下列规定。

配合比调整后的混凝土拌和物的表观密度应按下式计算:

$$\rho_{c,c} = m_c + m_f + m_g + m_s + m_w$$

式中　　$\rho_{c,c}$——混凝土拌和物的表观密度计算值(kg/m³);

　　　　m_c——每立方米混凝土的水泥用量(kg/m³);

　　　　m_f——每立方米混凝土的矿物掺合料用量(kg/m³);

　　　　m_g——每立方米混凝土的粗骨料用量(kg/m³);

　　　　m_s——每立方米混凝土的细骨料用量(kg/m³);

　　　　m_w——每立方米混凝土的用水量(kg/m³)。

混凝土配合比较正系数应按下式计算:

$$\delta = \frac{\rho_{c,t}}{\rho_{c,c}}$$

式中　　δ——混凝土配合比较正系数;

　　　　$\rho_{c,t}$——混凝土拌和物的表观密度实测值(kg/m³)。

3)当混凝土拌和物表观密度实测值与计算值之差的绝对值不超过计算值的 2%时,按《普通混凝土配合比设计规程》(JGJ 55—2011)中的第 6.2.1 条调整的配合比可维持不变,当二者之差超过 2%时,应将配合比中每项材料用量均乘以校正系数(δ)。

4)配合比调整后,应测定拌和物水溶性氯离子含量,试验结果应符合《普通混凝土配合比设计规程》(JGJ 55—2011)中的第 3.0.6 的规定。

5)对耐久性有设计要求的混凝土应进行相关耐久性试验验证。

6)生产单位可根据常用材料设计出常用的混凝土配合比备用,并应在启用过程中予以验证或调整。遇有下列情况之一时,应重新进行配合比设计:

· 对混凝土性能有特殊要求时;

· 水泥、外加剂或矿物掺合料原材料品种、质量有显著变化时。

要点 7:剪力墙结构普通混凝土浇筑施工要求

1.混凝土运输

混凝土从搅拌地点运送至浇筑地点,延续时间尽量缩短,根据气温宜控制在 0.5～1 h 之内。当采用预拌混凝土时,应充分搅拌后再卸车,不允许加水。已初凝的混凝土不应使用。

2.混凝土浇筑

(1)墙体浇筑混凝土。

1)墙体浇筑混凝土前,在底部接槎处宜先浇筑 30～50 mm 厚与墙体混凝土配合比相同的减石子砂浆。砂浆用铁锹均匀入模,不可用吊斗或泵管直接灌入模内,且与后续入模混凝土间隔不大于 2.5 h,如图 3-30 所示。

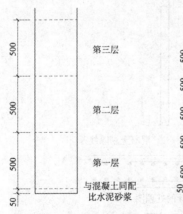

图 3-30　剪力墙底部处理

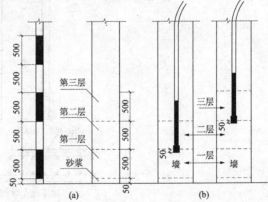

图 3-31　剪力墙分层浇筑

(a)混凝土浇筑厚度控制杆;(b)混凝土浇筑振捣示意图

2)混凝土应采用赶浆法分层浇筑、振捣,分层浇筑高度应为振捣棒有效作用部分长度的 1.25 倍。每层浇筑厚度在 400～500 mm,浇筑墙体应连续进行,间隔时间不得超过混凝土初凝时间。墙、柱根部由于振捣棒影响作用不能充分发挥,可适当提高下灰高度并加密振捣和振动模板,如图 3-31 所示。

3)浇筑洞口混凝土时,应使洞口两侧混凝土高度大体一致,对称均匀,振捣棒应距洞边 300 mm 以上为宜,为防止洞口变形或位移,振捣应从两侧同时进行。暗柱或钢筋密集部位应用 $\phi30$ 振捣棒振捣,振捣棒移动间距应小于 500 mm,每一振点延续时间以表面呈现浮浆、不产生气泡和不再沉落为度,振捣棒振捣上层混凝土时应插入下层混凝土内 50 mm,振捣时应尽量避开预埋件。振捣棒不能直接接触模板进行振捣,以免模板变形、位移,以及拼缝扩大造成漏浆。遇洞口宽度大于 1.2 m 时,洞口模板下口应预留振捣口。

4)外砖内模、外板内模大角及山墙构造柱应分层浇筑,每层不超过 500 mm,内外墙交界处加强振捣,保证密实。外砖内模应采取措施,防止外墙鼓胀。

5)振捣棒应避免碰撞钢筋、模板、预埋件、预埋管、外墙板空腔防水构造等,发现有变形、移位等情况,各有关工种相互配合进行处理。

6)墙体、柱浇筑高度及上口找平。混凝土浇筑振捣完毕,将上口甩出的钢筋加以整理,用木抹子按预定标高线,将表面找平。墙体混凝土浇筑高度控制在高出楼板下皮上 5 mm＋软弱层高度 5～10 mm,结构混凝土施工完后,及时剔凿软弱层,如图 3-32 所示。

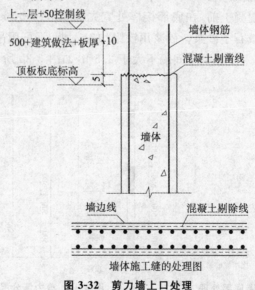

图 3-32　剪力墙上口处理

7)布料杆软管出口离模板内侧面不应小于 50 mm,且不得向模板内侧面直冲布料和直冲钢筋骨架;为防止混凝土散落、浪费,应在模板上口侧面设置斜向挡灰板。混凝土下料点宜分散布置,间距控制在 2 m 左右。

(2)顶板混凝土浇筑。

1)顶板混凝土浇筑宜从一个角开始退进,楼板厚度不小于 120 mm 可用插入式振捣棒振捣,楼板厚度＜120 mm 可用平板振捣器振捣。振捣棒平放、插点要均匀排列,可采用"行列式"或"交错式"的移动,不应混乱,如图 3-33 所示。

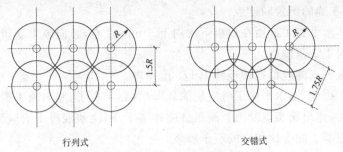

行列式   交错式

图 3-33 顶板混凝土浇筑

2)混凝土振捣随浇筑方向进行,边浇筑边振捣,要保证不漏振。

3)用铁插尺检查混凝土厚度,振捣完毕后用 3 m 长刮杠根据标高线刮平,然后拉通线用木抹子抹。靠墙两侧 100 mm 范围内严格找平、压光,以保证上部墙体模板下口严密。

4)为防止混凝土产生收缩裂缝,应进行二次压面,二次压面的时间控制在混凝土终凝前进行。

5)施工缝设置应浇筑前确定,并应符合图纸或有关规范要求。

(3)楼梯混凝土浇筑。

1)楼梯施工缝留在休息平台自踏步往外 1/3 的地方,楼梯梁施工缝留在不小于 1/2 墙厚的范围内,如图 3-34 所示。

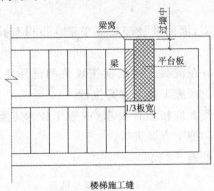

图 3-34 楼梯施工缝做法

2)楼梯段混凝土随顶板混凝土一起自下而上浇筑,先振实休息平台板接缝处混凝土,达到踏步位置再与踏步一起浇捣,不断连续向上推进,并随时用木抹子将踏步上表面抹平。

(4)后浇带混凝土浇筑。浇筑时间应符合图纸设计要求。图纸设计无要求时,在后浇带两侧混凝土龄期达到 42 天后,高层建筑的后浇带应在结构顶板浇筑混凝土 14 天后,用强度等级不低于两侧混凝土的补偿收缩混凝土浇筑。后浇带的养护时间不得少于 28 天。

(5)施工缝的留置和处理。

1)墙体水平施工缝留在顶板下皮向上 5 mm 左右,竖向施工缝留在门窗洞口过梁中间 1/3 范围内。

2)顶板施工缝应留在顶板跨中 1/3 范围内。

3)施工缝处理:水平施工缝应剔除软弱层,露出石子,竖向施工缝剔除松散石子和杂物,露出密实混凝土。施工缝应冲洗干净,浇筑混凝土前应浇水润湿,并浇筑同混凝土配合比相同的石子砂浆。

3.质量要点

(1)主控项目。

1)混凝土使用的水泥、骨料和外加剂等,必须符合施工规范的有关规定,使用前检查出厂合格证、试验报告。

2)混凝土配合比、原材料计量、搅拌、养护和施工缝处理,必须符合施工规范的规定。

3)混凝土试块必须按规定取样、制作、养护和试验,其强度评定应符合《混凝土强度检验评定标准》(GBJ 107—2010)的要求。

4)混凝土运输、浇筑及间歇的全部时间不应超过混凝土的初凝时间,同一施工段的混凝土应连续浇筑,并应在底层混凝土初凝之前将上一层混凝土浇筑完毕。

(2)一般项目。

1)混凝土振捣密实,墙面及接槎处应平整。不得有孔洞、露筋、缝隙、夹渣等缺陷。

2)施工缝的位置应在混凝土浇筑前按规范和设计要求在施工技术方案中确定。施工缝的处理应按施工技术方案执行。

3)后浇带的留置位置应按设计要求(或施工技术方案)确定。后浇带混凝土浇筑应按设计要求和施工方案进行。

4)允许偏差项目见表 3-27。

表 3-27　允许偏差项目

项次	项　　目		允许偏差 /mm	检验方法
1	轴线位置		5	钢尺检查
2	垂直度	层高 ≤5 m	8	经纬仪或吊线、钢尺检查
		层高 >5 m	10	经纬仪或吊线、钢尺检查
		全高(H)	H/100 且≤30	经纬仪、钢尺检查

续表

项次	项 目		允许偏差/mm	检验方法
3	标高	层高	±10	水准仪或拉线、钢尺检查
		全高	±30	
4	截面尺寸		+8，−5	钢尺检查
5	电梯井	井筒长，宽对定位中心线	+25，0	钢尺检查
		井筒全高(H)垂直度	H/100 且≤30	经纬仪、钢尺检查
6	表面平整度		8	2 m 靠尺和塞尺检查
7	预埋设施中心线位置	预埋件	10	钢尺检查
		预埋螺栓	5	
		预埋管	5	
8	预留洞中心线位置		15	钢尺检查

要点 8：施工缝留置的原则及要求

设置施工缝应该严格按照规定认真对待。如果位置不当或处理不好，会引起质量事故，轻则开裂渗漏，影响寿命；重则危及结构安全，影响使用。因此，应给予高度重视。施工缝的位置应设置在结构受剪力较小且便于施工的部位。留缝应符合下列规定。

(1)柱子留置在基础的顶面、梁或吊车梁牛腿的下面、吊车梁的上面、无梁楼板柱帽的下面，如图 3-35 所示。

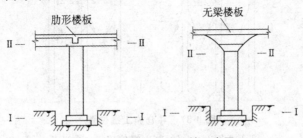

图 3-35 浇筑柱的施工缝示意图

Ⅰ-Ⅰ，Ⅱ-Ⅱ—施工缝位置

(2)和板连成整体的大断面梁，留置在板底面以下 20～30 mm 处。当板下有梁托时，留在梁托下部。

(3)单向板留置在平行于板的短边的任何位置。

（4）有主次梁的楼板，宜顺着次梁方向浇筑，施工缝应留置在次梁跨度的中间 1/3 范围内，如图 3-36 所示。

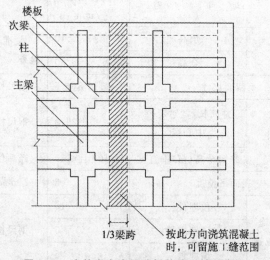

图 3-36　浇筑有主次梁楼板的施工缝示意图

（5）墙，留置在门洞口过梁跨中 1/3 范围内，也可留在纵横墙的交接处。

（6）双向受力楼板、大体积混凝土结构、拱、穿拱、薄壳、蓄水池、斗仓、多层刚架及其他结构复杂的工程，施工缝的位置应按设计要求留置，下列情况可作参考。

1）斗仓施工缝可留在漏斗根部及上部，或漏斗斜板与漏斗主壁交接处，如图 3-37 所示。

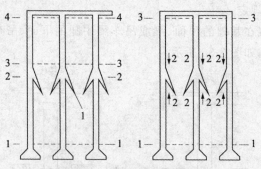

图 3-37　斗仓施工缝位置

1-1、2-2、3-3、4-4—施工缝位置；1—漏斗板

2）一般设备地坑及水池，施工缝可留在坑壁上，距坑（池）底混凝土面 30～50 cm 的范围内。承受动力作用的设备基础，不应留施工缝；如必须留施工缝时，应征得设计单位同意。一般可按下列要求留置：

·基础上的机组在担负互不相依的工作时，可在其间留置垂直施工缝；

· 输送辊道支架基础之间,可留垂直施工缝。

3)在设备基础的地脚螺栓范围内留置施工缝时,应符合下列要求:

· 水平施工缝的留置,必须低于地脚螺栓底端,其与地脚螺栓底端距离应大于 150 mm;直径小于 30 mm 的地脚螺栓,水平施工缝可以留在不小于地脚螺栓埋入混凝土部分总长度的 3/4 处。

· 垂直施工缝的留置,其地脚螺栓中心线间的距离不得小于 250 mm,并不小于 5 倍螺栓直径。

(7)施工缝的混凝土表面应凿毛,在继续浇筑混凝土前,应用水冲洗干净,湿润后在表面上抹 10~15 mm 厚与混凝土内成分相同的一层水泥砂浆。

(8)施工缝的处理:在施工缝处继续浇筑混凝土时,已浇筑的混凝土抗压强度不应小于 1.2 N/mm²。混凝土达到 1.2 N/mm² 的时间,可通过试验决定,同时,必须对施工缝进行必要的处理。

1)在已硬化的混凝土表面上继续浇筑混凝土前,应清除垃圾、水泥薄膜、表面上松动砂石和软弱混凝土层,同时还应加以凿毛,用水冲洗干净并充分湿润,一般不宜少于 24 h,残留在混凝土表面的积水应予清除。

2)注意施工缝位置附近回弯钢筋时,要做到钢筋周围的混凝土不受松动和损坏。钢筋上的油污、水泥砂浆及浮锈等杂物也应清除。

3)在浇筑前,水平施工缝宜先铺上 10~15 mm 厚的水泥砂浆一层,其配合比与混凝土内的砂浆成分相同。

4)从施工缝处开始继续浇筑时,要注意避免直接靠近缝边下料。机械振捣前,宜向施工缝处逐渐推进,并距 80~100 cm 处停止振捣,但应加强对施工缝接缝的捣实工作,使其紧密结合。

5)承受动力作用的设备基础的施工缝处理,应遵守下列规定:

· 标高不同的 2 个水平施工缝,其高低接合处应留成台阶形,台阶的高度比不得大于 1。

· 在水平施工缝上继续浇筑混凝土前,应对地脚螺栓进行一次观测校正。

· 垂直施工缝处应加插钢筋,其直径为 12~16 mm,长度为 50~60 cm,间距为 50 cm。在台阶式施工缝的垂直面上亦应补插钢筋。

要点 9:现浇框架结构混凝土浇筑施工要求

1.混凝土运输及进场检验

(1)采用混凝土罐车进行场外运输,要求每辆罐车的运输、浇筑和间歇的时间不得超过初凝时间,混凝土从搅拌机卸出到浇筑完毕的时间不宜超过 1.5 h,空泵间隔时间不得超过 45 min。

(2)预拌混凝土运输车应有运输途中和现场等候时间内的二次搅拌功能。

混凝土运输车到达现场后,进行现场坍落度测试,一般每个工作班不少于 4 次,坍落度异常或有怀疑时,及时增加测试。从搅拌车运卸的混凝土中,分别在卸料 1/4 和 3/4 处取试样进行坍落度试验,2 个试样的坍落度之差不得超过 30 mm。当实测坍落度不能满足要求时,应及时通知搅拌站。严禁私自加水搅拌。

(3)运输车给混凝土泵喂料前,应中、高速旋转拌筒,使混凝土搅拌均匀。

(4)根据实际施工情况及时通知混凝土搅拌站调整混凝土运输车的数量,以确保混凝土的均匀供应。

(5)冬季混凝土运输车罐体要进行保温。夏季混凝土运输车罐体要覆盖防晒。

2.混凝土浇筑与振捣

(1)混凝土浇筑与振捣的一般要求:

1)为防止混凝土散落、浪费,应在模板上口侧面设置斜向挡灰板。混凝土自吊斗口下落的自由倾落高度不得超过 2 m,浇筑高度如超过 2 m 时必须采取措施,用串桶或溜管等。

2)浇筑混凝土时应分层进行,浇筑层高度应根据结构特点、钢筋疏密决定,一般为振捣器作用部分长度的 1.25 倍,常规 $\phi50$ 振捣棒是 400～480 mm。

3)使用插入式振捣器应快插慢拔,插点要均匀排列,逐点移动,顺序进行,不得遗漏,做到均匀振实。移动间距不大于振捣作用半径的 1.5 倍(一般为 300～400 mm)。振捣上一层时应插入下层大于或等于 50 mm,以消除两层间的接缝。表面振动器(或称平板振动器)的移动间距,应保证振动器的平板覆盖已振实部分的边缘。

4)浇筑混凝土应在前层混凝土凝结之前,将次层混凝土浇筑完毕。间歇的最长时间应按所用水泥品种、气温及混凝土凝结条件确定,超过初凝时间应按施工缝处理。

5)浇筑混凝土时应经常观察模板、钢筋、预留孔洞、预埋件和插筋等有无移动、变形或堵塞情况,发现问题应立即处理,并应在已浇筑的混凝土凝结前修正完好。

(2)柱的混凝土浇筑。

1)柱浇筑前底部应先填以 30～50 mm 厚、与混凝土配合比相同的石子砂浆,柱混凝土应分层振捣,使用插入式振捣器时每层厚度不大于 500 mm,振捣棒不得触动钢筋和预埋件。除上面振捣外,下面要有人随时敲打模板,如图 3-38 所示。

图中标注:500、500、500、50;第三层、第二层、第一层、与混凝土配比相同的减石水泥砂浆

图 3-38 柱底部处理

2)柱高在 3 m 之内,可在柱顶直接下灰浇筑,超过 3 m 时,应采取措施(用串桶)或在模板侧面开洞安装斜溜槽分段浇筑。每段高度不得超过 2 m。每段混凝土浇筑后将洞模板封闭严实,并用柱箍箍牢。

3)柱子的浇筑高度控制在梁底向上 15～30 mm(含 10～25 mm 的软弱层),待剔除软弱层后,施工缝处于梁底向上 5 mm 处。

4)柱与梁板整体浇筑时,为避免裂缝,注意在墙柱浇筑完毕后,必须停歇 1～1.5 h,使柱子混凝土沉实达到稳定后再浇筑梁板混凝土。

5)浇筑完后,应随时将伸出的搭接钢筋整理到位。

(3)梁、板混凝土浇筑。

1)梁、板应同时浇筑,浇筑方法应由一端开始用"赶浆法",即先浇筑梁,根据梁高分层浇筑成阶梯形,当达到板底位置时再与板的混凝土一起浇筑,随着阶梯形不断延伸,梁板混凝土浇筑连续向前进行。

2)与板连成整体高度大于 1 m 的梁,允许单独浇筑,其施工缝应留在板底以上 15～30 mm 处。浇捣时,浇筑与振捣必须紧密配合,第 1 层下料慢些,梁底充分振实后再下第 2 层料,每层均应振实后再下料,梁底及梁帮部位要注意振实,振捣时不得触动钢筋及预埋件。

3)梁柱节点钢筋较密时,浇筑此处混凝土时宜用小直径振捣棒振捣,采用小直径振捣棒应另计分层厚度。

4)梁柱节点核心区处混凝土强度等级相差 2 个及 2 个以上时,混凝土浇筑留槎按设计要求执行或按图 3-39 进行浇筑。该处混凝土坍落度宜控制在 80～100 mm。

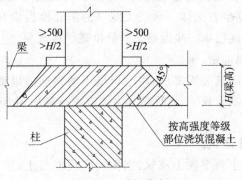

图 3-39　梁柱节点

5)浇筑楼板混凝土的虚铺厚度应略大于板厚,用振捣器顺浇筑方向及时振捣,不允许用振捣棒铺摊混凝土。在钢筋上挂控制线,保证混凝土浇筑标高一致。顶板混凝土浇筑完毕后,在混凝土初凝前,用 3 m 长杠刮平,再用木抹子抹平,压实刮平遍数不少于 2 遍,初凝时加强二次压面,保证大面平整、减少收缩裂缝。浇筑大面积楼板混凝土时,提倡使用激光铅直、扫平仪控制板面标高和平整。

6)施工缝位置:宜沿次梁方向浇筑楼板,施工缝应留置在次梁跨度的中间 1/3 范围内。施工缝表面应与梁轴线或板面垂直,不得留斜槎。复杂结构施工缝留置位置应征得设计人员同意。施工缝宜用齿形模板挡牢或采用钢板网挡支牢固。也可采用快易收口网,直接进行下段混凝土的施工。

7)施工缝处应待已浇筑混凝土的抗压强度不小于 1.2 MPa 时,才允许继续浇筑。在继续浇筑混凝土前,施工缝混凝土表面应凿毛,剔除浮动石子,并用水冲洗干净。模板留置清扫口,用空压机将碎渣吹净。水平施工缝可先浇筑一层 30~50 mm 厚、与混凝土同配比的减石子砂浆,然后继续浇筑混凝土,应细致操作振实,使新旧混凝土紧密结合。

(4)剪力墙混凝土浇筑。

1)如柱、墙的混凝土强度等级相同时,可以同时浇筑,反之宜先浇筑柱混凝土,预埋剪力墙锚固筋,待拆柱模后,再绑剪力墙钢筋、支模、浇筑混凝土。

2)剪力墙浇筑混凝土前,先在底部均匀浇筑 30~50 mm 厚、与墙体混凝土同配比的减石子砂浆,并用铁锹入模,不应用料斗直接灌入模内。

3)浇筑墙体混凝土应连续进行,间隔时间不应超过混凝土初凝时间,每层浇筑厚度严格按混凝土分层尺杆控制,因此必须预先安排好混凝土下料点位置和振捣器操作人员数量。

4)振捣棒移动间距应不大于振捣作用半径的 1.5 倍,每一振点的延续时间以表面呈现浮浆为度,为使上下层混凝土结合成整体,振捣器应插入下层混凝土 50 mm。振捣时注意钢筋密集及洞口部位。为防止出现漏振,须在洞口两侧同时振捣,下灰高度也要大体一致。大洞口的洞底模板应开口,并在此处浇筑振捣。竖向构件最底层第一步混凝土容易出现烂根现象,应适当提高第一步下灰高度、振捣棒间隔加密。

5)混凝土墙体浇筑完毕之后,将上口甩出的钢筋加以整理,用木抹子按标高线将墙上表面混凝土找平,墙顶高宜为楼板底标高加 30 mm(预留 25 mm 的浮浆层剔凿量)。

(5)楼梯混凝土浇筑。

1)楼梯段混凝土自下而上浇筑,先振实底板混凝土,达到踏步位置时再与踏步混凝土一起浇捣,不断连续向上推进,并随时用木抹子(或塑料抹子)将踏步上表面抹平。

2)施工缝位置:框架结构两侧无剪力墙的楼梯施工缝宜留在楼梯段自休息平台往上 1/3 处,为 3~4 踏步。框架结构两侧有剪力墙的楼梯施工缝宜留在休息平台自踏步往外 1/3 处。

3.质量要求

(1)主控项目:同"剪力墙结构普通混凝土浇筑施工要求"的内容。

(2)一般项目。

1)混凝土应振捣密实;避免蜂窝、孔洞、露筋、缝隙、夹渣等缺陷。

2)施工缝位置应在混凝土浇筑前按规范和设计要求在施工技术方案中确定。施工缝的处理应按施工技术方案执行。

3)后浇带的留置位置应按设计要求和施工技术方案确定。后浇带混凝土浇筑应按设计要求施工进行。

4)允许偏差项目,见表 3-28。

表 3-28　现浇框架混凝土允许偏差

项　目		允许偏差 /mm	检验方法
轴线位置	基础	15	钢尺检查
	独立基础	10	
	墙、柱、梁	8	
	剪力墙	5	
垂直度	层高　≤5 m	8	经纬仪或吊线、钢尺检查
	层高　>5 m	10	经纬仪或吊线、钢尺检查
	全高(H)	$H/100$ 且≤30	经纬仪、钢尺检查
标高	层高	±10	水准仪或拉线、钢尺检查
	全高	±30	

要点 10:混凝土浇筑、振捣、养护的有关规定

1.混凝土的浇筑

(1)浇筑厚度及间歇时间。

1)浇筑层厚度混凝土浇筑层的厚度,应符合表 3-29 的规定。

表 3-29　混凝土浇筑层厚度　　　　　(单位:mm)

捣实混凝土的方法	浇筑层的厚度
插入式振捣	振捣器作用部分长度的 1.25 倍
表面振动	200

捣实混凝土的方法		浇筑层的厚度
人工捣固	在基础、无筋混凝土或配筋稀疏的结构中	250
	在梁、墙板、柱结构中	250
	在配筋密列的结构中	200
轻骨料混凝土	插入式振捣	300
	表面振动(振动时需加荷)	200

2)浇筑间歇时间:浇筑混凝土应连续进行。如必须间歇时,其间歇时间宜缩短,并应在前层混凝土凝结之前,将次层混凝土浇筑完毕。

混凝土运输、浇筑及间歇的全部时间不得超过表 3-30 的规定,若超过规定时间必须设置施工缝。

表 3-30 混凝土运输、浇筑和间隙的时间 (单位:min)

混凝土强度等级	气 温	
	不高于 25℃	高于 25℃
不高于 C30	210	180
高于 C30	180	150

注:当混凝土中掺有促凝或缓凝型外加剂时,其允许时间应通过试验确定。

(2)浇筑质量要求。

1)在浇筑程序中,应控制混凝土的均匀性和密实性。混凝土拌和物运至浇筑地点后,应立即浇筑入模。在浇筑过程中,如发现混凝土拌和物的均匀性和稠度发生较大的变化,应及时处理。

2)浇筑混凝土时,应注意防止混凝土的分层离析。混凝土由料斗、漏斗内卸出进行浇筑时,其自由倾落高度一般不宜超过 2 m,在竖向结构中浇筑混凝土的高度不得超过 3 m,否则应采用串筒、斜槽、溜管等下料。

3)浇筑竖向结构混凝土前,底部应先填以 50～100 mm 厚与混凝土成分相同的水泥砂浆。

4)浇筑混凝土时,应经常观察模板、支架、钢筋、预埋件和预留孔洞的情况,当发现有变形、移位时,应立即停止浇筑,并应在已浇筑的混凝土凝结前修整完好。

5)混凝土在浇筑及静置过程中,应采取措施防止产生裂缝。混凝土因沉降及干缩产生的非结构性的表面裂缝,应在混凝土终凝前予以修整。在浇筑与柱和墙连成整体的梁和板时,应在柱和墙浇筑完毕后停歇 1～1.5 h,使混凝土获得初步沉实后，再继续浇筑，以防止接缝处出现裂缝。

　　6)梁和板应同时浇筑混凝土。较大尺寸的梁（梁的高度大于 1 m）、拱和类似的结构，可单独浇筑。但施工缝的设置应符合有关规定。

　　2.混凝土的振捣

　　(1)振捣的目的和要求。混凝土入模后，处于松散状态，内部存在很多空隙，不经振捣而硬化的混凝土，不仅不能很好填满模具，而且其强度和对钢筋的握裹力都不能达到设计和使用要求。只有通过很好的振捣，才能使混凝土充满模板的各个边角，并把混凝土内部的气泡和部分游离水排挤出来，使混凝土密实，表面平整，从而使强度等各种性能符合设计要求。

　　一般来说，振捣时间越长，力量越大，混凝土越密实，质量越好，但对流动性大的混凝土，振捣时间过长，会使混凝土产生泌水、离析现象。振捣时间长短应根据混凝土流动性大小而定，一般振捣到水泥浆使混凝土表面平整为止。

　　混凝土浇灌后应立即进行振捣。振捣的混凝土初凝后，不允许再振捣。因初凝后混凝土中水泥已硬化，内部结晶结构已形成，并已丧失可塑性，再振捣就会破坏内部结构，降低强度和钢筋间的握裹力。

　　(2)常用振捣工艺。

　　1)机械振捣。混凝土的振捣机械按其工作方式不同，可分为内部振捣器、表面振捣器、附着式振捣器和振动台。

　　2)人工振捣。混凝土的人工捣实，只有在缺少振动机械和工程量很小的情况下才采用。人工捣实多用于流动性较大的塑性混凝土。它是用插钎、捣棒或铁铲分层依次进行捣实。常用的是赶浆捣实法：人站在混凝土的前进方向，面对混凝土用插钎或铁铲四面拦挡石子，不让石子向前滚，而让砂浆先流向前面和底下，使砂浆包裹住石子达到密实。人工捣实注意事项：

　　·应随混凝土的浇筑分层进行，随浇随捣。

　　·插捣应依次往复进行，防止漏插。

　　·用力要均匀，模板拐角、钢筋密集处以及施工缝接合处，应特别加强捣实。

　　3.混凝土的养护

　　(1)自然养护。

　　1)自然养护工艺。

　　·覆盖浇水养护。利用平均气温高于+5 ℃的自然条件，用适当的材料对混凝土表面加以覆盖并浇水，使混凝土在一定的时间内保持水泥水化作用所需要的适当温度和湿度条件。覆盖浇水养护应符合下列规定：覆盖浇水养护应在混凝土浇筑完毕后的 12 h 内进行；混凝土的浇水养护时间，对采用硅酸盐水泥、普通硅酸盐水泥或矿渣硅酸盐水泥拌制的混凝土，不得少于 7 天，对掺用缓凝型外加剂、矿物掺和料或有抗渗性要求的混凝土，不得少于 14 天。当采用其他品种水泥时，混凝土的养护应根据所采用水泥的技术性能确定；浇水次数应根据能保持混凝土处于湿润的状态来决定；混凝土的养护用水宜与拌制水相同；当日平均气温低于 5 ℃时，不得浇水。

大面积结构如地坪、楼板、屋面等可采用蓄水养护。储水池一类工程可于拆除内模混凝土达到一定强度后注水养护。

·薄膜布养护。在有条件的情况下，可采用不透水、气的薄膜布（如塑料薄膜布）养护。用薄膜布把混凝土表面敞露的部分全部严密地覆盖起来，保证混凝土在不失水的情况下得到充足的养护。这种养护方法的优点是不必浇水，操作方便，能重复使用，能提高混凝土的早期强度，加速模具的周转，但应该保持薄膜布内有凝结水。

2）薄膜养生液养护。混凝土的表面不便浇水或使用塑料薄膜布养护时，可采用涂刷薄膜养生液以防止混凝土内部水分蒸发的方法进行养护。

薄膜养生液养护是将可成膜的溶液喷洒在混凝土表面上，溶液挥发后在混凝土表面凝结成一层薄膜，使混凝土表面与空气隔绝，封闭混凝土中的水分不再被蒸发，而完成水化作用。这种养护方法一般适用于表面积大的混凝土施工和缺水地区，但应注意薄膜的保护。

3）养护条件。在自然气温条件下（高于 5 ℃），对一般塑性混凝土应在浇筑后 10～12 h 内（炎夏时可缩短至 2～3 h），对高强混凝土应在浇筑后 1～2 h 内，即用麻袋、草帘、锯末或砂进行覆盖，并及时浇水养护，以保持混凝土具有足够润湿状态。混凝土浇水养护日期可参照表 3-31。

表 3-31　混凝土浇水养护日期

分　类		浇水养护时间/天
拌制混凝土的水泥品种	硅酸盐水泥、普通硅酸盐水泥、矿渣硅酸盐水泥	不小于 7
	火山灰质硅酸盐水泥、粉煤灰硅酸盐水泥	不小于 14
	矾土水泥	不小于 3
抗渗混凝土、混凝土中掺缓凝型外加剂		不小于 14

注：1. 如平均气温低于 5℃时不得浇水。
　　2. 采用其他品种水泥时，混凝土的养护应根据水泥技术性能确定。

混凝土在养护过程中，如发现遮盖不好，浇水不足，以致表面泛白或出现干缩细小裂缝时，要立即仔细加以遮盖，加强养护工作，充分浇水，并延长浇水日期，加以补救。在已浇筑的混凝土强度达到 1.2 N/mm² 以后，方允许在其上来往行人和安装模板及支架等。荷重超过时应通过计算来评估,并采取相宜的措施。

(2)加热养护。

1)蒸汽养护。蒸汽养护是缩短养护时间的方法之一,一般宜用 65 ℃左右的温度蒸养。混凝土在较高湿度和温度条件下,可迅速达到要求的强度。施工现场由于条件限制,现浇预制构件一般可采用临时性地面或地下的养护坑,上盖养护罩或用简易的帆布、油布覆盖。蒸汽养护分四个阶段。

・静停阶段:就是指混凝土浇筑完毕至升温前在室温下先放置一段时间。这主要是为了增强混凝土对升温阶段结构破坏作用的抵抗能力,一般需 2~6 h。

・升温阶段:就是混凝土原始温度上升到恒温阶段。温度急速上升,会使混凝土表面因体积膨胀太快而产生裂缝,因而必须控制升温速度,一般为 10~25 ℃/h。

・恒温阶段:是混凝土强度增长最快的阶段。恒温的温度应随水泥品种不同而异,普通水泥的养护温度不得超过 80 ℃。矿渣水泥、火山灰水泥可提高到 85~90 ℃。恒温加热阶段应保持 90%~100%的相对湿度。

・降温阶段:在降温阶段内,混凝土已经硬化,如降温过快,混凝土会产生表面裂缝,因此降温速度应加控制。一般情况下,构件厚度在 10 cm 左右时,降温速度每小时不大于 30 ℃。

为了避免由于蒸汽温度骤然升降而引起混凝土构件产生裂缝变形,必须严格控制升温和降温的速度。出槽的构件温度与室外温度相差不得大于 40 ℃,当室外温度为负时,不得大于 20 ℃。

2)其他热养护。

・热模养护。将蒸汽通在模板内进行养护,此法用汽少,加热均匀。既可用于预制构件,又可用于现浇墙体。用于现浇框架结构柱的养护方法,如图 3-40 所示。

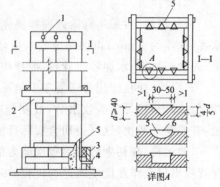

图 3-40　柱子用热模法养护(单位:mm)

1—出汽孔;2—模板;

3—分汽箱;4—进汽管;

5—蒸汽管;6—薄钢板

・棚罩式养护。棚罩式养护是在混凝土构件上加盖养护棚罩。棚罩的材料有玻璃、透明玻璃钢、聚酯薄膜、聚乙烯薄膜等。其中以透明玻璃钢和透明塑料薄膜为佳;棚式的形式有单坡、双坡、拱形等,一般多用单坡或双坡。棚罩内的空腔不宜过大,一般略大于混凝土构件即可。棚罩内的温度,夏季可达 60~75℃。

春秋季可达 35~45 ℃,冬季约在 20 ℃。

·覆盖式养护。在混凝土成型、表面略平后,其上覆盖塑料薄膜进行封闭养护,有两种做法。一是在构件上覆盖一层黑色塑料薄膜(厚 0.12~0.14 mm),在冬季再盖一层气垫薄膜。二是在混凝土构件上先覆盖一层透明的或黑色塑料薄膜,再盖一层气垫薄膜(气泡朝下)。塑料薄膜应采用耐老化的接缝并采用热黏合。覆盖时应紧贴四周,用砂袋或其他重物并盖严紧,防止被风吹开,影响养护效果。塑料薄膜采用搭接时,其搭接长度应大于 30 cm。据试验,气温在 20℃以上,只盖一层塑料薄膜,养护最高温度达 65 ℃,混凝土构件在 1.5~3 天内达到设计强度的 70%,缩短养护周期 40% 以上。

要点 11:轻骨料混凝土墙体浇筑施工要求

1.施工要点

(1)材料计量:骨料、水泥、水和外加剂均按重量计,骨料计量允许偏差应小于±3%,水泥、水和外加剂计量允许偏差应小于±2%,轻骨料宜在搅拌前预湿,因此根据配合比确定用水量时,还须计算骨料的含水量(搅拌前应测定骨料含水率),做相应的调整,在搅拌过程中应经常抽测,雨天或坍落度异常应及时测定含水率,调整用水量。水灰比可用总水灰比表示,总用水量应包括配合比有效用水量和轻骨料 1 h 吸水量两部分。

(2)搅拌。

1)加料顺序:采用自落式搅拌机先加 1/2 的用水量。然后加入粗细骨料和水泥,搅拌约 1 min,再加剩余的水量,继续搅拌不少于 2min。采用强制式搅拌机,先加细骨料、水泥和粗骨料,搅拌约 1 min,再加水继续搅拌不少于 2 min。

2)搅拌时间:应比普通混凝土稍长,其搅拌时间约 3 min。轻骨料混凝土在拌制过程中,轻骨料吸收水分,故在施工中宜用坍落度值来控制混凝土的用水量,并控制水灰比,这样更切合实际且便于掌握。

(3)运输:在初期轻骨料吸水能力很强,所以在施工中应尽量缩短混凝土由搅拌机出口至作业面浇筑这一过程的时间,一般不能超过 45 min。宜用吊斗直接由搅拌机出料口吊至作业面浇筑,避免或减少中途倒运,若导致拌和物和易性差,坍落度变小时,宜在浇筑前人工二次搅拌。

(4)浇筑:应连续施工,不留或少留施工缝,浇筑混凝土应分层进行。为防止混凝土散落、浪费,在模板上口侧面设置斜向挡灰板。对大模板工程,每层浇筑高度 300~500 mm,若留施工缝应垂直留在内外墙交接处及流水段分界处,设铅丝网或堵头模板,继续施工前,必须将接合处清理干净,浇水湿润,然后再浇筑混凝土。

(5)振捣:轻骨料密度轻,故容易造成砂浆下沉,轻骨料上浮。插入式振捣器要快插慢拔,振点要适当加密,分布均匀,其振捣间距小于普通混凝土间距,不应大于振动作用半径,插入深度不应超过浇筑高度。振动时间不宜过长,为防止分层离析,混凝土表面用工具将外露轻骨料压入砂浆中,然后将表面用木抹子抹平。

2. 质量要求

(1)主控项目。

1)轻骨料混凝土使用的水泥、骨料、外加剂、配合比、计量、搅拌、养护及施工缝处理,必须符合施工规范及有关标准的要求,检查出厂合格证、试验报告。

2)轻骨料混凝土强度符合设计及验评标准的要求,密度符合设计要求。

(2)一般项目。

1)应振捣密实,表面无蜂窝、麻面,不露筋,无孔洞及缝隙夹渣层。

2)允许偏差项目,见表 3-32。

表 3-32　轻骨料混凝土施工允许偏差项目

项次	项　目		允许偏差/mm		检验方法
			多层	高层	
1	轴线位移		8	5	尺量检查
2	标高	层高	±10	±10	用水准仪或尺量检查
		全高	±30	±30	
3	截面尺寸		+5	+5	尺量检查
			−2	−2	
4	墙面垂直	每层	5	5	用 2 m 托线板检查
		全高	1‰且≤20	1‰且≤30	用经纬仪或吊线和尺量检查
5	表面平整		4	4	用 2 m 靠尺和楔形塞尺检查
6	预埋钢板中心线偏移		10	10	
7	预埋管、预留孔、预埋螺栓中心线偏移		5	5	尺量检查
8	预留洞中心线偏移		15	15	

要点 12:后浇带混凝土施工要求

1. 施工要求

(1)后浇带是为在现浇钢筋混凝土结构施工过程中,克服由于温度、收缩而可能产生有害裂缝而设置的临时施工缝。该缝需根据设计要求保留一段时间后再浇筑,将整个结构连成整体。

(2)后浇带的设置距离,应考虑在有效降低温差和收缩应力的条件下,通过计算来获得。在正常的施工条件下,有关规范对此的规定是:如混凝土置于室内和土中,则为 30 m;如在露天,则为 20 m。

(3)后浇带的保留时间应根据设计确定,若设计无要求时,一般至少保留 28 天以上。

(4)后浇带的宽度应考虑施工简便,避免应力集中。一般其宽度为 70～100 cm。

(5)后浇带内的钢筋应完好保存。后浇带的构造如图 3-41 所示。

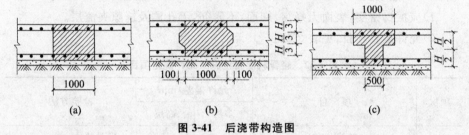

图 3-41　后浇带构造图

(a) 平接式;(b) 企口式;(c) 台阶式

(6)后浇带在浇筑混凝土前,必须将整个混凝土表面按照施工缝的要求进行处理。填充后浇带混凝土可采用微膨胀或无收缩水泥,也可采用普通水泥加入相应的外加剂拌制,但必须要求填筑混凝土的强度等级比原结构强度提高一级,并保持至少 15 天的湿润养护。

2.质量要求

(1)主控项目。

1)结构混凝土的强度等级必须符合设计要求。

2)混凝土运输、浇筑及间歇的全部时间不应超过混凝土的初凝时间。

(2)一般项目。

1)后浇带混凝土浇筑应按施工技术方案进行。

2)混凝土浇筑完毕后,应按施工方案及时采取有效的养护措施,并符合《混凝土结构工程施工质量验收规范》(GB 50204—2002,2010 版)的相关要求。

要点 13:型钢混凝土浇筑施工要求

1.作业准备

(1)浇筑前应将模板内的杂物及钢筋上的油污清除干净,并检查钢筋的垫块是否垫好。如使用木模板时应浇水使模板湿润。柱子模板的扫除口应在清除杂物及积水后再封闭。施工缝部位已按设计要求和施工方案进行处理。

(2)夏季为防止混凝土核心温度过高,混凝土浇筑宜在上午进行或浇筑前采取自来水冲洗劲钢结构降温措施。

2.混凝土搅拌、运输

(1)按照与预拌混凝土搅拌站签订的技术合同,混凝土进场时进行验收。

(2)混凝土运输供应保持运输均衡,夏季或运距较远可适当掺入缓凝剂。考虑运输时间和浇筑时间,确定混凝土初凝时间,并做效果试验。

(3)应控制混凝土从搅拌机中卸出到浇筑完毕的延续时间,应符合表3-33要求。

表 3-33 混凝土从搅拌机中卸出到浇筑完毕的延续时间

气温/℃	延续时间/min			
	采用搅拌车		其他运输设备	
	C30	<C30	C30	>C30
≤25	120	90	90	75
>25	90	60	60	45

注:采用快硬水泥时,延续时间应根据试验确定。

(4)泵送混凝土时必须保证混凝土泵连续工作。

1)当输送管被堵塞时,重复进行反泵和正泵,逐步吸出混凝土至料斗中,重新搅拌后泵送。或用木槌敲击等方法,查明堵塞部位,将混凝土击松后,重复进行反泵和正泵,排除堵塞。上述两种方法无效时,在混凝土卸压后,拆除堵塞部位的输送管,排出混凝土堵塞物后,方可接管。重新泵送前,先排除管内空气后,方可拧紧接头。

2)在混凝土泵送过程中,有计划中断时,在预先确定的中断浇筑部位,停止泵送,中断时间不宜超过1h。

3)当混凝土泵送出现非堵塞性中断时,混凝土泵车卸料清洗后重新泵送,或利用臂架将混凝土泵入料斗,进行慢速间歇循环泵送,有配管输送混凝土时,进行慢速间歇泵送。固定式混凝土泵,可利用混凝土搅拌运输车内的料,进行慢速间歇泵送,或利用料斗内的料,进行间歇反泵和正泵。慢速间歇泵送时,每隔4~5min进行4个行程的正、反泵。

使用自密实混凝土时,应考虑混凝土的初凝和终凝时间,与预拌混凝土厂根据现场实际情况来确定混凝土配合比。

3.混凝土浇筑与振捣

(1)柱的混凝土浇筑。

1)柱浇筑前底部应先填以50~100mm厚、与混凝土配合比相同的减石子砂浆,柱混凝土应分层振捣,使用插入式振捣器时每层厚度不大于500mm。除上表面振捣外,下面要有人随时敲打模板。若型钢结构尺寸比较大,柱根部的混凝土与原混凝土接触面较小时,也可事先将柱根浸湿,将开始浇筑时的混凝土坍落度加大 20 mm。柱子高度超过 6 m 时,应分段浇筑或模板中间预开洞口(门子板)下料,防止混凝土自由倾落高度过高。

2)柱、墙与梁、板宜分次浇筑,浇筑高度大于 2 m 时,建议采用串筒、溜管下料,出料管口至浇筑层的倾落自由高度不应大于 1.5 m。柱与梁、板同时施工时,柱高在 3 m 之内,可在柱顶直接下灰浇筑,超过 3 m 时、应采取措施(用串桶)或在模板侧面开门子洞安装斜溜槽分段浇筑。每段高度不得超过 2 m,每段混凝土浇筑后将门子洞模板封闭严实,与柱箍箍牢。并在柱和墙浇筑完毕后停歇 1~1.5 h,使竖向结构混凝土充分沉实后,再继续浇筑梁与板。

3)柱子混凝土宜一次浇筑完毕,若型钢组合结构安装工艺要求施工缝隙留置在非正常部位,应征得设计单位同意。

4)采用自密实混凝土浇筑时,应采用小直径振捣棒进行短时间的振捣,时间应控制在普通振捣的 1/5~1/3。

5)浇筑完后,应随时将溅在型钢结构上的混凝土清理干净。

(2)梁混凝土浇筑。

1)梁浇筑时,应先浇筑型钢梁底部,再浇筑型钢梁、柱交接部位,然后再浇筑型钢梁的内部。

2)梁浇筑普通混凝土时候,应从一侧开始浇筑,用振捣棒从该侧进行赶浆,在另一侧设置一振捣棒,同时进行振捣,同时观察型钢梁底是否灌满。若有条件时,应将振捣棒斜插到型钢梁底部进行振捣。

3)梁柱节点钢筋较密时,浇筑此处混凝土时宜用小粒径石子同强度等级的混凝土浇筑,并用小直径振捣棒振捣。

4)若型钢梁底部空间较小、钢筋密度过大及型钢梁、柱接头连接复杂,普通混凝土无法满足要求时候,可采用自密实混凝土进行浇筑。浇筑自密实混凝土梁时应采用小振捣棒进行微振,切忌过振。

5)施工缝位置;宜沿次梁方向浇筑楼板,施工缝应留置在次梁跨度的中间 1/3 范围内。施工缝的表面应与梁轴线或板面垂直,不得留斜槎。施工缝宜用木板或钢丝网挡牢。

6)施工缝处须待已浇筑混凝土的抗压强度不小于 1.2 MPa 时,才允许继续浇筑。在继续浇筑混凝土前,施工缝混凝土表面应凿毛,剔除浮动石子,并用水冲洗干净后,先浇一层水泥浆,然后继续浇混凝土,应细致操作振实,使新旧混凝土紧密结合。

(3)型钢混凝土的浇筑和振捣尚应符合《现浇框架结构混凝土浇筑施工工艺标准》的相关要求。

(4)型钢组合剪力墙混凝土浇筑。

1)剪力墙浇筑混凝土前,先在底部均匀浇筑 50 mm 厚与墙体混凝土成分相同的水泥砂浆,并用铁锹入模,不应用料斗直接灌入模内。

2)浇筑墙体混凝土应连续进行,间隔时间不应超过 2 h,每层浇筑厚度控制在 600 mm 左右,因此必须预先安排好混凝土下料点位置和振捣器操作人员数量。

3)振捣棒移动间距应小于 500 mm,每一振点的延续时间以表面呈现浮浆为度,为使上下层混凝土结合成整体,振捣器应插入下层混凝土 50 mm。振捣时注意钢筋密集及洞口部位,为防止出现漏振。须在洞口两侧同时振捣,下灰高度也要大体一致。大洞口的洞底模板应开口,并在此处浇筑振捣。

4)混凝土墙体浇筑完毕之后,将上口甩出的钢筋加以整理,用木抹子按标高线将墙上表面混凝土找平。

4. 质量要求

(1)主控项目。

1)混凝土所用的水泥、水、骨料和外加剂等,必须符合规范及有关规定,使用前检查出厂合格证、试验报告。

2)混凝土的配合比、原材料计量、搅拌、养护和施工缝处理,必须符合施工规范规定。

3)混凝土强度的试块取样、制作、养护和试验要符合《混凝土强度检验评定标准》(GBJ 107—2010)的规定。

4)混凝土运输、浇筑、间歇的全部时间不应超过混凝土的初凝时间,同一施工段的混凝土应连续浇筑,并应在底层混凝土初凝之前将上一层混凝土浇筑完毕。

5)外观质量不应有严重缺陷。

6)不应有影响结构性能和使用功能的尺寸偏差。

7)结构实体检验符合《混凝土结构工程施工质量验收规范》(GB 50204—2002)的规定。

(2)一般项目。

1)混凝土应振捣密实;外观质量不得有蜂窝、孔洞、露筋、缝隙、夹渣等一般缺陷。

2)允许偏差项目,见表 3-34。

表 3-34　现浇结构尺寸允许偏差和检验方法

项 目		允许偏差 /mm	检验方法
轴线位置	墙、柱、梁	8	钢尺检查
	剪力墙	5	

续表

项 目		允许偏差/mm	检验方法
垂直度	层高 ≤5 m	8	经纬仪或吊线、钢尺检查
	层高 >5 m	10	
	全高(H)	H/100 且≤30	经纬仪、钢尺检查
标高	层高	±10	水准仪或拉线、钢尺检查
	全高	±30	
截面尺寸		+8,−5	钢尺检查
表面平整度		8	2 m 靠尺和塞尺检查
预埋设施中心线位置	预埋件	10	钢尺检查
	预埋螺栓 中心线位置	5	
	预埋螺栓 螺栓外露长度	5	
	预埋管	3	
预留洞中心线位置		15	

注:检查轴线、中心线位置时,应沿纵、横两个方向测量,取其中较大值。H 为柱、墙全高。

要点 14:底板大体积混凝土施工要求

1.混凝土的场外运输

(1)搅拌站按签订的技术合同供应预拌混凝土。

(2)运送混凝土的车辆应满足均匀、连续供应混凝土的需要。

(3)罐车在盛夏和冬季均应有隔热保温覆盖、控制混凝土出罐温度。

(4)混凝土搅拌运输车卸料前,筒体应加快运转 20～30 s 后方可卸料。

(5)混凝土在浇筑地点的坍落度,每工作班至少检查 4 次。混凝土的坍落度试验应符合现行《普通混凝土拌和物性能试验方法标准》(GB/T 50080—2002)的有关规定。混凝土实测的坍落度与要求坍落度之间的偏差应不大于 20 mm。需调整或分次加入减水剂时均应由搅拌站派驻现场的专业技术人员执行。

2.混凝土的场内运输与布料

(1)固定泵(地泵)场内运输与布料。

1)受料斗必须配备孔径为 50 mm×50 mm 的振动筛防止个别大颗粒骨料流入泵管,料斗内混凝土上表面距离上口宜为 200 mm 左右以防止泵入空气。

2)泵送混凝土前,先将储料斗内清水从管道泵出,以湿润和清洁管道,然后压入纯水泥浆或 1∶1～1∶2 水泥砂浆滑润管道后,再泵送混凝土。

3)开始压送混凝土时速度宜慢,待混凝土送出管子端部时,速度可逐渐加快,并转入用正常速度进行连续泵送。遇到运转不正常时,可放慢泵送速度。进行抽吸往复推动数次,以防堵管。

4)泵送混凝土浇筑入模时,端部软管均匀移动,使每层布料均匀,不应成堆浇筑。

5)泵管向下倾斜输送混凝土时,应在下斜管的下端设置相当于 5 倍落差长度的水平配管,若与上水平线倾斜度大于 7°时应在斜管上端设置排气活塞。如因施工长度有限,下斜管无法按上述要求长度设置水平配管时,可用弯管或软管代替,但换算长度仍应满足 5 倍落差的要求。

6)沿地面铺管,每节管两端应垫 50 mm×100 mm 方木,以便拆装;向下倾斜输送时,应搭设宽度不小于 1 m 的斜道,上铺脚手板,管两端垫方木支承,泵管不应直接铺设在模板、钢筋上,而应搁置在马凳或临时搭设的架子上。

7)泵送将结束时,计算混凝土需要量,并通知搅拌站,避免剩余混凝土过多。

8)混凝土泵送完毕,混凝土泵及管道可采用压缩空气推动清洗球清洗,压力不超过 0.7 MPa。方法是先安装好专用清洗管,再启动空压机,渐渐加压。清洗过程中随时敲击输送管判断混凝土是否接近排空。管道拆卸后按不同规格分类堆放备用。

9)泵送中途停歇时间不应长于 45 min,如超过 60 min 则应清管。

10)泵管混凝土出口处,管端距模板应大于 500 mm。

11)盛夏施工,泵管应覆盖隔热。

12)只允许使用软管布料,不允许使用振动器推赶混凝土。

13)在预留凹槽模板或预埋件处,应沿其四周均匀布料。

14)加强对混凝土泵及管道巡回检查,发现声音异常或泵管跳动应及时停泵排除故障。

(2)汽车泵布料。

1)汽车泵行走及作业应有足够的场地,汽车泵应靠近浇筑区并应有两台罐车能同时就位卸混凝土的条件。

2)汽车泵就位后应按要求撑开支腿,加垫枕木,汽车泵稳固后方准开始工作。

3)汽车泵就位与基坑上口的距离视基坑护坡情况而定,一般应取得现场技术主管的同意。

4)混凝土的自由落距不得大于 2 m。

3.混凝土浇筑

(1)混凝土浇筑可根据面积大小和混凝土供应能力采取全面分层(适用于

结构平面尺寸不大于 14 m、厚度 1 m 以上)、分段分层(适用于厚度不太大,面积或长度较大)或斜面分层(适用于结构的长度超过宽度的 3 倍)连续浇筑,分层厚度 300~500 mm 且不大于振动棒长的 1.25 倍。分段分层多采取踏步式分层推进,按从远至近布灰(原则上不反复拆装泵管),一般踏步宽为 1.5~2.5 m。斜面分层浇灌每层厚 300~350 mm,坡度一般取 1∶6~1∶7,如图 3-42 所示。

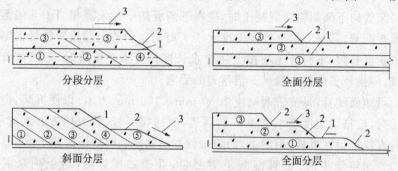

分段分层

全面分层

斜面分层

全面分层

图 3-42 底板混凝土浇筑方式
1—分层线;2—新浇灌的混凝土;3—浇灌方向
①~⑤—混凝土浇筑步骤

(2)浇筑混凝土时间应按下表控制。掺外加剂时由试验确定,见表 3-35。

表 3-35 混凝土搅拌至浇筑完的最大延续时间　　　　(单位:min)

混凝土强度等级	气　温	时　间
≤C30	≤25℃	120
	>25℃	90
>C30	≤25℃	90
	>25℃	60

(3)混凝土浇筑应配备足够的混凝土输送泵,既不能造成混凝土流浆冬季受冻,也不能常温时出现混凝土冷缝(浇筑时,要在下一层混凝土初凝之前浇筑上一层混凝土,避免产生冷缝)。

(4)混凝土浇筑顺序。

1)全面分层法在整个基础内全面分层浇筑混凝土,第 1 层全面浇筑完毕回来浇筑第 2 层时,第 1 层浇筑的混凝土还未初凝;如此逐层进行,直至浇筑好。施工时从短边开始,沿长边进行,构件长度超过 20 m 时可分为两段,从中间向两端或两端向中间同时进行。

2)分段分层法混凝土从底层开始浇筑,进行一定距离后回来浇筑第 2 层,如此依次向前浇筑以上各分层。

3)从浇筑层的下端开始,逐渐上移。

(5)局部厚度较大时先浇深部混凝土,然后再根据混凝土的初凝时间确定上层混凝土浇筑的时间间隔。

(6)集水坑内混凝土的浇筑。

1)根据大面积基础底板混凝土浇筑速度、范围,由专一(或多台)混凝土泵提前进行临近集水坑底、吊帮模板内泵送混凝土浇筑,并振捣密实。将集水坑混凝土浇筑至与大底板平齐,与基础底板混凝土整体衔接。

2)较深的集水坑采用间歇浇筑的方法,模板做成整体式并预先架立好,先将地坑底板浇至与模板底平,待坑底混凝土可以承受坑壁混凝土反压力时,再浇筑地坑坑壁混凝土,要注意保证坑底标高与衔接质量。间歇时间应摸索确定。

3)一般底板浇筑顺序由长度方向从一端向另一端浇筑推进,或由两端向中间浇筑。集水坑壁应形成环行回路分层浇筑。集水坑侧壁混凝土浇筑时,采用对称浇筑的方法,确保侧壁模板受力均匀。

(7)振捣混凝土应使用高频振动器,振动器的插点间距为 1.5 倍振动器的作用半径,防止漏振。斜面推进时振动棒应在坡脚与坡顶处插振。

(8)振动混凝土时,振动器应均匀地插拔,插入下层混凝土 50 mm 左右,每点振动时间 10～15 s 以混凝土泛浆不再溢出气泡为准,不可过振。

4.混凝土的表面处理

(1)当混凝土大坡面的坡角接近顶端模板时,改变浇灌方向,从顶端往回浇灌,与原斜坡相交成一个集水坑,并有意识地加强两侧模板处的混凝土浇筑速度,使泌水逐步在中间缩小成水潭,并使其汇集在上表面,派专人用泵随时将积水抽出。

(2)基础底板大体积混凝土浇筑施工中,其表面水泥浆较厚,为提高混凝土表面的抗裂性,在混凝土浇筑到底板顶标高后要认真处理,用大杠刮平混凝土表面,待混凝土收水后,再用木抹子搓平两次(墙、柱四周 150 mm 范围内用铁抹子压光),初凝前用木抹子再搓平一遍,以闭合收缩裂缝,然后覆盖塑料薄膜进行养护。

5.质量要求

(1)主控项目。

1)大体积混凝土的原材料、配合比及坍落度必须满足设计要求。

2)大体积(防水)混凝土的抗压强度和(抗渗压力)必须满足设计要求。

3)大体积混凝土的变形缝、施工缝、后浇带、加强带、埋设件等设置和构造,均须满足设计要求,严禁有渗漏。

4)补偿收缩混凝土的抗压强度、抗渗压力与混凝土的膨胀率必须满足设计要求。

5)大体积混凝土的含碱量、氯化物含量应在规范要求范围内。

(2)一般项目。

大体积混凝土允许偏差项目见表3-36。

表 3-36　大体积混凝土允许偏差项目

项　目		允许偏差/mm	检验方法
轴线位置	基础	15	钢尺检查
	独立基础	10	
垂直度	层高　≥5 m	8	经纬仪或吊线、钢尺检查
	层高　>5 m	10	经纬仪或吊线、钢尺检查
	全高(H)	$H/1000$ 且≤30	经纬仪、钢尺检查
截面尺寸		$+8,-5$	钢尺检查
表面平整度		8	2 m靠尺和塞尺检查
预埋设施中心线位置	预埋件	10	钢尺检查
	预埋螺栓	5	
	预埋管	5	
预留洞中心线位置		15	钢尺检查

要点 15:现浇混凝土空心楼盖施工要求

1.施工要求

(1)支楼板底模。

(2)弹线(钢筋线及肋筋位置)在顶板模板上弹出板底钢筋位置线和管缝间肋筋位置线。

(3)绑扎板底钢筋和安装电气管线(盒)。

1)绑扎板底钢筋:按照弹线的位置顺序绑扎板底钢筋。

2)安装电气管线(盒):铺设电气管线(盒)时,尽量设置在内模管顺向和横向管肋处,预埋线盒与内模管无法错开时,可将内模管断开或用短管让出线盒位置,内模管断口处应用聚苯板填塞后用胶带封口,并用细铁丝绑牢,防止混凝土流入管腔内。

(4)绑扎内模管肋筋。按设计要求绑扎肋间网片钢筋。绑扎时分纵横向顺序进行绑扎,并每隔 2 m 左右绑几道钢筋对其位置进行临时固定。

(5)放置内模管。

1)按设计要求的铺管方向和细化的排管图摆放薄壁内模芯管,管与管之间,管端与管端之间均不小于设计的肋宽,并且要求每排管应对正、顺直。与梁边或墙边内皮应保持不小于 50 mm 净距。

2)对于柱支承板楼盖结构须严格按照图纸大样设计或有关标准施工。

3)内模芯管摆放时应从楼层一端开始,顺序进行。注意轻拿轻放,有损坏时,应及时进行更换。初步摆放好的内模管位置应基本正确,以便于过后调整。

(6)绑扎板上层钢筋。

1)内模芯管放置完毕,应对其位置进行初步调整并经检查没有破损后,方能绑扎上层钢筋。

2)绑扎上层钢筋时,要注意楼板支座负筋的长度,施工前应根据排管图适当调整支座负筋的长度,以确保负筋的拐尺正好在内模管管肋处。

(7)安装定位卡固定内模管。

上层钢筋绑扎完成后,可进行定位卡的安装。卡具设置应从一头开始,顺序进行,两人一组,一手扶住卡具,一手拨动空心管,将卡具放入管缝间,注意卡具插入时不要刺破薄壁管。卡具放置完毕后,拉小线从楼板一侧开始调整薄壁管的位置,应做到横平竖直,管缝间距正确。

(8)用钢丝将定位卡与模板拉固。

卡具安装完成后,应及时对其进行固定,用手电钻在顶板模板上钻孔,用钢丝将卡具与模板下面的龙骨绑牢固定,使管顶的上表面标高符合设计要求,每平方米至少设一个拉结点。

(9)隐蔽工程验收。对顶板的钢筋安装和内模管安装进行隐蔽工程验收,合格后进行楼板混凝土浇筑。

(10)浇捣混凝土。

1)内模管吸水性强,浇筑前应浇水充分湿润芯管,使芯管始终保持湿润,确保芯管不会吸收混凝土中的水分,造成混凝土强度降低或失水、漏渗。

2)空心楼板采用混凝土的粒径宜小不宜大,根据管间净距可选择 5～12 mm或 10～20 mm 碎石。

3)混凝土应采用泵送混凝土,一次浇筑成型。混凝土坍落度不宜小于 160 mm,根据天气情况可适当加大混凝土坍落度,最好掺加一定数量的减水剂,使其具有较好流动性,以避免芯管管底出现蜂窝、孔洞等。

4)混凝土应顺芯管方向浇筑,并应做到集中浇筑,按梁板跨度一间一间顺序浇筑,一次成型,不宜普遍铺开浇筑,施工间隙的预留时间不宜过长。

5)振捣混凝土时宜采用 ϕ30 mm 小直径插入式振捣器,也可根据芯管的大小采用平板振捣器配合仔细振捣。必须保证底层不漏振。对管间净距较小的,可在振捣棒端部加焊短筋,插入板底振捣,振捣时不能直接振捣薄壁管管壁,且振幅不要过大,严禁集中一点长时间振捣,否则会振破薄壁管。

6)振捣时应顺筒方向顺序振捣,振捣间距不宜大于 300 mm。

7)空心楼板振捣时比实心板慢,因此铺灰不能太快,以便于振捣能跟上。

(11) 取出定位卡。

在浇筑混凝土时,待混凝土振捣完成并初步找平后,用钳子剪断拉结钢丝,将卡具取出运走。抽取卡具的时间不能太早,也不能太迟,必须在混凝土初凝之前拔出,并应及时将取走卡具后留下的孔洞抹压密实,当采用粗钢筋制作卡具时,留下的孔洞应用高强砂浆填实。定位卡取出后应及时清理干净,以备重复使用。

2.质量要求

(1)主控项目。

1)内模管的长度、规格、物理性能必须符合设计和协会规程(CECS 175—2004)的要求,合格证和检测报告应齐全。

2)内模的规格、数量和安装位置应符合设计图纸的要求,安装完成后的内模管不得有孔洞、断裂现象。

3)内模的定位和抗浮措施应合理、正确、有效。

4)钢筋和混凝土应符合工程设计及施工规范的要求。

(2)一般项目。

1)水泥复合薄壁空心管安装允许偏差见表 3-37。

表 3-37　水泥复合薄壁空心管安装允许偏差

项　次	项　目	允许偏差/mm	检验方法	抽检数量
1	管上下保护层	±6	尺量	每间不少于 4 处
2	管侧缝净距	±8	尺量	每间不少于 4 处
3	管端缝净距	±8	尺量	每间不少于 4 处
4	每跨顺管方向错位	±15	拉线尺量	每间不少于 2 处
5	每跨管端头错位	±15	拉线尺量	每间不少于 2 处
6	管裂纹宽度	3	尺量	全　数

2)顶板钢筋安装允许偏差和混凝土允许偏差见相关工艺标准的要求。

要点 16:无黏结预应力混凝土结构施工

1.施工要求

(1)无黏结预应力筋的制作。

1)无黏结预应力筋的制作采用挤塑成型工艺,由专业化工厂生产,涂料层的涂敷和护套的制作应连续一次完成,涂料层防腐油脂应完全填充预应力筋与护套之间的空间,外包层应松紧适度。

2)无黏结预应力筋在工厂加工完成后,可按使用要求整盘包装并符合运输要求。

(2)无黏结预应力筋下料组装。

1)挤塑成型后的无黏结预应力筋应按工程所需的长度和锚固形式进行下料和组装;并应采取局部清除油脂或加防护帽等措施防止防腐油脂从筋的端头溢出,沾污非预应力筋等。

2)无黏结预应力筋下料长度,应综合考虑其曲率、锚固端保护层厚度、张拉伸长值及混凝土压缩变形等因素,并应根据不同的张拉工艺和锚固形式预留张拉长度。

3)钢绞线挤压锚具挤压时,在挤压模内腔或挤压套外表面应涂专用润滑油,压力表读数应符合操作使用说明书的规定。挤压锚具组装后,采用紧楔机将其压入承压板锚座内固定。

4)下料组装完成的无黏结预应力筋应编号、加设标记或标牌、分类存放以备使用。

(3)无黏结预应力筋的铺放。

1)无黏结预应力筋铺放之前,应及时检查其规格尺寸和数量,逐根检查并确认其端部组装配件可靠无误后,方可在工程中使用。对护套轻微破损处,可采用外包防水聚乙烯胶带进行修补,每圈胶带搭接宽度不应小于胶带宽度的1/2,缠绕层数不少于2层,缠绕长度应超过破损长度30 mm,严重破损的应予以报废。

2)张拉端端部模板预留孔应按施工图中规定的无黏结预应力筋的位置编号和钻孔。

3)张拉端的承压板应采用与端模板可靠的措施固定定位,且应保持张拉作用线与承压面相垂直。

4)无黏结预应力筋应按设计图纸的规定进行铺放。铺放时应符合下列要求:

・无黏结预应力筋采用与普通钢筋相同的绑扎方法,铺放前应通过计算确定无黏结预应力筋的位置,其垂直高度宜采用支撑钢筋控制,或与其他主筋绑扎定位,无黏结预应力筋束形控制点的设计位置偏差,应符合相关的规定。无黏结预应力筋的位置宜保持顺直。

・平板中无黏结预应力筋的曲线坐标宜采用马凳或支撑件控制,支撑间距不宜大于2.0 m。无黏结预应力筋铺放后应与马凳或支撑件可靠固定。

・铺放双向配置的无黏结预应力筋时,应对每个纵横交叉点相应的2个标高进行比较,对各交叉点标点较低的无黏结预应力筋应先进行铺放,标高较高的次之,宜避免两个方向的无黏结预应力筋相互穿插铺放。

・敷设的各种管线不应将无黏结预应力筋的设计位置改变。

·当采用多根无黏结预应力筋平行带状布束时,宜采用马凳或支撑件支撑固定,保证同束中各根无黏结预应力筋具有相同的矢高;带状束在锚固端应平顺地张开。

·当采用集团束配置多根无黏结预应力筋时,应采用钢筋支架控制其位置,支架间距宜为 1.0~1.5 m。同一束的各根筋应保持平行走向,防止相互扭绞。

·无黏结预应力筋采取竖向、环向或螺旋形铺放时,应有定位支架或其他构造措施控制设计位置。

5)在板内无黏结预应力筋绕过开洞处分两侧铺设,其离洞口的距离不宜小于 150 mm,水平偏移的曲率半径不小于 6.5 m,洞口四周边应配置构造钢筋加强;当洞口较大时,应沿洞口周边设置边梁或加强带,以补足被孔洞削弱的板或肋的承载力和截面刚度。

6)夹片锚具系统张拉端和固定端的安装,应符合下列规定:

·张拉端锚具系统的安装,无黏结预应力筋两端的切线应与承压板相垂直,曲线的起始点至张拉锚固点应有不小于 300 mm 的直线段;单根无黏结预应力筋要求的最小弯曲半径对 ϕ_s12.7 mm 和 ϕ_s15.2 mm 钢绞线分别不宜小于 1.5 m 和 2.0 m。在安装带有穴模或其他预先埋入混凝土中的张拉端锚具时,各部件之间应连接紧密。

·固定端锚具系统的安装,将组装好的固定端锚具按设计要求的位置绑扎牢固,内埋式固定端垫板不得重叠,锚具与垫板应连接紧密。

·张拉端和固定端均应按设计要求配置螺旋筋或钢筋网片,螺旋筋和钢筋网片均应紧靠承压板或连体锚板。

(4)浇筑混凝土。

1)浇筑混凝土时,除按有关规范的规定执行外,尚应遵守下列规定:

·无黏结预应力筋铺放、安装完毕后,应进行隐蔽工程验收,当确认合格后方可浇筑混凝土。

·混凝土浇筑时,严禁踏压撞碰无黏结预应力筋、支撑架以及端部预埋部件。

·张拉端、固定端混凝土必须振捣密实。

2)浇筑混凝土使用振捣棒时,不得对无黏结预应力筋、张拉与固定端组件直接冲击和持续接触振捣。

3)为确定无黏结预应力筋张拉时混凝土的强度,可增加两组同条件养护试块。

(5)无黏结预应力筋张拉。

1)安装锚具前,应清理穴模与承压板端面的混凝土或杂物,清理外露预应力筋表面。检查锚固区域混凝土的密实性。

2）锚具安装时，锚板应调整对中，夹片安装缝隙均匀并用套管打紧。

3）预应力筋张拉时，对直线的无黏结预应力筋，应保证千斤顶的作用线与无黏结预应力筋中心线重合；对曲线的无黏结预应力筋，应保证千斤顶的作用线与无黏结预应力筋中心线末端的切线重合。

4）无黏结预应力筋的张拉控制应力不宜超过 $0.75f_{ptk}$ 并应符合设计要求。如需提高张拉控制应力值时，不得大于 $0.8f_{ptk}$。

5）当采用超张拉方法减少无黏结预应力筋的松弛损失时，无黏结预应力筋的张拉程序宜为：从 0 开始张拉至 1.03 倍预应力筋的张拉控制应力。

6）无黏结预应力筋计算伸长值 Δl_p，可按下式计算：

$$\Delta l_p = \frac{F_{pm} l_p}{A_p E_p}$$

式中　　F_{pm}——无黏结预应力筋的平均张拉力（kN），取张拉端的拉力与固定端（两端张拉时，取跨中）扣除摩擦损失后拉力的平均值，或按理论公式计算；

　　　　l_p——无黏结预应力筋的长度（mm）；

　　　　A_p——无黏结预应力筋的截面面积（mm²）；

　　　　E_p——无黏结预应力筋的弹性模量（kN/mm²）。

7）预应力筋的张拉步骤与实际张拉伸长值记录，应从零应力加载至初拉力开始，测量伸长值初读数，再以均匀速度分级加载分级测量伸长值至终拉力。

8）当采用应力控制方法张拉时，应校核无黏结预应力筋的伸长值，当实际伸长值与设计计算伸长值相对偏差超过 ±6％ 时，应暂停张拉，查明原因并采取措施予以调整后，方可继续张拉。

9）当无黏结预应力筋采取逐根或逐束张拉时，应保证各阶段不出现对结构不利的应力状态。同时宜考虑后批张拉的无黏结预应力筋产生的结构构件的弹性压缩对先批张拉预应力筋的影响，确定张拉力。

10）无黏结预应力筋的张拉顺序应符合设计要求，如设计无要求时，可采用分批、分阶段对称或依次张拉。

11）当无黏结预应力筋长度超过 30 m 时，宜采取两端张拉；当筋长超过60 m 时，宜采取分段张拉和锚固。当有设计与施工实测依据时，无黏结预应力筋的长度可不受此限制。

12）无黏结预应力筋张拉时，应按要求逐根对张拉力、张拉伸长值、异常现象等进行详细记录。

13）夹片锚具张拉时，应符合下列要求：

· 锚固采用液压顶压器顶压时，千斤顶应在保持张拉力的情况下进行顶压，顶压压力应符合设计规定值。

· 锚固阶段张拉端无黏结预应力筋的内缩量应符合设计要求；当设计无具体要求时，其内缩量应符合相关标准的规定。为减少锚具变形的预应力筋内缩造成的预应力损失,可进行二次补拉并加垫片,二次补拉的张拉力为控制张拉力。

14)当无黏结预应力筋设计为纵向受力钢筋时,侧模可在张拉前拆除,但下部支撑体系应在张拉工作完成之后拆除,提前拆除部分支撑应根据计算确定。

15)张拉后应采用砂轮锯或其他机械方法切割夹片外露部分的无黏结预应力筋,其切断后露出锚具夹片外的长度不得小于 30 mm。

(6)锚具系统封闭。

1)无黏结预应力筋张拉完毕后,应及时对锚固区进行保护。当锚具采用凹进混凝土表面布置时,宜先切除外露无黏结预应力筋多余长度,在夹片及无黏结预应力筋端头外露部分应涂专用防腐油脂或环氧树脂,并罩帽盖进行封闭,该防护帽与锚具应可靠连接。然后应采用微膨胀混凝土或专用密封砂浆进行封闭。

2)锚固区也可用后浇的外包钢筋混凝土圈梁进行封闭,但外包圈梁不宜突出在外墙面以外。当锚具凸出混凝土表面布置时,锚具的混凝土保护层厚度不应小于 50 mm;外露预应力筋的混凝土保护层厚度要求:处于一类室内正常环境时,不应小于 30 mm;处于二类、三类易受腐蚀环境时,不应小于 50 mm。

2.质量要求

(1)主控项目。

1)无黏结预应力筋进场时,应按现行国家标准《预应力混凝土用钢绞线》(GB/T 5224—2003/XG1—2008)等的规定抽取试件作力学性能检验,其质量必须符合有关标准的规定。

2)无黏结预应力筋的涂包质量应符合现行行业标准《无黏结预应力钢绞线》(JG 161—2004)和《无黏结预应力筋专用防腐润滑脂》(JG 3007—1993)的规定。

3)无黏结预应力筋用锚具、夹具和连接器应按设计要求采用,其性能应符合现行国家标准《预应力筋用锚具、夹具和连接器》(GB/T 14370—2007)等的规定。

4)无黏结预应力筋安装时,其品种、级别、规格、数量必须符合设计要求。施工过程中应避免电火花损伤无黏结预应力筋,受损伤的无黏结预应力筋应予以更换。

5)预应力筋的张拉力、张拉顺序及张拉工艺应符合设计技术方案的要求。当采用应力控制方法张拉时,应校核预应力筋的伸长值。张拉实际伸长值与计算伸长值的偏差不应超过±6%,其合格点率应达到95%,且最大偏差不应超过±10%。

6)预应力筋张拉锚固后实际建立的预应力值与工程设计规定检验值的相对允许偏差为±5%。

7)张拉过程中应防止预应力筋断裂或滑脱;当发生断裂或滑脱时,必须符合下列规定:断裂或滑脱的数量严禁超过同一截面预应力筋总根数的2%,且每束钢丝不得超过1根;对多跨双向连续板和密肋梁,其同一截面应按开间计算。

8)锚具的封闭保护应符合设计要求;当设计无具体要求时,应符合下列规定:

· 应采取防止锚具腐蚀和遭受机械损伤的有效措施。

· 凸出式锚固端锚具的保护层厚度不应小于50 mm。

· 锚具外露预应力筋的保护厚度:处于一类正常环境时,不应小于30 m,处于二、三类易受腐蚀的环境时,不应小于50 mm。

(2)一般项目。

1)无黏结预应力筋护套应光滑完整、无裂缝,无明显褶皱。无黏结预应力筋护套轻微破损者应外包防水聚乙烯胶带修补,严重破损者不得使用。

2)无黏结预应力筋用锚具、夹具和连接器使用前进行外观检查,其表面应无污物、锈蚀、机械损伤和裂纹。

3)无黏结预应力筋下料应采用砂轮锯或机械切断机切断,不得采用电弧切割。

4)挤压锚具制作时压力表油压应符合操作说明书的规定,挤压后预应力筋外端应露出挤压套管1~5 mm。

5)预应力筋束形控制点的设计位置偏差应符合表3-35的规定。

6)无黏结预应力筋的铺设除应符合第(5)条的规定外,尚应符合下列要求:

· 无黏结预应力筋的定位应牢固,浇筑混凝土时不应出现移位和变形。

· 端部的预埋锚垫板应垂直于预应力筋。

· 内埋式固定端垫板不应重叠,锚具与垫板应贴紧。

· 无黏结预应力筋成束布置时能保证混凝土密实并能裹住预应力筋。

7)对夹片锚具系统,锚固阶段张拉端锚具变形和预应力筋的内缩量应符合设计要求;当设计无具体要求时,应符合表3-36的规定。

8)预应力筋锚固后的外露部分宜采用机械方法切割,其外露长度不得小于30 mm。

要点17:后张有黏结预应力混凝土结构施工

1.施工要点

(1)预应力筋制作。

1)预应力筋制作或组装时,不得采用加热、焊接或电弧切割。在预应力筋近旁对其他部件进行气割或焊接时,应防止预应力筋受焊接火花或接地电流的影响。

2)预应力筋应在平坦、洁净的场地上采用砂轮锯或切割机下料,其下料长度宜采用钢尺丈量。

3)钢丝束预应力筋的编束、镦头锚板安装及钢丝镦头宜同时进行。钢丝的一端先穿入镦头锚板并镦头,另一端按相同的顺序分别编扎内外圈钢丝,以保证同一束内钢丝平行排列且无扭绞情况。

4)钢绞线挤压锚具挤压时,在挤压模内腔或挤压套外表面应涂专用润滑油,压力表读数应符合操作使用说明书的规定。挤压锚具组装后,采用紧楔机将其压入承压板锚座内固定。

(2)预应力孔道成型。

1)预应力孔道曲线坐标位置应符合设计要求,波纹管束形的最高点、最低点、反弯点等为控制点,预应力孔道曲线应平滑过渡。

2)曲线预应力束的曲率半径不宜小于 4 m。锚固区域承压板与曲线预应力束的连接应有不小于 300 mm 的直线过渡段,直线过渡段与承压板相垂直。

3)预埋金属波纹管安装前,应按设计要求确定预应力筋曲线坐标位置,点焊 $\phi 8 \sim 10$ 钢筋支托,支托间距为 $1.0 \sim 1.2$ m。波纹管安装后,应与钢筋支托可靠固定。

4)金属波纹管的连接接长,可采用大一号同型号波纹管作为接头管。接头管的长度宜取管径的 $3 \sim 4$ 倍。接头管的两端应采用热塑管或粘胶带密封。

5)灌浆管、排气管或泌水管与波纹管的连接时,先在波纹管上开适当大小的孔洞,覆盖海绵垫和塑料弧形压板并与波纹管扎牢,再采用增强塑料管与弧形压板的接口绑扎连接,增强塑料管伸出构件表面外 $400 \sim 500$ mm。图 3-43 为灌浆管、排气管节点图。

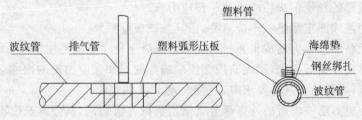

图 3-43　灌浆管、排气管节点示意图

6)竖向预应力结构采用钢管成孔时应采用定位支架固定,每段钢管的长度应根据施工分层浇筑高度确定。钢管接头处宜高于混凝土浇筑面 $500 \sim 800$ mm,并用堵头临时封口。

7)混凝土浇筑使用振捣棒时,不得对波纹管和张拉与固定端组件直接冲击和持续接触振捣。

(3)预应力孔道穿束。

1)预应力筋可在浇筑混凝土前(先穿束法)或浇筑混凝土后(后穿束法)穿入孔道,根据结构特点和施工条件等要求确定。固定端埋入混凝土中的预应力束采用先穿束法安装,波纹管端头设灌浆管或排气管,使用封堵材料可靠密封,如图 3-44 所示。

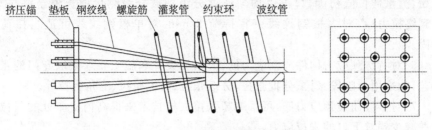

挤压锚　垫板　钢绞线　螺旋筋　灌浆管　约束环　波纹管

图 3-44　埋入混凝土中固定端构造

2)混凝土浇筑后,对后穿束预应力孔道,应及时采用通孔器通孔或其他措施清理成孔管道。

3)预应力筋穿束可采用人工、卷扬机或穿束机等动力牵引或推送穿束;依据具体情况可逐根穿入或编束后整束穿入。

4)竖向孔道的穿束,宜采用整束由下向上牵引工艺,也可单根由上向下逐根穿入孔道。

5)浇筑混凝土前先穿入孔道的预应力筋,应采用端部临时封堵与包裹外露预应力筋等防止腐蚀的措施。

(4)预应力筋张拉。

1)预应力筋的张拉顺序,应根据结构体系与受力特点、施工方便、操作安全等综合因素确定。在现浇预应力混凝土楼盖结构中,宜先张拉楼板、次梁,后张拉主梁。预应力构件中预应力筋的张拉顺序,应遵循对称与分级循环张拉原则。

2)预应力筋的张拉方法,应根据设计和施工计算要求采取一端张拉或两端张拉。采用两端张拉时,宜两端同时张拉,也可一端先张拉,另一端补张拉。

3)对同一束预应力筋,应采用相应吨位的千斤顶整束张拉。对直线束或平行排放的单波曲线束,如不具备整束张拉的条件,也可采用小型千斤顶逐根张拉。

4)预应力筋张拉计算伸长值 ΔL_p,可按下式计算:

$$\Delta L_p = \frac{F_{pm} l_p}{A_p E_p}$$

式中　　F_{pm}——预应力筋的平均张拉力(kN),取张拉端的拉力与固定端(两端张拉时,取跨中)扣除摩擦损失后拉力的平均值,或按理论公式精确计算;

l_p——预应力筋的长度(mm);

A_p——预应力筋的截面积(mm²);

E_p——预应力筋的弹性模量(kN/mm²)。

5)预应力筋的张拉步骤与实际张拉伸长值记录,应从零应力加载至初拉力开始,测量伸长值初读数,再以均匀速度分级加载分级测量伸长值至终拉力。达到终拉力后,对多根钢绞线束宜持荷 2 min,对单根钢绞线可适当持荷后锚固。

6)对特殊预应力构件或预应力筋,应根据设计和施工要求采取专门的张拉工艺,如采用分阶段张拉、分批张拉、分级张拉、分段张拉、变角张拉等。

7)对多波曲线预应力筋,可采取超张拉回松技术来提高内支座处的张拉应力并减少锚具下口的张拉应力。

8)预应力筋张拉过程中实际伸长值与计算伸长值的允许偏差为±6%,如超过允许偏差,应查明原因采取措施后方可继续张拉。

9)预应力筋张拉时,应按要求对张拉力、压力表读数、张拉伸长值、异常现象等进行详细记录。

(5)孔道灌浆及锚具防护。

1)灌浆前应全面检查预应力筋孔道、灌浆管、排气管与泌水管等是否畅通,必要时可采用压缩空气清孔。

2)灌浆设备的配备必须保证连续工作和施工条件的要求。灌浆泵应配备计量校验合格的压力表。灌浆前应检查配套设备、灌浆管和阀门的可靠性。注入泵体的水泥浆应经过筛滤,滤网孔径不宜大于 2 mm 与输浆管连接的出浆孔孔径不宜小于 10 mm。

3)掺入高性能外加剂拌制的水泥浆,其水灰比宜为 0.35~0.38 mm,外加剂掺量严格按试验配比执行。严禁掺入各种含氯盐或对预应力筋有腐蚀作用的外加剂。

4)水泥浆的可灌性用流动度控制:采用流淌法测定时宜为 130~180 mm,采用流淌法测定时宜为 12~18 s。

5)水泥浆宜采用机械拌制,应确保灌浆材料的拌和均匀。运输和间歇过长产生沉淀离析时,应进行二次搅拌。

6)灌浆顺序宜先灌下层孔道,后灌上层孔道。灌浆工作应匀速连续进行,直至排气管排出浓浆为止。在灌满孔道封闭排气管后,应再继续加压至 0.5~0.7 MPa,稳压 1~2 min 之后封闭灌浆孔。当发生孔道阻塞、串孔或中断灌浆时,应及时冲洗孔道或采取其他措施重新灌浆。

7)当孔道直径较大,或采用不掺微膨胀剂和减水剂的水泥净浆灌浆时,可采用下列措施:

· 二次压浆法:二次压浆之间的时间间隔为 30~45min。

· 重力补浆:在孔道最高点处至少 400 mm 以上连续不断地补浆,直至浆体不下沉为止。

8)竖向孔道灌浆应自下而上进行,并应设置阀门,阻止水泥浆回流。为确保其灌浆密实性,除掺微膨胀剂和减水剂外,并应采用重力补浆。

9)采用真空辅助孔道灌浆时,在灌浆端先将灌浆阀、排气阀全部关闭、在排浆端启动真空泵,使孔道真空度达到 0.08~0.1 MPa 并保持稳定;然后启动灌浆泵开始灌浆。在灌浆过程中,真空泵保持连续工作,待抽真空端有浆体经过时关闭通向真空泵的阀门,同时打开位于排浆端上方的排浆阀门,排出少量浆体后关闭。灌浆工作继续按常规方法完成。

10)当室外温度低于 5 ℃时,孔道灌浆应采取抗冻保温措施。当室外温度高于 35 ℃时,宜在夜间进行灌浆。水泥浆灌入前的温度不应超过 35 ℃。

11)预应力筋的外露部分宜采用机械方法切割。预应力筋的外露长度,不宜小于其直径的 1.5 倍,且不宜小于 30 mm。

12)锚具封闭前应将周围混凝土凿毛并清理干净,对凸出式锚具应配置保护钢筋网片。

13)锚具封闭防护宜采用与构件同强度等级的细石混凝土,也可采用膨胀混凝土、低收缩砂浆等材料。如图 3-45 所示为锚具封闭构造平面图(H 为锚板厚度)。

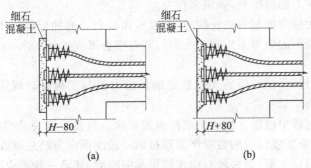

图 3-45 锚具封堵构造平面图

(a)凸出式锚具封闭;(b)凹入式锚具封闭

2.质量要点

(1)主控项目。

1)预应力筋进场时,应按现行国家标准《预应力混凝土用钢丝》(GB/T 5223—2002/XG2—2008)和《预应力混凝土用钢绞线》(GB/T 5224—2003/XG1—2008)等的规定抽取试件作外观质量与力学性能检验,其质量必须符合有关标准的规定。

2)预应力筋用锚具、夹具和连接器应按设计与施工方案的要求采用,其性能应符合现行国家标准《预应力筋用锚具、夹具和连接器》(GB/T 14370—2007)等的规定。

3)孔道灌浆用水泥应采用普通硅酸盐水泥,其质量应符合《通用硅酸盐水泥》(GB 175—2007/XG1—2009)等有关规定。灌浆用外加剂的质量应符合《混凝土外加剂》(GB 8076—2008)和《混凝土外加剂应用技术规范》(GB 50119—2003)等的规定。

4)预应力筋安装时,其品种、级别、规格、数量必须符合设计要求。

5)施工过程中应防止电火花损伤预应力筋。如有受电火花损伤的预应力筋,则应予以更换。

6)预应力筋张拉时,混凝土强度应符合设计要求;当设计无具体要求时,不应低于设计的混凝土立方体抗压强度标准值的75%。

7)预应力筋的张拉力、张拉顺序及张拉工艺应符合设计与施工技术方案的要求,并应符合下列规定:

· 当施工需要超张拉时,张拉控制应力不得大于 $0.8\,f_{ptk}$。

· 张拉工艺应能保证同一束中各根预应力筋的应力均匀一致,即多根预应力筋宜采用整体张拉工艺,当各根预应力筋可保持平行时,也可采用逐根张拉方法。

· 当预应力筋是逐根或逐束分阶段张拉时,应保证各阶段不出现对结构不利的应力状态;同时宜考虑后批张拉预应力筋所产生的结构构件的弹性压缩对先批张拉预应力筋的影响,确定张拉力。

· 当采用应力控制方法张拉时,应校核预应力筋的伸长值。张拉实际伸长值与计算伸长值的偏差不应超过±6%,其合格点率应达到95%,且最大偏差不应超过±10%。

8)预应力筋张拉锚固后实际建立的预应力值与工程设计规定检验值的相对允许偏差为±5%。

9)张拉过程中应防止预应力筋断裂或滑脱。当发生断裂或滑脱时,必须符合下列规定:断裂或滑脱的数量严禁超过同一截面预应力筋总根数的3%,且每束钢丝不得超过1根;对多跨双向连续板和密肋梁,其同一截面应按开间计算。

10)后张有黏结预应力筋张拉后尽早进行孔道灌浆,孔道内水泥浆应饱满、密实。

11)锚具的封闭保护应符合设计要求;当设计无具体要求时,应符合下列规定:

· 应采取防止锚具腐蚀和遭受机械损伤的有效措施。

· 凸出式锚固端锚具的保护层厚度不应小于 50 mm。

· 锚具外露预应力筋的保护厚度:处于一类正常环境时,不应小于 30 mm;处于二、三类易受腐蚀的环境时,不应小于 50 mm。

(2)一般项目。

1)预应力筋应采用砂轮锯或切断机切割下料,不得采用电弧切割。

2)预应力钢丝束锚具的制作质量应符合下列要求:

· 当钢丝束两端采用镦头锚具时,同一束中各根钢丝长度的最大偏差不应大于钢丝长度1/5000,且不得大于 5 mm。当成组张拉长度不大于 10 m 的钢丝时,同组钢丝长度的最大偏差不得大于 2 mm。

・钢丝镦头的强度不得低于钢丝强度标准值的 98%。

3)预应力钢绞线固定端锚具的制作质量应符合下列要求:

・挤压锚具制作时压力表油压应符合操作说明书的规定,挤压后预应力筋外端应露出挤压套管 1~5 mm。

・钢绞线压花锚成形时,表面应清洁、无油污,梨形头尺寸和直线锚固段长度不应小于设计值。

4)后张有黏结预应力筋预留孔道的规格、数量、位置和形状除应符合设计要求外,尚应符合下列规定:

・预留孔道定位应牢固,浇筑混凝土时不应出现移位和变形。

・孔道应平顺,端部的预埋锚垫板应垂直于孔道中心线。

・成孔用管道应密封良好,接头应严密且不得漏浆。

・灌浆孔的间距:对预埋金属螺旋管不宜大于 30 m,不应大于 45 m。真空辅助孔道灌浆不受此限制。

・在曲线孔道的波峰部位应设置排气兼泌水管,必要时可在最低点设置排水孔。

・灌浆孔及泌水管的孔径应能保证浆液畅通。

5)预应力筋束形控制点的设计位置偏差应符合表 3-38 规定。

表 3-38　束形控制点的设计位置允许偏差

截面高(厚)度/mm	$h \leqslant 300$	$300 < h \leqslant 1\ 500$	$h > 1\ 500$
允许偏差/mm	±5	±10	±15

6)锚固阶段张拉端锚具变形和预应力筋的内缩量应符合设计要求;当设计无具体要求时,应符合表 3-39 的规定。

表 3-39　张拉端锚具变形和预应力筋的内缩量限值　　(单位:mm)

锚 具 类 别		内缩量限值
支承式锚具 (镦头锚具等)	螺母缝隙	1
	每块后加垫板的缝隙	2
锥塞式锚具		5
夹片式锚具	有顶压	5
	无顶压	6~8

7)灌浆用水泥浆的 28 天标准养护抗压强不应小于 30 N/mm²。

第三节　模板工程

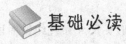 基础必读

要点 1：模板计算内容及方法

1.模板计算的内容

(1)模板设计。根据工程结构形式和特点及现场施工条件,对模板进行计算设计,确定模板平面布置,纵横龙骨规格、数量、排列尺寸、柱箍选用的形式及间距、梁板支撑间距,模板组装形式(就位拼装或预制拼装)、连接节点大样。验算模板和支撑的强度、刚度及稳定性。绘制全套模板设计图(模板平面图、分块图、组装图、节点大样图、冷件大样图,楼板预埋模板支撑点位置及大样图)。模板数量应在模板设计时按流水段划分,进行综合研究,确定模板的合理配置数量。

(2)弹好楼层的墙边线、柱边线、楼层标高线和模板控制线、门窗洞口位置线。

(3)混凝土接槎处施工缝模板安装前,应预先将已硬化混凝土表面的水泥薄膜或松散混凝土及其砂浆软弱层全部剔凿到露出石子,并冲洗、清理干净不留明水。外露钢筋插铁粘有灰浆油污时应清刷干净。

(4)安装模板前应将模板表面清理干净,刷好隔离剂,涂刷均匀,不得漏刷,且墙柱模上不得流淌,梁板底模上不得用油性隔离剂。

(5)列出工程梁板拆模强度百分比一览表,并配平面图。

2.模板计算的方法

(1)模板面板的计算。模板面板通常采用钢模板、双面覆膜多层板、竹胶板。模板面板为受弯结构,主要验算其抗弯强度及刚度。一般双面覆膜多层板、竹胶板面的验算,根据其龙骨(楞)的间距和模板面的大小,按单向简支或连续板计算。

1)抗弯强度计算。

·钢面板抗弯强度 σ 应按下式计算：

$$\sigma = \frac{M_{\max}}{W_{\mathrm{n}}} \leqslant f$$

式中　$M_{\max}$——最不利弯矩设计值,取均布荷载与集中荷载分别作用,取计算结果的大值;

　　　W_{n}——净截面模量,按表 3-40 或 3-41 查取;

　　　f——钢材的抗弯强度设计值。

表 3-40　2.3 mm 厚面板力学性能表

模板宽度 /mm	截面积 A/mm^2	中性轴位置 Y_0/mm	x 轴截面惯性矩 I_x/cm^4	截面最小模量 W_x/cm^3	截面简图
300	1080 (978)	11.1 (10.0)	27.91 (26.39)	6.36 (5.86)	
250	965 (863)	12.3 (11.1)	26.62 (25.38)	6.23 (5.78)	
200	702 (639)	10.6 (9.5)	17.63 (16.62)	3.97 (3.65)	
150	587 (524)	12.5 (11.3)	16.40 (15.64)	3.86 (3.58)	
100	472 (409)	15.3 (14.2)	14.54 (14.11)	3.66 (3.46)	

注:1. 表中没有括号的数字为毛截面,有括号数字为净截面。

2. 表中各种宽度的模板,其长度规格有 1.5 m、1.2 m、0.9 m、0.75 m、0.6 m 和 0.45 m,高度全为 55 mm。

表 3-41　2.5 mm 厚面板力学性能表

模板宽度 /mm	截面积 A/mm^2	中性轴位置 Y_0/mm	x 轴截面惯性矩 I_x/cm^4	截面最小模量 W_x/cm^3	截面简图
300	114.4 (104.0)	10.7 (9.6)	28.59 (26.97)	6.45 (5.94)	
250	101.9 (91.5)	11.9 (10.7)	27.33 (25.98)	6.34 (5.86)	
200	76.3 (69.4)	10.7 (9.6)	19.06 (17.98)	4.3 (3.96)	
150	63.8 (56.9)	12.6 (11.4)	17.71 (16.91)	4.18 (3.88)	
100	51.3 (44.4)	15.3 (14.3)	15.72 (15.25)	3.96 (3.75)	

· 木面板抗弯强度 σ_m 应按下式计算:

$$\sigma_m = \frac{M_{\max}}{W} \leqslant f_m$$

式中　$M_{\max}$——最不利弯矩设计值,取均布荷载与集中荷载分别作用取计算结果的大值;

　　　W——木截面模量;

f_m——木材抗弯强度设计值。

·胶合板面板抗弯强度 σ_j 应按下式计算：

$$\sigma_j = \frac{M_{max}}{W} \leqslant f_{jm}$$

式中　　M_{max}——最不利弯矩设计值,取均布荷载与集中荷载分别作用取计算
　　　　　　　　　结果的大值;

　　　　　W——胶合板截面模量;

　　　　　f_{jm}——胶合板的抗弯强度设计值。

2)挠度 ν 计算。挠度应按下式计算:

$$\nu = \frac{5q_k L^4}{384EI_x} \leqslant [\nu]$$

$$\nu = \frac{5g_k L^4}{384EI_x} + \frac{P_k L^3}{48EI_x} \leqslant [\nu]$$

式中　　q_k——恒、活荷载均布线荷载标准值;

　　　　　g_k——恒荷载均布线荷载标准值;

　　　　　P_k——集中荷载标准值;

　　　　　E——弹性模量;

　　　　　I_x——截面惯性矩;

　　　　　L——面板计算跨度;

　　　　　$[\nu]$——容许挠度。

(2)支承龙骨的计算。用组合钢模板组装现浇楼板和墙体模板时,用钢楞支承钢模板。直接支承钢模板的钢楞称为次龙骨,用以支撑次龙骨的钢楞称为主龙骨。组装楼板时,主龙骨支承在立柱上,立柱作为主龙骨支点。当组装墙体模板时,通过拉杆将墙体两片模板拉结,每个拉杆成为主龙骨的支点。

1)次龙骨计算原则。

·次龙骨直接承受钢模板传递的多点集中荷载,为简化计算,通常按均布荷载计算;

·主龙骨的间距 L 为次龙骨的计算跨度,一般为两跨以上连续梁。当跨度不等时,按不等跨连续梁计算;

·龙骨带悬臂时,应同时验算悬臂端的抗弯强度和挠度。

2)主龙骨计算原则。

·主龙骨承受次龙骨传递的集中荷载,楼板模板计算主龙骨时,施工荷载取 $1.5\ kN/m$;

·楼板模板或立柱拉杆的间距 L 为主龙骨的计算跨度,根据实际情况按连续梁、简支梁或悬臂梁分别进行抗弯强度与挠度的验算。

3)次龙骨的验算。

· 强度（M）验算：当墙厚大于 100 mm 时，强度验算考虑新浇混凝土侧压力与倾倒混凝土时产生的荷载；当墙体厚度不大于 100 mm 时，强度验算需考虑振捣混凝土时产生的荷载与倾倒混凝土时产生的荷载。

$$M=\frac{1}{8}ql^2(\text{N}\cdot\text{mm})\quad\text{（当 }\sigma=\frac{M}{W_x}<[f]\text{时，强度满足要求）}$$

式中　　q——均布荷载设计值（N/mm²）；

　　　　l——次龙骨有效计算跨度（mm）；

　　　　W_x——次龙骨净截面抵抗矩（mm³）；

　　　　$[f]$——次龙骨抗弯强度设计值（N/mm²）。

· 挠度验算：验算挠度时，仅采用新浇混凝土侧压力的标准值。

当 $\nu=\frac{5q_2l^4}{384EI_x}<[\nu]$时，挠度满足要求。

式中　　q_2——均布荷载标准值（N/mm²）；

　　　　l——次龙骨有效计算跨度（mm）；

　　　　E——次龙骨弹性模量（N/mm²）；

　　　　I_x——次龙骨净截面惯性矩（mm⁴）；

　　　　$[\nu]$——容许挠度值（mm）。

4)主龙骨验算。

· 荷载计算：P 为次龙骨支座最大反力（N）。

$$P=(0.6+0.5)ql$$

式中　　q——次龙骨所承受的均布荷载设计值（N/mm²）；

　　　　l——次龙骨有效间距（mm）。

· 强度（M）验算：

$$M=\frac{1}{4}Pl(\text{N}\cdot\text{mm})\quad\text{（当 }\sigma=\frac{M}{W_x}<[f]\text{时，强度满足要求）}$$

式中　　W_x——主龙骨净截面抵抗矩（mm³）；

　　　　$[f]$——主龙骨抗弯强度设计值（N/mm²）。

强度不够时，可增加穿墙螺栓数量或加大龙骨断面后，再次进行验算。

（3）对拉螺栓的计算。

对拉螺栓用于墙体模板内、外侧模之间的拉结，承受混凝土的侧压力和其他荷载，确保内外侧模板的间距能满足设计要求，同时也是模板及其支撑结构的支点。模板对拉螺栓计算公式如下：

$$N\leqslant A_nf$$

式中　　N——对拉螺栓所承受拉力的设计值。一般主要是混凝土的侧压力
　　　　　　（N/m²）；

　　A_n——对拉螺栓净截面面积(mm^2);

　　　f——对拉螺栓抗拉强度设计值(穿墙螺栓,$f_t^b = 170$N/mm^2,用扁钢带 $f = 215$N/mm^2)。

　　(4)柱箍计算。柱箍是柱模板面板的横向支撑构件。它一方面作为柱模板的横向支撑楞,同时又是将整个柱模板箍紧成整体的紧固件。其受力状态为拉弯杆件,应按拉弯杆件计算。

　　1)柱箍强度计算:

$$\frac{N}{A_n} + \frac{M_x}{\gamma_x W_{nx}} \leqslant [f]$$

$$M_x = \frac{q_1 L_2^2}{8} = \frac{F_1 l_1 l_2^2}{8}$$

式中　　　N——柱箍杆件承受的轴向拉力设计值(N);

　　　A_n——柱箍杆有效截面积(mm^2);

　　　M_x——柱箍杆件最大弯矩设计值(N·mm);

　　　γ_x——弯矩作用平面内,截面塑性发展系数,因为柱箍为受振动荷载,$\gamma_x = 1.0$;

　　W_{nx}——弯矩作用平面内,受拉纤维净截面抵抗矩(mm^3);

　　　$[f]$——柱箍钢杆件抗拉强度设计值(N/mm^2)。

　　　q_1——柱箍杆件承受的由模板面板传来的侧压力均布荷载设计值(kN/m);

　　　l_1——柱箍间距(mm);

　　　l_2——矩形柱长边尺寸(mm);

　　　F_1——混凝土侧压力设计值(N/mm^2);

　　2)柱箍挠度计算:

$$v = \frac{5q_2 l_2^4}{384 EI_x} = \frac{5F_2 l_1 l_2^4}{384 EI_x} \leqslant [v]$$

式中　　$[v]$——柱箍杆件允许挠度值(mm);

　　　q_2——柱箍杆件承受的由模板面板传来的侧压力均布荷载标准值(kN/m);

　　　F_2——混凝土侧压力标准值(N/mm^2);

　　　E——柱箍钢杆件的弹性模量(N/mm^2);

　　　I_x——弯矩作用平面内,柱箍杆件惯性矩(mm^4);

　　　l_1——柱箍间距(mm);

　　　l_2——矩形柱长边尺寸(mm)。

　　(5)模板支柱计算。模板支柱主要承受模板结构的垂直荷载,一般按两端铰接的轴心受压杆件计算。工具式钢支柱,由于插管与套管之间的间隙,一般按偏心受压杆件计算。

当模板支柱之间不设水平拉杆支撑时,其计算长度 $L_0=L$(支柱的长度);当支柱之间两个方向设水平拉杆支撑时,计算长度 L_0 应按支柱长度被水平支撑分成若干段长度中最长的一段作为计算长度。

1)木支柱计算。

· 强度验算:

$$\frac{N}{A_n} \leqslant mf_c$$

· 稳定性验算:

$$\frac{N}{\varphi A_0} \leqslant mf_c$$

式中　　N——轴心压力设计值(N);

A_n——木立柱的净截面面积(mm^2);

f_c——木材顺纹抗压强度设计值(N/mm^2);

A_0——木立柱毛截面面积(mm^2),当木立柱无缺口时,$A_0=A_n$;

φ——轴心受压杆件稳定系数,根据木立柱的长细比 λ 求得,$\lambda=L_0/i$(其中 L_0 为木立柱的计算长度,i 为木立柱截面的回转半径,对于圆木 $i=\frac{d}{4}$,对于方木 $i=\frac{b}{\sqrt{12}}$,其中 d 为圆截面的直径,b 为方截面一边的长度);

m——强度设计值调整系数,木支柱 $m=0.9\times1.3=1.17$。

2)钢管支撑计算。

· 钢管支撑强度验算:

$$\sigma=\frac{N}{A_n} \leqslant [f]$$

· 钢管支撑稳定性验算:

$$\frac{N}{\varphi_x A}+\frac{\beta_{max}M_x}{\gamma_x W_{ix}\left(1-0.8\dfrac{N}{N_{EX}}\right)} \leqslant [f]$$

式中　　N——轴心压力设计值(N);

A_n——钢管净截面面积(mm^2);

A——钢管截面面积(mm^2);

φ_x——轴心受压构件弯矩作用平面内的稳定系数;

β_{max}——等效弯矩系数,取 $\beta_{max}=1.0$;

M_x——偏心弯矩值,$M_x=Ne$;

γ_x——截面塑性发展系数,$\gamma_x=1.15$;

W_{ix}——弯矩作用平面内,较大压力纤维的毛截面抵抗矩(mm^3);

N_{EX}——欧拉临界力（N），$N_{EX}=\dfrac{\pi^2 EA}{\lambda^2 x}$；

$[f]$——钢管抗压强度设计值，$f=205 \text{N/mm}^2$。

· 插销抗剪强度验算：

$$N \leqslant f_v 2A_0$$

式中　　f_v——钢插销抗剪强度设计值（$f_v=125 \text{ N/mm}^2$）；

A_0——插销截面面积（mm^2）。

· 插销处钢管壁承压强度验算：

$$N \leqslant f_{ce} A_{ce}$$

式中　　f_{ce}——插销孔处管壁端承压强度设计值（$f_{ce}=320 \text{N/mm}^2$）；

A_{ce}——两个插销孔处管壁承压面积（mm^2）。

要点2：模板工程的基本要求

为使模板工程达到保证混凝土工程质量，保证施工的安全，加快工程进度和降低工程成本的目的，对模板及支撑要符合下列要求：

(1)保证工程结构和构件各部分形状尺寸和相互位置的正确。

(2)具有足够的承载能力、刚度和稳定性，能可靠地承受新浇筑混凝土的重力和侧压力，以及在施工过程中所产生的荷载。

(3)构造简单，装拆方便，并便于钢筋的绑扎与安装和混凝土的浇筑及养护等工艺要求。

(4)模板接缝不应漏浆。

(5)模板能多次周转。

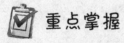 重点掌握

要点3：现浇模板的类型、安装方法及质量要求

1. 现浇钢筋混凝土结构定型组合钢模板安装

(1)安装方法。

1)安装柱模板。

· 按照放线位置，在柱内四边的预留地锚筋上焊接支杆，从四面顶住模板以防止位移。

· 安装柱模板：先安装楼层平面的两边柱，经校正、固定，再拉通线校正中间各柱。一般情况下模板预拼成一面一片（组合钢模一面的一边带两个角模），就位后先用钢丝与主筋绑扎临时固定，组合钢模用U形卡子将两侧模板连接卡紧。安装完两面后，再安装另外两面模板。

· 安装柱箍:柱箍可用方钢、角钢、槽钢、钢管等制成,也可以采用钢木夹箍。柱箍应根据柱模尺寸、侧压力大小等因素在模板设计时确定柱箍尺寸间距。柱断面大时,可增加穿模螺栓。

· 安装柱模的拉杆或斜撑。柱模每边设 2 根拉杆,固定于事先预埋在楼板内的钢筋拉环上,用线坠(必要时用经纬仪)控制垂直度,用花篮螺栓或螺杠调节校正。拉杆或斜撑与楼板面夹角宜为 45°,预埋在楼板内的钢筋拉环与柱距离宜为 3/4 柱高。

· 将柱模内清理干净,封闭清理口,办理模板预检。

2)安装剪力墙模板。

· 按位置线安装门洞口模板,下预埋件或木砖,门窗洞口模板应加定位筋固定和支撑,洞口设 4～5 道横撑。门窗洞口模板与墙模接合处应加垫海绵条防止漏浆。

· 把预先拼装好的一面墙体模板按位置线就位,然后安装拉杆或斜撑,安装塑料套管和穿墙螺栓,穿墙螺栓规格和间距应符合模板设计规定。

· 清扫墙内杂物,再安另一侧模板,调整斜撑(拉杆)使模板垂直后,拧紧穿墙螺栓。注意模板上口应加水平楞,以保证模板上口水平向的顺直。

· 调整模板顶部的钢筋位置、钢筋水平定距框的位置,确认保护层厚度。

· 模板安装完毕后,检查扣件、螺栓是否紧固,模板拼缝是否严密,办预检手续。

3)安装梁模板。

· 放线、抄平:柱子拆模后在混凝土柱上弹出水平线,在楼板上和柱子上弹出梁轴线。安装梁柱头节点模板,如图 3-46 所示。

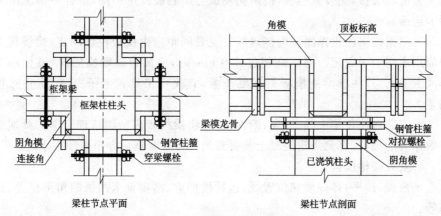

图 3-46 梁柱头节点模板图

· 铺设垫板:安装梁模板支柱之前应先铺垫板。垫板可用 50 mm 厚脚手板或 50 mm×100 mm 木方,长度不小于 400 mm,当施工荷载大于 1.5 倍设计使用荷载或立柱支设在基土上时,垫通长脚手板。

·安装立柱:一般梁支柱采用单排,当梁截面较大时可采用双排或多排,支柱的间距应由模板设计确定,支柱间应设双向水平拉杆,离地 300 mm 设第一道。当四面无墙时,每一开间内支柱应加一道双向剪刀撑,保证支撑体系的稳定性。

·调整标高和位置、安装梁底模板:按设计标高调整支柱的标高,然后安装梁底模板,并拉线找直,按梁轴线找准位置。梁底模板跨度大于或等于 4 m 应按设计要求起拱。当设计无明确要求时,一般起拱高度为跨度的 1/1 000～1.5/1 000,如图 3-47 所示。

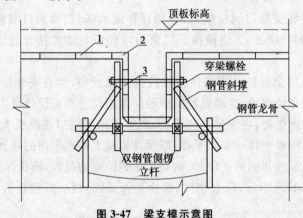

图 3-47　梁支模示意图
1—楼板模板;2—阴角模板;3—梁模板

·绑扎梁钢筋,经检查合格后办理隐检手续。

·清理杂物,安装侧模板,把两侧模板与梁底板固定牢固,组合小钢模用 U 形卡连接。

·用梁托架加支撑固定两侧模板。龙骨间距应由模板设计确定,梁模板上口应用定型卡子固定。当梁高超过 600 mm 时,应加穿梁螺栓加固(或使用工具式卡子)。并注意梁侧模板根部要楔紧,宜使用工具式卡子夹紧,防止涨模漏浆。

·安装后校正梁中线、标高、断面尺寸,将梁模板内杂物清理干净。梁端头一般作为清扫口,直到浇筑混凝土前再封闭。检查合格后办模板预检手续。

4)安装楼梯模板。

·放线、抄平:弹好楼梯位置线,包括楼梯梁、踏步首末两级的角部位置、标高等。

·铺垫板、立支柱:支柱和龙骨间距应根据模板设计确定,先立支柱、安装龙骨(有梁楼梯先支梁),然后调节支柱高度,将大龙骨找平,校正位置标高,并加拉杆。

·铺设平台模板和梯段底板模板:铺设时,组合钢模板龙骨应与组合钢模板长向相垂直,在拼缝处可采用窄尺寸的拼缝模板或木板代替。当采用木板时,板面应高于钢模板板面2~3 mm。底板铺设完毕后,在板上划梯段宽度线,依线立外帮板,外帮板可用夹木或斜撑固定,如图3-48所示。

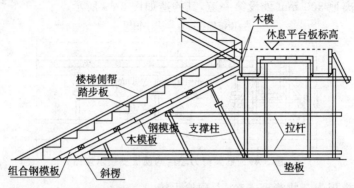

图 3-48 楼梯模板示意图

·绑扎楼梯钢筋、有梁先绑扎梁钢筋口。

·吊楼梯踏步模板。

注意梯步高度应均匀一致,最下一步及最上一步的高度,必须考虑到楼地面最后的装修厚度及楼梯踏步的装修做法,防止由于装修厚度不同形成楼梯踏步高度不协调,装修后楼梯相邻踏步高度差不得大于10 mm。

5)安装楼板模板。

·安装楼板模板支柱之前应先铺垫板。垫板可用50 mm厚脚手板或50 mm×100 mm木方,长度不小于400 mm,当施工荷载大于1.5倍设计使用荷载或立柱支设在基土上时,垫通长脚手板。采用多层支架支模时,支柱应垂直,上下层支柱应在同一竖向中心线上。

·严格按照各房间支撑图支模。从边跨一侧开始安装,先安第一排龙骨和支柱,临时固定后再安装第二排龙骨和支柱,依次逐排安装。支柱和龙骨间距应根据模板设计确定,碗扣式脚手架还要符合模数要求。

·调节支柱高度,将大龙骨找平。楼板跨度大于或等于4m时应按设计要求起拱,当设计无明确要求时,一般起拱高度为跨度的1/1 000~1.5/1 000。此外注意大小龙骨悬挑部分应尽量缩短,避免出现较大变形。面板模板不得有悬挑,凡有悬挑部分,板下应加小龙骨。

·铺设定型组合钢模板:可从一侧开始铺,每两块板间纵向边肋上用U形卡连接,U形卡与L形插销应全部装满。每个U形卡卡紧方向应正反相间,不要同一方向。楼板大面积均应采用大尺寸的定型组合钢模板块,在拼缝处可采用窄尺寸的拼缝模板或木板代替。当采用木板时,板面应高于钢模板板面2~

3mm,但均应拼缝严密不得漏浆。

· 楼板模板铺完后,用水准仪测量模板标高,进行校正,并用靠尺检查平整度。

· 支柱之间加设水平拉杆:根据支柱高度确定水平拉杆的数量和间距。一般情况下离地300 mm处设第一道,其构造如图3-49所示。

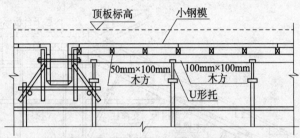

图 3-49　框架剪力墙结构顶板支模示意图

· 将模板内杂物清理干净,办预检手续。

(2)质量要求。

1)主控项目。

· 当楼层模板不仅承受本层施工荷载,而同时承受后继施工的上层荷载时,其上下层支架的立柱应对准,并铺设垫板。

· 在涂刷模板隔离剂时,不得沾污钢筋和混凝土接槎处。

2)一般项目。

· 模板安装应满足下列要求:模板接缝不应漏浆;在浇混凝土前,局部使用的木模板应浇水湿润,但模板内不应有积水。模板与混凝土接触面应清理干净并涂刷隔离剂,但不得采用影响结构性能或妨碍装饰工程施工的隔离剂;楼板、梁模一律刷水性隔离剂,刷后要防雨,不要浇水。浇筑混凝土前,模板内的杂物应清理干净。对清水混凝土工程和装饰混凝土工程,应使用能达到设计效果的模板。

· 对跨度不小于4 m的现浇混凝土梁、板,其模板按设计要求起拱。如无设计要求时,起拱高度钢支撑宜为全跨度的1/1 000~1.5/1 000,木支撑宜为全跨度的3/10 000~1/1 000。

· 固定在模板上的预埋件、预留孔和预留洞均不得遗漏,且应安装牢固,其偏差应符合表3-42的规定。

表 3-42　预埋件和预埋孔的允许偏差及检验方法

项　目		允许偏差/mm	检查方法
预埋管、预留孔中心线位置		3	拉线和尺量检查
预埋管、预留孔中心线位置		3	拉线和尺量检查
插筋	中心线位置	5	拉线和尺量检查
	外露长度	+10,0	尺量检查
预埋螺栓	中心线位置	2	拉线和尺量检查
	外露长度	+10,0	尺量检查
预留洞	中心线位置	10	拉线和尺量检查
	尺寸	+10,0	尺量检查

注:检查中心线位置时,应沿纵、横两个方向量取,并取其中的较大值。

• 现浇结构模板安装的偏差应符合表 3-43 的规定。

表 3-43　现浇结构模板安装的允许偏差及检验方法

项　目		允许偏差/mm	检查方法
轴线位置		5	钢尺检查
底模上表面标高		±5	水准仪或拉线、钢尺检查
载面内部尺寸	柱、墙、梁	+4,−5	钢尺检查
层高垂直度	不大于 5 m	6	经纬仪或吊线、钢尺检查
	大于 5 m	8	经纬仪或吊线、钢尺检查
相邻两板表面高低差		2	钢尺检查
表面平整度		5	2 m 靠尺和塞尺检查

2.现浇钢筋混凝土结构木胶合板与竹胶合板模板

(1)安装方法。

1)安装柱模板。

前 3 项参见"现浇钢筋混凝土结构定型组合钢模板"的内容。

• 安装柱模的拉杆或斜撑。柱模每边设 2 根拉杆,固定于事先预埋在楼板内的钢筋拉环上,用线坠(必要时用经纬仪)控制垂直度,用花篮螺栓或螺杆调节校正。拉杆或斜撑与楼板面夹角宜为 45°,预埋在楼板内的钢筋拉环与柱距离宜为 3/4 柱高,如图 3-50 所示。

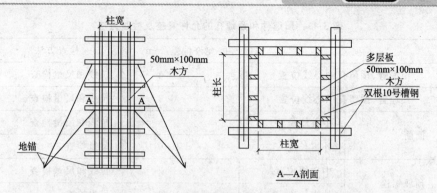

图 3-50　柱模板示意图

• 框架剪力墙结构,墙柱如连接一体的宜同时支模并同时浇筑混凝土。

• 将柱模内清理干净,封闭清理口,办理模板预检。

2)安装剪力墙模板。

• 按位置线安装门洞口模板,下预埋件或木砖,门窗洞口模板应加定位筋固定和支撑,洞口设 4～5 道横撑。门窗洞口模板与墙模接合处应加垫海绵条防止漏浆。

• 把预先拼装好的一面墙体模板按位置线就位,然后安装拉杆或斜撑,安塑料套管和穿墙螺栓,穿墙螺栓规格和间距应符合模板设计规定,如图 3-51、图 3-52 所示。

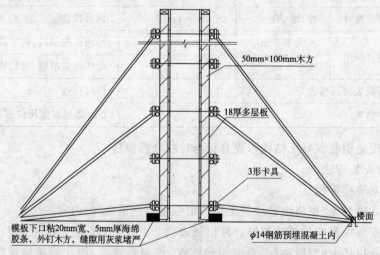

图 3-51　内角模板支撑示意图

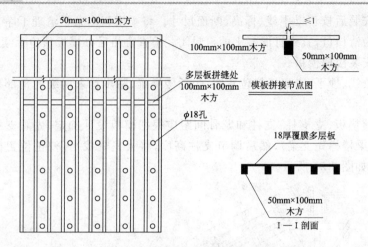

图 3-52 墙模板立面节点示意图

· 清扫墙内杂物,再安装另一侧模板,调整斜撑(拉杆)使模板垂直后,拧紧穿墙螺栓。注意模板上口应加水平楞,以保证模板上口水平向的顺直。

· 模板安装完毕后,检查一遍扣件,螺栓是否紧固,模板拼缝是否严密,办完预检手续。

· 调整好模板顶部的水平顺直,钢筋水平定距框位置,保证混凝土钢筋间距、排距及保护层厚度符合设计与规范要求。

3)安装梁模板。

前 6 参见"现浇钢筋混凝土结构定型组合钢模板"的内容。

· 用梁托架支撑固定两侧模板。龙骨间距应由模板设计确定,梁模板上口应用定型卡子固定。当梁高超过 600 mm 时,加穿梁螺栓加固或使用工具式卡子加固。并注意梁侧模板根部一定要楔紧或使用工具式卡子夹紧,防止胀模漏浆通病,如图 3-53 所示。

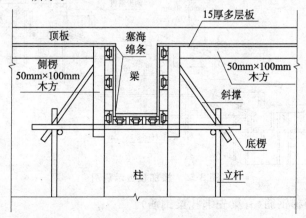

图 3-53 梁支模板示意图

h.安装后校正梁中线、标高、断面尺寸。将梁模板内杂物清理干净,梁端头一般作为清扫口,直到打混凝土前再封闭。检查合格后办模板预检手续。

4)安装楼梯模板。

·放线、抄平:弹好楼梯位置线,包括楼梯梁、踏步首末两级的角部位置、标高等。

·铺垫板、立支柱:支柱和龙骨间距应根据模板设计确定,先立支柱、安装龙骨(有梁楼梯先支梁),然后调节支柱高度,将大龙骨找平,校正位置标高,并加拉杆,如图 3-54 所示。

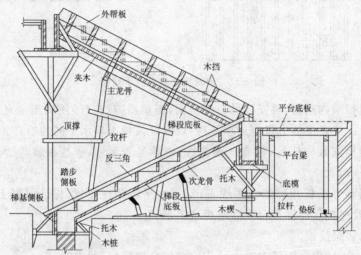

图 3-54　有梁楼梯模板示意图

·铺设平台模板和梯段底板模板,模板拼缝应严密不得漏浆。在板上划梯段宽度线,依线立外帮板,外帮板可用夹木或斜撑固定,如图 3-55 所示。

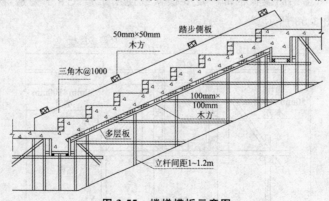

图 3-55　楼梯模板示意图

·绑扎楼梯钢筋(有梁先绑扎梁钢筋)。

·吊楼梯踏步模板。办理钢筋的隐检和模板的预检手续。注意梯步高度应均匀一致,最下一步及最上一步的高度,必须考虑到楼地面最后的装修厚度及楼梯踏步的装修做法,防止由于装修厚度不同形成楼梯步高度不协调。装修后楼梯相邻踏步高度差不得大于 10 mm。

5)安装楼板模板。

・安装楼板模板支柱之前应先铺垫板。垫板可用 50mm 厚脚手板或 50 mm×100 mm 木方,长度不小于 400 mm,当施工荷载大于 1.5 倍设计使用荷载或立柱支设在基土上时,垫通长脚手板。采用多层支架支模时,支柱应垂直,上下层支柱应在同一竖向中心线上。

・严格按照各房间支撑图支模。从边跨一侧开始安装,先安第一排龙骨和支柱,临时固定,再安第二排龙骨和支柱,依次逐排安装。支柱和龙骨间距应根据模板设计确定,碗扣式脚手架还要符合模数要求。

・调节支柱高度,将大龙骨找平。楼板跨度大于或等于 4 m 时应按设计要求起拱,当设计无明确要求时,一般起拱高度为跨度的 1/1 000～1.5/1 000。此外注意大小龙骨悬挑部分应尽量缩短,避免出现较大变形。面板模板不得有悬挑,凡有悬挑部分,板下应加小龙骨。

・铺设模板:可从一侧开始铺,拼缝严密不得漏浆。同一房间多层板与竹胶板不宜混用。

・楼板模板铺完后,用水准仪测量模板标高,进行校正,并用 2 m 靠尺检查平整度。

・支柱之间加设水平拉杆:根据支柱高度确定水平拉杆的数量和间距。一般情况下离地 300 mm 处设第一道,其构造如图 3-56、图 3-57 所示。

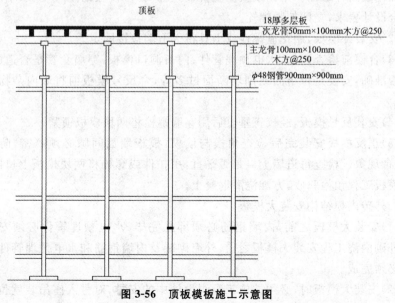

图 3-56 顶板模板施工示意图

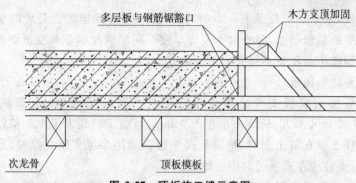

图 3-57　顶板施工缝示意图

·将模板内杂物清理干净,办预检手续。

(2)质量要求

同"现浇钢筋混凝土结构定型组合钢模板安装"的要求。

要点 4:施工中模板强度、刚度、稳定性的措施

详见模板计算的内容及方法的相关内容。

要点 5:大模板安装的具体要求

1.外板内模结构安装大模板

(1)按照先横墙后纵墙的安装顺序,将一个流水段的正号模板用塔吊按位置吊至安装位置初步就位,用撬棍按墙位置线调整模板位置,对称调整模板的对角螺栓或斜杆螺栓。用托线板测垂直校正标高,使模板的垂直度、水平度、标高符合设计要求,立即拧紧螺栓。

(2)安装外模板,用花篮螺栓或卡具将上下端拉接固定。

(3)合模前检查钢筋,水电预埋管件、门窗洞口模板,穿墙套管是否遗漏,位置是否准确,安装是否牢固或削弱断面过多等,合反号模板前将墙内杂物清理干净。

(4)安装反号模板,经校正垂直后用穿墙螺栓将两块模板锁紧。

(5)正反模板安装完后检查角模与墙模,模板墙面间隙必须严密,防止漏浆,错台现象。检查每道墙上口是否平直,用扣件或螺栓将两块模板上口固定。办完模板工程预检验收,方准浇灌混凝土。

2.外砖内模结构安装大模板

(1)安装大模板之前,内墙钢筋必须绑扎完毕,水电预埋管件必须安装完毕。外砌内浇工程安装大模板之前,外墙砌砖及内墙钢筋和水电预埋管件等工序也必须完成。

(2)安装大模板时,必须按施工组织设计中的安排,对号入座吊装就位。先从靠吊垂直后,旋紧穿墙螺栓。横墙模板安装后,再安装纵墙模板。安装一间,固定一间。

(3)在安装模板时,关键要做好各个节点部位的处理。采用组合式大模板时,几个关键的节点部位模板安装处理方法有以下几点。

1)外(山)墙节点。外墙节点用活动角模,山墙节点用 85 mm×100 mm 木方解决组合柱的支模问题,如图 3-58 所示。

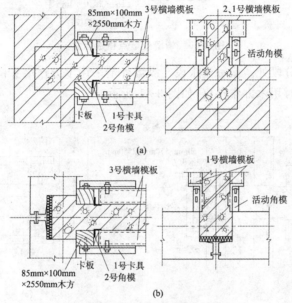

图 3-58 内外墙节点模板示意图

(a)外砖内浇结构;(b)外板内浇结构

2)十字形内墙节点。用纵、横墙大模板直接连为一体,如图 3-59 所示。

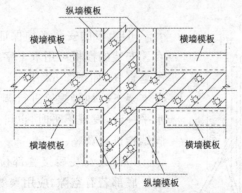

图 3-59 十字节点模板示意图

3)错墙处节点。支模比较复杂,既要使穿墙螺栓顺利固定,又要使模板连接处缝隙严实,如图 3-60 所示。

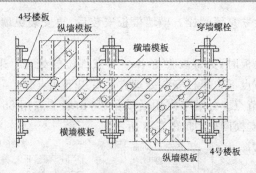

图 3-60 错墙处节点模板示意

4)流水段分段处。前一流水段在纵墙外端采用木方作堵头模板,在后一流水段纵墙支模时用木方作补模,如图 3-61 所示。

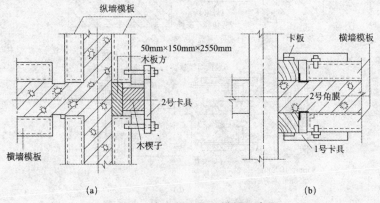

(a)   (b)

图 3-61 流水段分段处模板示意图

(a)前流水段;(b)后流水段

5)拼装式大模板。在安装前要检查各个连接螺栓是否拧紧,保证模板的整体不变形。

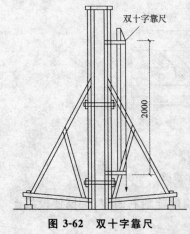

图 3-62 双十字靠尺

6)模板的安装必须保证位置准确,立面垂直。安装的模板可用双十字靠尺在模板背面靠吊垂直度,如图 3-62 所示。发现不垂直时,通过支架下的地脚螺栓进行调整。模板的横向应水平一致,发现不平时,也可通过模板下部的地脚螺栓进行调整。

7)模板安装后接缝部位必须严密,防止漏浆。底部若有空隙,应用聚氨酯泡沫条、纸袋或木条塞严,以防漏浆。但不可将纸袋、木条塞入墙体内,以免影响墙体的断面尺寸。

8)每面墙体大模板就位后,要拉通线进行调直,然后进行连接固定。紧固对拉螺栓时要用力得当,不得使模板板面产生变形。

3.全现浇结构安装大模板

(1)在下层外墙混凝土强度不低于 7.5 MPa 时,利用下一层外墙螺栓挂金属三角平台架。

(2)安装内横墙、内纵墙模板(安装方法与外板内模结构的大模板方法相同)。

(3)在内墙模板的外端头安装活动堵头模板,它可以用木板或用铁板根据墙厚制作,模板要严密,防止浇筑内墙混凝土时,混凝土从外端头部位流出。

(4)先安装外墙内侧模板,按楼板的位置线将大模板就位找正,然后安装门窗洞口模板。

(5)门窗洞口模板应加定位筋固定和支撑,门窗洞口模板与墙模接合处应加垫海绵条防止漏浆。

(6)安装外墙外侧模板,模板放在金属三角平台架上,将模板就位找正,穿墙螺栓紧固校正注意施工缝模板的连接处必须严密,牢固可靠,防止出现错台和漏浆的现象。

(7)注意穿墙螺栓与顶撑,可以在一侧模立好后先安装,再立另一侧模,也可以两边模均立好才从一侧模穿入。

要点 6:有关拆除模板的规定

1.现浇钢筋混凝土结构定型组合钢模板拆除

(1)底模及其支架拆除时的混凝土强度应符合设计要求;当设计无具体要求时,混凝土强度应符合表 3-44 的规定。检查同条件养护试件强度试验报告。拆除顺序应按施工方案规定执行。

表 3-44 底模拆除时混凝土强度要求

构件类型	构件跨度/m	达到设计要求在混凝土立方体抗压强度标准值的百分率/%
板	≤2	≥50
	<2,≤8	≥75
	>8	≥100
梁	≤8	≥75
	<8	≥100
悬臂构件	—	≥100

注:1.施工荷载大于设计使用荷载。

2.预应力构件配筋中含有承受永久荷载的配筋,而尚未张拉。

3.设计人员有规定。

(2)侧模拆除时的混凝土强度也应能保证其表面及棱角不受损伤,不应对楼层形成冲击荷载。拆除的模板和支架宜分散堆放并及时清运。模板拆除应有拆模申请并由项目技术负责人批准。

(3)柱子模板拆除:先拆掉柱斜拉杆或斜支撑,卸掉柱箍,再把连接每片柱模板的连接件拆掉,使模板与混凝土脱离。

(4)墙模板拆除:先拆掉穿墙螺栓等附件,再拆除斜拉杆或斜撑,用撬棍轻轻撬动模板,使模板脱离墙体,即可把模板吊运走。

(5)楼板、梁模板拆除。

1)宜先拆除梁侧模,再拆除楼板模板。楼板模板拆模先拆掉水平拉杆,然后拆除支柱,每根龙骨留1~2根支柱暂不拆。

2)操作人员站在已拆出的空间,拆去近旁余下的支柱。

3)当楼层较高,支模采用多层排架时,应从上而下逐层拆除,不可采用在一个局部拆除到底再转向相邻部位的方法。

4)有穿梁螺栓者先拆掉穿梁螺栓和梁底模板支架,再拆除梁底模板。

(6)楼板与梁拆模强度按本工程拆模一览表执行。

(7)拆下的模板及时清理黏结物,拆下的扣件及时集中收集管理。若与再次使用的时间间隔较大,应采用保护模面的临时措施。

2.现浇钢筋混凝土结构木胶合板与竹胶合板模板的拆除

(1)底模及其支架拆除时的混凝土强度应符合设计要求;当设计无具体要求时,混凝土强度应符合表3-44的规定。检查同条件养护试件强度试验报告。拆除顺序应按施工方案规定执行。

(2)侧模拆除时的混凝土强度也应能保证其表面及棱角不受损伤。不应对楼层形成冲击荷载。拆除的模板和支架宜分散堆放并及时清运。模板拆除应有拆模申请由项目技术负责人批准。

(3)柱子模板拆除:先拆掉柱斜拉杆或斜支撑,卸掉柱箍,再把连接每片柱模板的连接件拆掉,使模板与混凝土脱离。

(4)墙模板拆除:先拆掉穿墙螺栓等附件,再拆除斜拉杆或斜撑,用撬棍轻轻撬动模板,使模板脱离墙体,即可把模板吊运走。

(5)楼板、梁模板拆除。

1)宜先拆除梁侧模,再拆除楼板模板,楼板模板拆模先拆掉水平拉杆,然后拆除支柱,每根龙骨留1~2根支柱暂不拆。

2)操作人员站在已拆出的空间,拆去近旁余下的支柱。

3)当楼层较高,支模采用多层排架时,应从上而下逐层拆除,不可采用在一个局部拆除到底再转向相邻部位的方法。

4)有穿梁螺栓者先拆掉穿梁螺栓和支架,再拆除梁底模板。

(6)拆下的模板及时清理黏结物,拆下的扣件及时集中收集管理。若与再次使用的时间间隔较大,应采用保护模面的临时措施。

3.大模板的拆除

(1)内墙大模板的拆除。

1)拆模基本顺序是先拆纵墙模板,后拆横墙模板和门洞模板及组合柱模板。

2)每块大模板的拆模顺序是先将连接件,如花篮螺栓、上口卡子、穿墙螺栓等拆除。放入工具箱内,再松动地脚螺栓,使模板与墙面逐渐脱离。脱模困难时,可在模板底部用撬棍撬动,不得在上口撬动、晃动和用大锤砸模板。

(2)角模的拆除。

角模的两侧都是混凝土墙面,吸附力较大,加之施工中模板封闭不严,或者角模位移,被混凝土握裹,因此拆模比较困难。可先将模板外表的混凝土剔除,然后用撬棍从下部撬动,将角模脱出。千万不可因拆模困难用大锤砸角模,造成变形,为以后的支模、拆模造成更大困难。

(3)门洞模板的拆除。

1)固定于大模板上的门洞模板边框,一定要当边框离开墙面后,再行吊出。

2)后立口的门洞模板拆除时,要防止将门洞过梁部分的混凝土拉裂。

3)角模及门洞模板拆除后,凸出部分的混凝土应及时进行剔凿。凹进部位或掉角处应用同强度等级水泥砂浆及时进行修补。

4)跨度大于1 m的门洞口,拆模后要加设支撑,或延期拆模。

(4)外墙大模板的拆除。

1)拆除顺序。拆除内侧外墙大模板的连接固定装置(如倒链、钢丝绳等)→拆除穿墙螺栓及上口卡子→拆除相邻模板之间的连接件→拆除门窗洞口模板与大模板的连接件→松开外侧大模板滑动轨道的地脚螺栓紧固件→用撬棍向外侧拨动大模板,使其平稳脱离墙面→松动大模板地脚螺栓,使模板外倾→拆除内侧大模板→拆除门窗洞口模板→清理模板、刷隔离剂→拆除平台板及三角挂架。

2)拆除外墙装饰混凝土模板必须使模板先平行外移,待衬模离开墙面后,再松动地脚螺栓,将模板吊出。要注意防止衬模拉坏墙面,或衬模坠落。

3)拆除门窗洞口框模时,要先拆除窗台模并加设临时支撑后,再拆除洞口角模及两侧模板。上口底模要待混凝土达到规定强度后再行拆除。

4)脱模后要及时清理模板及衬模上的残渣,刷好隔离剂。隔离剂一定要涂刷均匀,衬模的阴角内不可积留有隔离剂,并防止隔离剂污染墙面。

5)脱模后,如发现装饰图案有破损,应及时用同一品种水泥所拌制的砂浆进行修补,修补的图案造型力求与原图案一致。

（5）筒形大模板的拆除。

1）组合式提模的拆除。

·拆模时先拆除内外模各个连接件，然后将大模板底部的承力小车调松，再调松可调卡具，使大模板逐渐脱离混凝土墙面。当塔式起重机吊出大模板时，将可调卡具翻转再行落地。

·大模板拆模后，便可提升门架和底盘平台，当提至预留洞口处，搁脚自动伸入预留洞口，然后缓缓落下电梯井筒模。预留洞位置必须准确，以减少校正提模的时间。

·由于预留洞口要承受提模的荷载，因此必须注意墙体混凝土的强度，一般应在 1 N/mm 以上。

·提模的拆模与安装顺序，如图 3-63 所示。

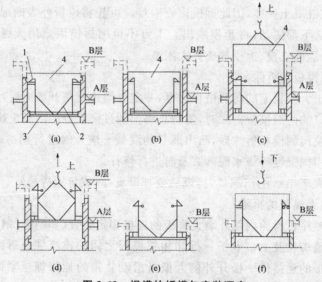

图 3-63 提模的拆模与安装顺序

（a）混凝土浇筑完；（b）脱模；（c）调离模板；（d）提升门架和地盘平台；

（e）门架和底盘平台就位；（f）模板吊装就位

1—支顶模板的可调三脚架；2—门架；3—底盘平台；4—模板

2）铰接式筒形大模板的拆除。

·应先拆除连接件，再转动脱模器，使模板脱离墙面后吊出。

·筒形大模板由于自重大，四周与墙体的距离较近，故在吊出吊进时，挂钩要挂牢，起吊要平稳，不准晃动，防止碰坏墙体。

第四章

装饰装修工程

 本章导读

　　本章主要介绍装饰装修工程施工的主要内容,包括轻质隔墙与吊顶工程施工、饰面板与门窗工程施工、建筑地面与楼面工程施工等内容。在学习过程中应重点掌握隔墙、隔断、贴面砖以及各种石材的施工要求,在学习中注意实践练习,提高熟练度。

第一节　轻质隔墙与吊顶工程

基础必读

要点1:轻钢龙骨活动饰面板吊顶施工要求

1.施放吊顶标高水平线,分划龙骨分档线

(1)用水准仪在房间内每个墙(柱)角上抄出水平点(若墙体较长,中间也应适当抄出几点),施放出建筑楼层标高装饰水平基准线(距离标准地面一般为500 mm或1 000 mm),由水平基准线再用钢尺竖向量至吊顶设计标高,用粉线沿墙、柱四周弹出吊顶边(次)龙骨标高下皮线。

(2)按吊顶平面图,在顶板上弹出主龙骨的位置线。主龙骨宜按房间长向布置,同时考虑镶嵌灯的方向,可从吊顶中心向两边分,主龙骨及吊杆间距900~1200 mm,一般取1 000 mm。

(3)如遇到梁和管道固定点大于设计和规程要求,应增设吊杆的固定点。与主龙骨平行方向吊点位置必须在一条直线上。

(4)为避免暗藏灯具、管道等设备与主龙骨、吊杆相撞,可预先在地面画线、排序,确定各对象的位置后再吊线施工,排序时注意第1根及最后1根主龙骨与墙侧向间距不大于200 mm。

2.安装主龙骨吊杆

(1)不上人的吊顶,吊杆长度小于或等于1 000 mm时,可采用 ϕ6 的吊杆,大于1 000 mm时,应采用 ϕ8 的吊杆,并应设置反向支撑。上人的吊顶,吊杆长度小于 1 000 mm，可以采用 $\phi6$ 的吊杆，如果大于 1 000 mm，应采用 $\phi10$ 的吊杆，还应设置反向支撑。

（2）吊杆通常采用通丝吊杆，也可以采用冷拔钢筋或盘圆钢筋，若采用盘圆钢筋应采用机械将其拉直。吊杆的一端同∟30×30×3，$L=50$ mm 角钢焊接（角钢的孔径应根据吊杆和膨胀螺栓的直径确定），另一端套出螺纹，长度不小于 100 mm，制作好的吊杆应做防锈处理。

（3）吊杆采用膨胀螺栓固定在楼板上时，用电锤打孔，孔径应稍大于膨胀螺栓的直径 1～1.5 mm。

（4）吊挂杆件应通直并有足够的承载力。当预埋的吊杆需要接长时，必须搭接焊牢，搭接长度为 10d，焊缝要均匀饱满。

（5）吊杆距主龙骨端部距离（即悬挑长度）不得超过 300 mm，否则应增加吊杆。

（6）吊顶灯具、风口及检修口等处应设附加吊杆。大于 3 kg 的重型灯具、电扇及其他重型设备严禁安装在吊顶工程的龙骨上，应另设吊挂件与结构连接。

（7）当需要设置反向支撑时，应考虑吊顶房间面积大小，顶棚空间高度和设备安装位置的实际情况等因素。通常可采用以下几种作法：

1）设置拉杆和支撑，采用与吊杆相同规格的钢筋，顺主龙骨方向，在吊杆的中间部位，通长设置水平拉结筋一道与各吊杆焊牢，吊杆与吊杆之间适当设置∟30×30、∟50×50 角钢斜撑或剪刀撑。

2）设置刚性支撑，在吊杆部位同时采用膨胀螺栓固定，将∟30×30、∟50×50 角钢直接与结构顶板顶牢，确保吊杆受力均匀、稳定。

3）使用两种材料组合吊杆、改变吊杆截面，即：吊杆分别由∟30×30、∟50×50 角钢和圆钢 $\phi8$、$\phi10$（截取一部分）焊接，组合成为一个新型吊挂杆件，取代原有吊杆，采用膨胀螺栓将∟30×∟30、∟50×∟50 角钢固定在结构顶板上，以提高反向支撑能力。

3. 安装边龙骨

（1）根据墙、柱四周弹出的吊顶边（次）龙骨下皮线标高，需提前使用 $\phi20$ 钻孔下木楔，间距应不大于吊顶次龙骨间距，一般间距 500～600 mm，龙骨两端各留 50 mm，木楔应做防腐处理。

（2）边龙骨的安装应将吊顶边（次）龙骨标高下皮线与 L 形边龙骨下边缘齐平，然后使用螺丝钉固定在木楔上。如为混凝土墙（柱）时，可用射钉固定，射钉间距应不大于吊顶次龙骨的间距。一般间距 500～600 mm，次龙骨两端各留50 mm。

4. 安装 U 型主龙骨

（1）配装吊杆螺母和吊挂件。

(2)主龙骨安装在吊挂件上。

(3)安装主龙骨时,将组装好吊挂件的主龙骨,按分档线位置使吊挂件穿入相应的吊杆螺栓,拧好螺母。主龙骨间距 900～1 200 mm,一般取 1 000 mm。轻钢龙骨可选用 UC50 中龙骨或 UC38 小龙骨。

(4)根据主龙骨标高位置,对角拉水平标准线;主龙骨安装调平以该线为基准。

(5)主龙骨应平行房间长向安装,安装应起拱,当起拱高度面积小于 50 m² 时一般按房间短向跨度的 1‰～3‰起拱;当面积大于 50 m² 时一般按房间短向跨度的 3‰～5‰起拱。

(6)主龙骨的接长应采取专用接长件对接,相邻龙骨的对接接头要相互错开。主龙骨挂件应在主龙骨两侧安装,以保证主龙骨的稳定性,主龙骨挂好后应基本调平。

(7)跨度大于 15 m 以上的吊顶,为增强整体刚度和稳定性能,应在主龙骨上部,每隔 15 m 加一道与主龙骨相同规格的龙骨,垂直主龙骨横向安放并连接牢固。

(8)遇到大的造型顶棚,造型部分应用角钢或型钢焊接成框架,并应与楼板吊挂连接牢固。

(9)安装检查口或风口附加主龙骨,按图集相应节点构造,设置连接卡固件。

5.安装 T 形龙骨

(1)安装 T 形主龙骨。

1)T 形主龙骨应紧贴 U 形主龙骨安装,T 形主龙骨间距应根据饰面板宽度确定。

2)T 形主龙骨分为 T 形烤漆龙骨、T 形铝合金龙骨,以及各种类型和品牌配戴的专用安装龙骨。T 形主龙骨的两端应搭在 L 形边龙骨的水平翼缘上。

(2)安装 T 形次龙骨。

T 形次龙骨应按饰面板规格插接在 T 形主龙骨上,位置准确、连接要可靠。沿墙的次龙骨端头应搭在 L 形边龙骨的水平翼缘上。

6.饰面板安装

(1)检查次龙骨标高和间距应符合设计要求,次龙骨应顺直、平整,间距与饰面板尺寸吻合。

(2)打开包装,认真对饰面板型号规格、厚度,表面平整度和外观进行检查,不符合要求的需及时修整和调换。

(3)将饰面板搁置平放在 T 形龙骨的翼缘上,四边应平稳,受力均匀。

(4)安装时应注意板背面的箭头方向和白线方向一致,以保证饰面板表面花纹、图案的整体性。

(5)饰面板安装顺序,宜由吊顶中间部位纵向摆放一行,再横向摆放一行,进行调整后再向四周展开摆放,做到表面洁净,缝隙均匀,无翘曲、裂缝和缺损。

(6)饰面板上的灯具、烟感、喷淋头、风口、广播等设备的位置应合理、美观,与饰面的交接应吻合,严密。遇有竖向管线饰面板套割要严密、整齐。

7.调整

吊顶饰面板安装后应统一拉线调整,确保龙骨顺直、缝隙均匀一致、顶板表面洁净、平整。

要点 2:轻钢龙骨固定罩面板吊顶施工要求

第 1~2 道工序参见"轻钢龙骨活动饰面板吊顶施工要求"的内容。

3.安装边龙骨

(1)根据墙、柱四周弹出的吊顶边(次)龙骨下皮线标高,需提前使用 $\phi 20$ 钻孔下木楔,间距应不大于吊顶次龙骨间距,一般间距 500~600 mm,龙骨两端各留 50 mm,木楔应做防腐处理。

(2)边龙骨的安装应将吊顶边(次)龙骨标高下皮线与 L 形边龙骨下边缘齐平,然后使用螺钉固定在木楔上。如为混凝土墙(柱)时,可用射钉固定,射钉间距应不大于吊顶次龙骨的间距。一般间距 500~600 mm,次龙骨两端各留 50 mm。

4.安装主龙骨

参见"轻钢龙骨活动饰面板吊顶施工要求"的内容。

5.安装次龙骨

(1)按已弹好的次龙骨分档线,卡放次龙骨吊挂件。次龙骨应紧贴主龙骨垂直安装,用专用挂件连接。每个连接点挂件应双向互扣成对或相邻的挂件应对向使用,以保证主次龙骨连接牢固,受力均衡。

(2)吊挂次龙骨时,应符合设计规定的次龙骨间距要求。设计无要求时,一般间距为 300~600 mm。在潮湿地区间距应适当缩短,以 300 mm 为宜。次龙骨分为 U 形和 T 形两种,U 形龙骨一般用于钉固定面板,T 形龙骨一般用于暗插面板。

用 T 形镀锌专用连接件把次龙骨固定在主龙骨上时,次龙骨的两端应搭在 L 形边龙骨的水平翼缘上。当用自攻螺钉安装板材时,板材接缝处必须安装在宽度不小于 40 mm 的次龙骨上。

(3)当次龙骨长度需多根延续接长时,使用专用连接件接长,在吊挂次龙骨的同时相接,调直固定。次龙骨安装完成后应保证底面与顶高标准线在同一水平面。

（4）通风、水电等洞口周围应根据设计要求设附加龙骨,附加龙骨的连接用拉铆钉铆固。灯具、风口及检修口等应设附加吊杆和补强龙骨。

6. 安装罩面板

（1）纸面石膏板、纤维水泥加压板安装。

1）饰面板应在自由状态下固定,防止出现弯棱、凸鼓的现象;还应在房间具备封闭的条件下安装固定,防止板面受潮变形。纸面石膏板、纤维水泥加压板的长边（既包封边）应沿纵向次龙骨铺设。

2）自攻螺钉的规格要求:单层板自攻螺钉选用 25 mm×35 mm;双层板的第 2 层板自攻螺钉选用 35 mm×35 mm。

3）自攻螺钉与板边（纸面石膏板既包封边）的距离,以 10～15 mm 为宜,切割的板边以 15～20 mm 为宜。自攻螺钉钉距板边以 150～170 mm 为宜,板中钉距不超过 300 mm;螺钉应与板面垂直,已弯曲、变形的螺钉应剔除,并在离原钉位 50 mm 处另安螺钉。

4）安装双层板时,面层板与基层板的接缝应错开,不得在一根龙骨上。

5）板的接缝,应按设计要求进行板缝处理。

6）纸面石膏板、纤维水泥加压板与龙骨固定时,应从一块板的中间向板的四边进行固定,不得多点同时作业。

7）螺丝钉头宜略埋入板面,但不得损坏板面,钉眼应作防锈处理并用防水石膏腻子抹平。

（2）木质多层板安装。

1）龙骨间距、螺钉与板边的距离,及螺钉间距等应满足设计要求和有关产品的要求。

2）木质多层板与龙骨固定时,所用手电钻钻头的直径应比选用螺钉直径小0.5～1.0 mm。固定后,钉帽应作防锈处理,并用油性腻子嵌平。

3）用密封膏、石膏腻子或原子灰腻子嵌涂板缝并刮平,硬化后用砂纸磨光,板缝宽度应小于 5 mm;不同材料相接缝宜采用明缝处理。板材的开孔和切割,应按产品的有关要求进行。

（3）大芯板安装。

1）饰面板应在自由状态下固定,防止出现弯棱、凸鼓的现象;大芯板的长边应沿纵向向次龙骨铺设。

2）自攻螺钉与大芯板长边的距离以 10～15 mm 为宜,短边以 15～20 mm为宜。

3）固定次龙骨的间距,一般不应大于 600 mm,钉距以 150～170 mm 为宜,螺钉应与板面垂直,已弯曲、变形的螺钉应剔除。

4）面层板接缝应错开,不得在一根龙骨上。

5)大芯板与龙骨固定时,应从一块板的中间向板的四边进行固定,不得多点同时作业。

6)螺丝钉头宜略埋入板面 1 mm,钉眼应作防锈处理并用石膏腻子抹平。

(4)饰面板上的灯具、烟感、喷淋头、风口、广播等设备的位置应合理、美观,与饰面的交接应吻合、严密,并做好检修口的预留,使用材料应与母体相同,安装时应严格控制整体性、刚度和承载力。

7.调整

吊顶饰面板安装后应统一拉线调整,按设计要求安装压条,确保龙骨顺直、缝隙均匀一致、顶板表面平整。

要点 3:金属格栅吊顶施工要求

1.施放吊顶标高水平线,分划龙骨分档线

参见"轻钢龙骨活动饰面板吊顶施工要求"的内容。

2.安装轻钢龙骨吊杆

(1)采用膨胀螺栓固定吊挂杆件。可采用 $\phi4.8$ 的吊杆。

(2)吊杆通常采用通丝吊杆,也可以采用冷拔钢筋和盘圆钢筋,若采用盘圆钢筋应采用机械将其拉直。吊杆的一端同∟$30\times30\times3$,$L=50$ mm 角钢焊接(角钢的孔径应根据吊杆和膨胀螺栓的直径确定),另一端套出螺纹,长度不小于 100 mm,制作好的吊杆应做防锈处理。

(3)吊杆采用膨胀螺栓固定在楼板上时,用电锤打孔,孔径应稍大于膨胀螺栓的直径 1~1.5 mm。

(4)吊挂杆件应通直并有足够的承载力。当预埋的吊杆需要接长时,必须搭接焊牢,搭接长度为 $10d$,焊缝要均匀饱满。

(5)吊杆距轻钢龙骨端部距离(即悬挑长度)不得超过 300 mm,否则应增加吊杆。

(6)吊顶灯具、风口及检修口等处应设附加吊杆。大于 3 kg 的重型灯具、电扇及其他重型设备严禁安装在吊顶工程的轻钢龙骨上,应另设吊挂件与结构连接。

3.安装轻钢龙骨(如吊顶较低可以省略本工序,直接进行下道工序)

(1)配装吊杆螺母和吊挂件。

(2)轻钢龙骨安装吊挂件上。

(3)安装轻钢龙骨时,将组装好吊挂件的轻钢龙骨,按分档线位置使吊挂件穿入相应的吊杆螺栓,拧好螺母。轻钢龙骨一般采用 38 系列龙骨,轻钢龙骨间距 900~1200 mm,一般取 1000 mm。

(4)根据轻钢龙骨标高位置,对角拉水平标准线,轻钢龙骨安装调平以该线为基准。

（5）轻钢龙骨应平行房间长向安装，安装应起拱，当起拱高度面积小于 50 m² 时，一般按房间短向跨度的 1‰～3‰ 起拱；当面积大于 50 m² 时，一般按房间短向跨度的 3‰～5‰ 起拱。

（6）轻钢龙骨的接长应采取专用接长件对接，相邻轻钢龙骨的对接接头要相互错开。轻钢龙骨安装后应基本调平，并紧固吊杆螺母。

（7）跨度大于 15 m 以上的吊顶，为增强整体刚度和稳定性能，应在轻钢龙骨上部，每隔 15 m 加一道与该轻钢龙骨相同规格的轻钢龙骨，并垂直轻钢龙骨横向安放并连接牢固。

4. 弹簧片安装

（1）采用由厂家专供格栅安装的配套吊挂弹簧片钩具。

（2）弹簧片钩具的上部（φ2.8 镀锌吊杆）与轻钢龙骨连接，下部带有吊钩，以便钩挂格栅（如吊顶较低可将弹簧片钩具直接安装在吊杆上，省略本工序）。

（3）弹簧片是由高强锰钢片制成，轻微拨动，即可上下升降、制动。用以灵活调节控制格栅水平面高度。

（4）弹簧片钩具间距 900～1200 mm，一般取 1000 mm。

5. 格栅主副骨组装

（1）格栅是由铝合金做基材，表面进行滚涂、静电粉喷涂、覆膜的定型产品。格栅主骨上方开缺口、格栅副骨下方开缺口，可组成多种规格的方格，一般规格为 50 mm×50 mm、100 mm×100 mm、150 mm×150 mm、200 mm×200 mm 等。

（2）格栅的主副骨应按设计要求组装。

（3）根据吊顶的结构形式，材料尺寸和材料刚度确定分片大小和位置，每个分片可以事先在地面上进行组装。

6. 格栅安装

（1）弹簧片吊具下端的专用吊钩，与格栅主骨预留孔洞钩挂。

（2）弹簧片吊具可以在轻钢龙骨移动，确保弹簧片吊具垂直受力。

（3）格栅安装可以从一个墙角开始，将分片格栅托起，略高于标高位置线。临时进行固定。然后，微调弹簧片，直至达到格栅水平高度，安装后应确保每个分片受力均匀。

7. 调整、安装压边条

（1）格栅安装后应统一拉线调整，确保轻钢龙骨顺直、格栅表面平整、缝隙均匀一致。

（2）墙、柱四周收边，安装压边条。

要点 4：金属条板及方板吊顶施工要求

1. 施放吊顶标高水平线，分划龙骨分档线

参见"轻钢龙骨活动饰面板吊顶施工要求"的内容。

2. 安装主龙骨吊杆

参见"轻钢龙骨活动饰面板吊顶施工要求"的内容。

3. 安装边龙骨

参见"轻钢龙骨固定罩面板吊顶施工要求"的内容。

4. 安装主龙骨

参见"轻钢龙骨固定罩面板吊顶施工要求"的内容。

5. 安装次龙骨

参见"轻钢龙骨固定罩面板吊顶施工要求"的内容。

6. 安装饰面板

(1) 铝塑板安装。

1) 铝塑板采用室内单面铝塑板,根据设计要求,在工厂制作成需要的形状,用胶贴在事先封好的底板上,可以根据设计要求留出适当的胶缝。

2) 胶黏剂粘贴时,涂胶应均匀;粘贴时,应采用临时固定措施,并应及时擦去挤出的胶液;在打封闭胶时,应先用美纹纸将饰面板保护好,待胶打好后,撕去美纹纸带,清理板面。

(2) 单铝板或不锈钢板安装。

将板材加工折边,在折边上加上角钢,再将板材用拉铆钉固定在龙骨上,可以根据设计要求留出适当的胶缝,在胶缝中填充泡沫塑料棒,然后打密封胶。在打封闭胶时,应先用美纹纸将饰面板保护好,待胶打好后,撕去美纹纸带,清理板面。

(3) 金属(条、方)扣板安装。

1) 条板式吊顶龙骨一般可直接吊挂,也可以增加主龙骨,主龙骨间距不大于 1200 mm,一般为 1000 mm 为宜,条板式吊顶龙骨形式与条板配套。

2) 方板吊顶次龙骨分别装 T 型和暗装卡口两种,可根据金属方板式样选定;次龙骨与主龙骨间用固定件连接。

3) 金属板吊顶与四周墙面所留空隙,用金属压条与吊顶找齐,金属压缝条材质宜与金属板面相同。

(4) 饰面板上的灯具、烟感、喷淋头、风口、广播等设备的位置应合理、美观,与饰面的交接应吻合、严密,并做好检修口的预留,使用材料应与母体相同,安装时应严格控制整体性、刚度和承载力。

7. 调整

吊顶饰面板安装后应统一拉线调整,按设计要求安装压条,确保龙骨顺直、缝隙均匀一致、顶板表面平整。

要点 5:玻璃饰面板吊顶施工要求

1. 施放吊顶标高水平线,分划龙骨分档线

参见"轻钢龙骨活动饰面板吊顶施工要求"的内容。

2.安装大龙骨吊杆

参见"轻钢龙骨活动饰面板吊顶施工要求"的内容。

3.安装大龙骨

(1)配装吊杆螺母和吊挂件。

(2)大龙骨安装在吊挂件上。

(3)安装大龙骨时,将组装好吊挂件的大龙骨,按分档线位置使吊挂件穿入相应的吊杆螺栓,拧好螺母。

(4)大龙骨由设计确定材质、规格、尺寸和间距要求。

(5)根据大龙骨标高位置,对角拉水平标准线,大龙骨安装调平以该线为基准。

4.安装基层骨架

(1)基层骨架的制作、安装应符合设计要求。

(2)跨度较大的基层骨架应经设计计算后,其端部可以与梁、柱连接,以减轻楼板集中荷载。

(3)基层骨架应满足玻璃饰面板安装要求。

5.防腐防火处理

(1)顶棚内所有露明铁件,须涂刷防锈漆。

(2)大龙骨需刷防火涂料2~3遍。

6.安装玻璃饰面板

(1)玻璃饰面板一般分为彩绘玻璃和磨砂玻璃等,应符合设计要求。

(2)玻璃饰面板安装要求。

1)点支吊挂作法。

· 在基层骨架上安装玻璃饰面板不锈钢吊挂件。

· 不锈钢吊挂件的间距与玻璃饰面板孔洞间距,应完全一致、吻合。

· 玻璃饰面板孔洞由厂家负责打孔。

· 玻璃饰面板直接与不锈钢吊挂件连接,玻璃饰面板下面用不锈钢螺帽(带胶垫)锁紧。

· 板缝打胶:由设计确定。

2)粘贴钉固做法。

· 在基层骨架上安装7 mm厚胶合板(双面满涂防火涂料),采用自攻螺钉固定时,间距应大于300 mm;依据设计要求弹出玻璃饰面板位置线。

· 玻璃饰面板按照弹线位置、对号入座、逐次安装,用玻璃饰面板四周用半圆头,胶垫。不锈钢螺丝固定。

· 板缝打胶。

3)其他安装方法应符合设计要求。

重点掌握

要点 6：增强水泥空心条板隔墙施工要求

第(1)～(5)道工序参见"增强石膏空心条板隔墙施工要求"的内容。

(6)安装隔墙板。

1)隔墙条板安装顺序应从墙的结合处或门边开始,依次顺序安装。安装前用聚苯乙烯泡沫塑料将条板顶端圆孔塞堵严实。板侧清除浮灰,在墙面、顶面、板的顶面及侧面(相拼合面)满刮Ⅰ型水泥胶黏剂,按弹线位置安装就位,用木楔顶在板底,留 20～30 mm 缝隙,用 2 m 靠尺及塞尺测量墙面的平整度,用 2 m 托线板检查板的垂直度,检查条板是否与预先在顶板和地板上弹好的定位线对准,无误后,一个人用撬棍在板底部向上顶,另一个人打木楔,在板两侧对楔背紧,使隔墙板挤紧顶实,然后用开刀(腻子刀)将挤出的胶黏剂刮平。按以上操作办法依次安装隔墙板。

黏结完毕的墙体,应立即用强度等级不低于 C20 的干硬性细石混凝土将板下口堵严,当混凝土墙强度达到 10 MPa 以上,撤去板下木楔,并用同等强度的干硬性混凝土捻实。

2)门、窗上的横板在安装前先用聚苯乙烯泡沫塑料将两端头圆孔填堵严实。横板上端与结构顶板交接处满刷黏结剂,并与 U 形卡固定卡牢(每块横板至少 2 块 U 形卡)。门、窗上横板端头安装与结构墙连接时用角钢托,与条板连接时要搭接粘牢或用角钢托固定。

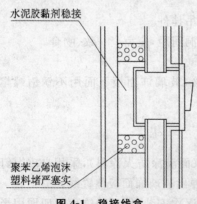

水泥胶黏剂稳接

聚苯乙烯泡沫
塑料堵严塞实

图 4-1　稳接线盒

3)关于条板在各种形式节点处连接,如转角连接、丁字形连接、十字形连接等,以及与承重内外墙连接方法,均在条板侧面交接处的接触面满涂Ⅰ型水泥型胶黏剂粘牢挤严,并附加粘贴无纺布条。

4)在安装板的过程中,应按电气安装图找准位置敷设电线管、稳接线盒。所有电线管必须顺增强水泥空心条板的孔铺设,严禁横铺和斜铺。稳接线盒时,先在板面用云石机开孔,孔要大小适度,要方正。孔内清洁干净,并用聚苯乙烯泡沫塑料将洞孔上下堵严塞实,用水泥胶黏剂稳接线盒,如图 4-1 所示。

5)设备安装:根据工程设计在条板上定位开孔,用 B 型水泥胶黏剂预埋吊挂配件,孔内处理同 4)条,如图 4-2 所示。

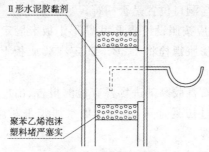

图 4-2 安装吊挂埋件

（7）安门窗框：一般采用后塞口的方法。钢门窗框必须与门窗框板中预埋件焊接。木门窗框用连接件连接，一边用木螺丝与木框连接，另一端与门窗框中预埋件焊接。门窗框与门窗框板之间缝隙不宜超过 3 mm，超过 3 mm 时应加木垫片过渡。嵌缝要严密，以防止门扇开关时碰撞门框造成裂缝，如图 4-3 所示。

（8）板缝处理：隔墙板安装后 3 天，检查所有缝隙是否黏结良好，有无裂缝，如出现裂缝，应查明原因后修补。已黏结好的所有板缝先清理浮灰，刮胶黏剂，贴 50 mm 宽聚酯无纺布（或玻纤布网格带），转角隔墙在阴、阳角处黏结 200 mm 宽聚酯无纺布（或玻纤布）一层，压实、粘牢，表面再用胶黏剂刮平。

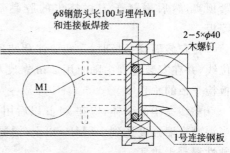

图 4-3 板与门框连接

（9）板面装修。

1）一般条板墙面，直接用石膏腻子刮平，打磨后再刮第二道腻子，再打磨平整，最后做饰面。

2）如遇板面局部有裂缝，在做饰面前应先处理，才能做下一道工序。

要点 7：增强石膏空心条板隔墙施工要求

（1）结构墙面、顶面、地面清理和找平：清理隔墙与顶板、地面、墙面的结合部，将浮灰、尘土等杂物清除干净，凡凸出墙面的砂浆、混凝土块等必须剔除并扫净，结合部尽力找平。

（2）放线、分档：在地面、墙面及顶面根据设计位置，弹好隔墙条板边线及门窗洞口线，并按中距 600 mm（含缝 5 mm）进行排板。

（3）配板、修补：板的长度应按楼层结构净高尺寸减 20~30 mm，有条基的房间要减条基高度。当板的宽度与隔墙的长度不相应时，应将部分隔墙条板预先拼接加宽或锯窄成合适的宽度，并放置在阴角处。有缺陷的板应修补，并核对门窗框板及上下板与洞口位置是否相符。

（4）安装 U 形卡：应按照设计要求用 U 形钢板卡固定条板的顶端。在两块条板顶端拼接之间用膨胀螺栓将 U 形卡固定在梁或板上，随安板随固定 U 形钢板卡。

（5）配置胶黏剂：石膏胶黏剂进场要有检测报告、出厂日期、使用期限，按使用说明进行配置。超过初凝时间，不得再加水加胶重新调制使用，以避免板缝因黏结不牢而出现裂缝。

（6）安装隔墙条板。

1）隔墙条板安装顺序应从墙的结合处或门边开始，依次顺序安装。安装前用聚苯乙烯泡沫塑料将条板顶端圆孔塞堵严实。板侧清除浮灰，在墙面、顶面、板的顶面及拼合面满涂 I 型石膏型胶黏剂，按弹线位置安装就位，用木楔顶在板底，留 20～30 mm 缝隙，再用手推条板，侧面将板挤紧，使之板缝冒浆，一个人用特制的撬棍在板底部向上顶，另一个人打木楔，两组木楔对楔背紧，使条板挤紧顶实，然后用腻子刀将挤出的胶黏剂刮平。按以上操作办法依次安装隔墙板。

在安装隔墙条板时，一定要注意使条板对准预先在顶板和地板上弹好的定位线，并在安装过程中随时用 2 m 靠尺及塞尺测量墙面的平整度。用 2 m 托线板检查板的垂直度。

黏结完毕的墙体，应在 24 h 以后用 C20 干硬性细石混凝土将板下口堵严，当混凝土墙强度达到 10 MPa 以上（混凝土同条件试件），撤去板下木楔，并用干硬性混凝土捻实。

2）门、窗上的横板在安装前先用聚苯乙烯泡沫塑料将两端头圆孔填堵严实。横板上端与结构顶板交接处满刷胶黏剂，并与 U 形卡固定卡牢（每快横板至少 2 块 U 形卡）。门、窗上横板端头安装与结构墙连接时用角钢托，与条板连接时要搭接黏牢或用角钢托固定。

3）关于条板在各种形式节点处连接，如转角连接、丁字形连接、十字形连接等，以及与承重内外墙连接方法，均在条板侧面交接处的接触面满涂 I 型石膏型胶黏剂黏牢挤严，并附加粘贴无纺布条（或玻纤布网格带），如图 4-4 所示。

4）在安装板的过程中，应按电气安装图找准位置敷设电线管、稳接线盒。所有电线管必须顺石膏板的孔铺设，严禁横铺和斜铺。稳接线盒时，先在板面用云石机开孔，孔要大小适度，要方正。孔内清洁干净，并用聚苯乙烯泡沫塑料将洞孔上下堵严塞实，用 II 型石膏型胶黏剂黏牢。

5）安装水暖、煤气管卡：按水暖、煤气管道安装图找标高和竖直位置，划出管卡定位线，在隔墙板上钻孔扩孔（禁止剔凿），孔内清洁干净，上下堵严，用 B 型石膏型胶黏剂固定管卡，如图 4-5 所示。

6）安装吊挂埋件：隔墙板上可安装碗柜、设备和装饰物，每一块板可设两个吊点,每个吊点重不大于 80 kg。先在隔墙板上钻孔扩孔,孔内清洁干净,用Ⅱ型石膏型胶黏剂固定埋件,待干后再吊挂设备,如图 4-6 所示。

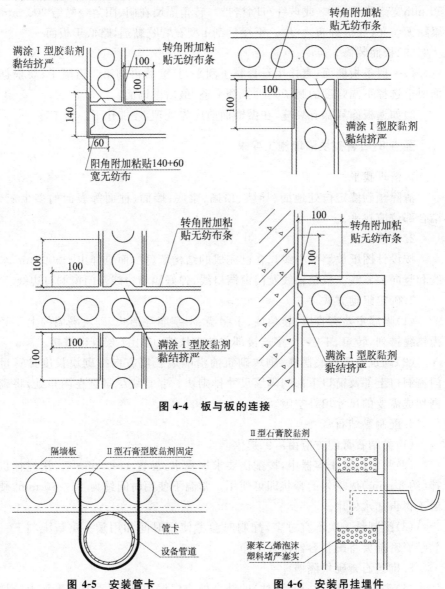

图 4-4 板与板的连接

图 4-5 安装管卡

图 4-6 安装吊挂埋件

(7)安门窗框:一般采用塞口的方法。钢门窗框必须与门窗口框板中预埋件焊接。木门窗框用连接件连接,一边用木螺丝与木框连接,另一端与门窗框板中预埋件焊接。门窗框与门窗框板之间缝隙不应超过 3 mm,超过 3mm 时应加木垫片过渡。嵌缝要严密,以防止门扇开关时碰撞门框造成裂缝,如图 4-3 所示。

(8)板缝处理:隔墙板安装后 3 天,检查所有缝隙是否黏结良好,有无裂缝,应查明原因后修补。已黏结好的板缝,先清理灰尘,再刷 I 型石膏胶黏剂黏结 50 mm 宽聚酯无纺布(或玻纤布网格带),转角隔墙在阴、阳角处黏结 200 mm 宽聚酯无纺布(或玻纤布)一层。干燥后刮 I 型石膏胶黏剂,略低于板面。

(9)板面装修。

1)一般条板墙面,直接用石膏腻子刮平,打磨后再刮第二道腻子(要根据饰面要求选择不同强度的腻子),再打磨平整,最后做饰面。

2)如遇板面局部有裂缝,在做饰面前应先处理,才能作下一道工序。

要点 8:石膏砌块隔墙施工要求

1.清理找平

清除预砌墙定位处地面、导墙、顶棚、梁底、墙面、柱面等表面的多余灰浆,结合部位应找平。

2.放线

按设计图纸放墙中心线。在已完成的结构墙(柱)面应弹出 +500 mm 水平线和竖向控制线。校核轴线及门窗洞口线,弹好隔墙边线及门窗洞口边线。

3.确定组砌方式

(1)隔墙主要有直墙、转角墙、丁字墙、十字墙等形式,砌块隔墙的上下竖缝为错缝排列,转角、丁字、十字连接部位的砌块墙,应上下层咬砌搭接。

(2)砌筑前要撂底摆缝,砌块砌筑前沿隔墙长度方向按砌块长度计算量测门窗洞口上部及窗口下部的隔墙尺寸排砌块。非整块尽量赶在阴角处,将砌块锯切成需要的尺寸填补空隙。

4.配制黏结石膏

(1)黏结石膏配方应由厂家提供。

(2)将粉料置于容器中,按配比要求加入水,静置 1~2 min 后,用搅拌机搅拌(约 3 min)成均匀的膏状即可使用。常温下使用时间约为 40~60 min,硬化后不得再加水使用。

(3)配制量一次不宜过多,配制时参考使用时间和用量。重新配制下一批黏结石膏前要将配料容器清理干净。

5.砌筑石膏砌块隔墙

(1)砌筑时,从与结构墙(柱)的结合处或门洞边开始,采取自下而上阶梯形式的砌筑方式,错缝排列,错缝间距应 1/3 砌块长度。

(2)转角、丁字墙、十字墙连接部位应上下搭接咬砌,企口咬接精确。

(3)砌块的长度方向与墙体方向平行一致,榫槽向下。

(4)对楼地面(导墙)基层用直尺和水平仪进行找平,在找平后的基层铺上胶黏剂。第一层砌块凹槽朝下,在墙面、砌块底面及侧面满铺胶黏剂,按弹线位置安装就位、挤压,使砌块缝冒浆,如图 4-7 所示。

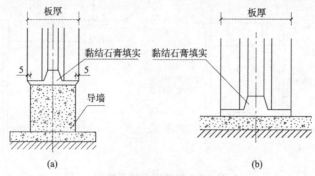

图 4-7　隔墙黏结图

(a)隔墙与导墙黏结;(b)隔墙与地面黏结

(5)第一层砌块应用木楔进行找平,不允许反复移动已铺上胶黏剂的砌块找平,砌筑 40 min 后可以将木楔露出墙体的部分切断,而无须拔出。

(6)水平及竖向砌缝厚度为 5 mm。

(7)在垂直和水平的连接缝铺上石膏胶黏剂,砌块的凸缘和凹槽均应抹满胶黏剂(包括砌块上下面和侧面),用橡皮锤对石膏砌块敲击,使凹凸楔口连接紧密,互相咬合,楔口内石膏胶黏剂饱满,余浆塞严刮平。

(8)从墙角处开始盘角砌筑,通过砌块配合完成连接。转角部位为保证上下竖缝十字错开,转角处第一块砌块应将凸缘部分削去刨平,相接部位应挤满胶黏剂。

(9)及时去除接缝中流出的石膏胶黏剂。用直尺、水平仪和橡皮锤找正。

(10)与结构墙(柱)等部位连接:
L 形钢连接件可用不小于 2 mm 厚的镀锌钢板加工,钢板长边 250 mm,短边 150 mm,宽 20 mm,厚 2 mm。短边用射钉枪铆在混凝土楼板或墙(柱)上,长边埋入石膏砌块凹槽内,结合部位安放泡沫交联聚乙烯或泡沫橡胶条连接。如图 4-8 所示。水平方向每隔两层设置一道连接件,顶部竖向每隔两块设置一道拉接件。

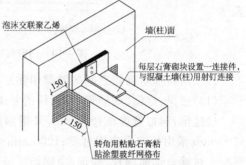

图 4-8　与墙柱连接示意图

(11)与混凝土顶板连接:砌块墙顶与混凝土顶板底面间预留 30~35 mm 间隙,防腐木楔双背紧,石膏胶黏剂捻浆填实。抗震设防烈度为 8 度,墙长大于 5 000 mm 时,墙顶砌块砌缝处设置 L 型钢板卡固定与顶连接,如图 4-9 所示。

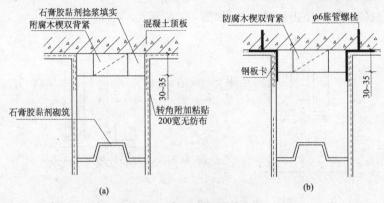

图 4-9　与顶板连接示意图

（a）直接与顶板连接；（b）用钢板卡与顶板连接

（12）砌筑门窗洞口、安装门窗框。

1）门窗洞口处，当门窗洞口尺寸小于 600 mm×700 mm 时，可不采用混凝土过梁直接在砌块墙面开洞口，空心砌块用黏结石膏填实抹平。

2）当门窗洞口较大时，洞口周边应砌筑实心砌块。

3）采用尼龙锚栓固定门窗框，锚栓间距 500～600 mm，如图 4-10 所示。

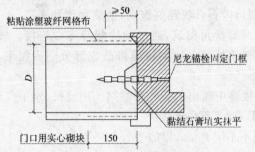

图 4-10　门窗框固定示意图

4）在门窗框与砌块之间的缝隙用黏结石膏嵌缝严密，严禁使用水泥浆。

（13）过梁、抱框、配筋带、构造柱的要求。

1）过梁：洞口宽度≤1000 mm 采用钢筋网片过梁；1000 mm＜洞口宽度≤1200 mm 采用角钢或扁钢过梁；1200 mm＜洞口宽度≤3000 mm 采用现浇钢筋混凝土过梁。钢筋网片、扁钢、角钢均需经过有效防锈处理。

2）混凝土抱框：选用一般重型门和重型门时，门口设钢筋混凝土抱框，抱框内设预埋件。

3）混凝土配筋带：80 mm≤墙厚＜100 mm，墙体高度超过 3 m 应设置配筋带；墙厚≥100 mm，墙体高度超过 4 m 应设置配筋带。

4）混凝土构造柱：砌块墙长度超过 6 m，应设置构造柱。

5）拉结方式：拉结钢筋的生根方式可采用预埋铁件、贴模箍、预留钢筋、锚栓、植筋等连接方式。

6.预埋管线、线盒安装

(1)待墙体板缝胶黏剂硬化后,在砌块墙上设置暗线开洞和吊挂件。

(2)暗埋管线应先开管槽,管槽的水平长度≤400 mm、竖间宽度≤100 mm、厚度≤0.5D,所有线管严禁斜铺。管线安装后,用Ⅱ型石膏胶黏剂填实。当管槽大于上述规定时,在砌块墙间留出空隙,布管后用黏结石膏填实补平。管槽处均应用黏结石膏粘贴涂塑玻纤网格布进行加强。

(3)砌块切割应用粗齿锯,支架或管线穿墙时应用电动开槽机或电钻,不得用金属琴子或铁锤凿槽人工开洞。如在孔洞上开槽钻孔,应先在孔洞内用Ⅱ型石膏胶黏剂填实。

(4)竖向线管采用镀锌钢管,竖向预留管线应通过开槽和用U形卡固定后,用黏结石膏将缝隙塞满刮平,如图 4-11 所示。线盒等小型洞口采用开孔器开孔后,再用扁铲扩孔,孔要大小适度、方正。孔内清理干净,再用黏结石膏稳住接线盒。水电专业必须与隔墙施工密切配合,管线敷设应与隔墙同步施工。严禁通过剔凿方式敷设管线和安装设备。采用 PVC管,管线敷设宜通过主墙到达预留高度,然后采取现浇带的方式预留。

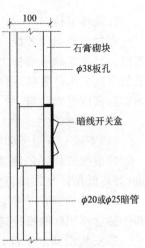

图 4-11　暗埋线、盒图

7.安装吊挂件

(1)当砌块墙体挂装吊柜、卫生洁具、家用电器和其他挂件时,用穿墙螺栓固定。每 1 块板可设 2 个吊点,每个吊点吊重不大于 80 kg,如图 4-12 所示。需要安装大型重物挂件时,采用支吊架措施,具体做法应根据设计要求参考相关支吊架国标图集或另行安装设计。

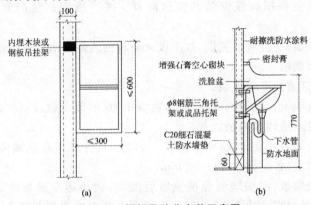

图 4-12　橱柜及脸盆安装示意图

（a）橱柜安装；（b）脸盆安装

（2）固定吊挂重物的砌块墙体，应砌筑实心砌块，若采用空心砌块，空心处应采用黏结石膏填充压实。

8.阴阳角处理

门窗洞口缝处及墙面的阴、阳角处粘贴 100～200 mm 宽涂塑玻纤网格布一层，网格布之间搭接长度不小于 50 mm。

要点 9：玻璃板隔断安装要求

1.放线定位

先放出地面位置线，再用垂直线法放出墙、柱上的位置线，高度线和沿顶位置线。有框玻璃隔墙标出竖框间隔位置和固定点位置，无竖框玻璃隔墙根据玻璃板宽度标出位置线（缝隙宽度根据设计要求确定），并核实已配置好的玻璃板与实际高度是否相符，如有问题应进行处理后再安装。

2.安装框架

（1）安装上下沿顶和沿地水平型材。

1）根据已放好的隔墙位置线，先检查与水平框接触的地面和顶面的平整度，如高低超过允许偏差先进行处理。

2）安装沿地水平框，按隔墙线暂时固定，按标高线找平，检查全长平整，标高一致后再用膨胀螺栓进行固定。

3）安装沿顶水平框，根据顶上已放隔墙线，对准下框边缘，进行复核，是否相符；并核实玻璃安装高度，找平后用膨胀螺栓进行固定。

（2）安装竖框。

1）分档：有框玻璃，按玻璃板宽度加竖框宽度，在沿地水平框进行分档划线（有门洞时减去洞宽）。

2）按分档线安装竖框，先安装靠结构基体墙部位的竖向框，用线坠吊垂直后与基体墙固定，与上下沿顶沿地水平框交接处要割成八字角，用连接件连接平整牢固。然后根据画线安装其他竖向框。要严格控制竖向框的垂直度和间距。

3）无框玻璃，按玻璃的宽度，加上设计要求的缝隙在沿地水平框划分割线。

3.安装玻璃板

（1）有框玻璃板隔墙安装。

1）检查玻璃板入框槽的嵌入深度，边缘余隙、前部余隙、后部余隙是否符合设计。无问题后清理槽内杂物灰尘。

2）槽底安装两块支承块（距框角 30～50mm），并准备在玻璃两侧面及上框各安两块定位块（各距框角 30～50 mm）。

3）安装玻璃板：用玻璃吸盘两侧吸着玻璃，横抬运至安装地点，将玻璃竖起，抬放入底槽口支承块上，将两侧定位块塞入竖向框两侧及顶上，吊垂直后嵌入密封条，若不垂直，应重新进行调整。

(2)对于无竖框玻璃隔墙。从靠隔墙一端开始安装,因为玻璃板只靠上下两端嵌入沿地沿顶框槽中(先放支承块),安装过程中,控制其垂直度及玻璃的间距位置。第一块安装完后,按线位继续安装,注意控制竖缝宽度要一致。

4.嵌缝打胶

(1)无框玻璃:玻璃全部就位后,校正平整度、垂直度,同时用聚苯乙烯泡沫嵌条嵌入槽口内使玻璃与金属槽接合平顺、紧密,然后打嵌缝胶。注胶时应从缝隙的端头开始,均匀注入,注满后随即用塑料片在玻璃两侧刮平。打胶前在缝两侧贴保护膜保护玻璃。

(2)有框玻璃:在框四周嵌入密封胶条,在玻璃四周分点嵌入,然后再继续均匀嵌入边框中,镶嵌要平整密实。

5.边框装饰

根据设计要求无框玻璃接缝处安压缝装饰条,有框玻璃框四周安装饰条。

要点10:轻钢龙骨石膏板隔墙施工要求

(1)隔墙放线。根据设计施工图纸,在地面上放出隔墙位置线、门窗洞口边框线,并放好顶龙骨位置边线。

(2)混凝土墙垫施工(根据设计要求)。将地面凿毛、清扫并洒水湿润后做现浇混凝土墙垫。按已弹隔墙线支模板浇筑 C20 细石混凝土。墙垫两侧要垂直,表面要抹平,且标高一致。强度达到 10 MPa 以上可安装龙骨。厚度一般为100 mm。

(3)安装沿顶龙骨和地龙骨。按已放好的隔墙位置线,安装顶龙骨和地龙骨,用射钉固定于楼、地面或混凝土墙垫上,射钉间距为 600 mm。龙骨对接要保持平直(钉前要按设计要求放通长橡胶垫)。

(4)安装边框龙骨。隔墙两端与基体连接处,按设计要求先垫密封条,沿已弹线将边框龙骨固定在基体上。混凝土墙用射钉,砖砌体与已埋木砖钉牢,固定间距不大于 600 mm。

(5)竖向龙骨分档。根据隔墙、门洞口位置,在安装顶、地龙骨后,按罩面板规格板宽确定分档尺寸,如板宽为 900 mm、1 200 mm 时,分档尺寸为 453 mm、603 mm。不足模数的分档应避开门洞框边第一块罩面板位置,使破边石膏罩面板不在靠洞框边。石膏板横向接缝处应加横撑龙骨固定板缝。

(6)安装竖龙骨。按分档位置安装竖龙骨,竖龙骨上下两端插入沿顶龙骨及沿地龙骨,调整垂直及定位准确后,用抽芯铆钉固定;门洞根据门的类型增安加强横竖龙骨。

(7)安装横向贯通龙骨及支撑卡。隔墙低于 3 m,安装横向贯通龙骨一道,根据设计要求,隔墙高度在 3~5 m 时安装两道,高 5 m 以上安装三道。支撑卡安装在竖向龙骨的开口上,卡距 400~600 mm,距龙骨两端距离为 20~25 mm。

(8)安装纸面石膏板。

1)检查龙骨安装质量,门洞口框是否符合设计及构造要求,龙骨间距是否符合石膏板宽度的模数。根据设计要求板缝是采用压条接缝还是暗缝接缝,一般做法采用暗缝接缝,板缝留 6 mm 宽(石膏板边为楔形)。

2)安装一侧罩面板,从门口处开始,无门洞口的墙体由墙的一端开始,石膏板应竖向铺设,长边接缝应落在竖龙骨上,板缝宽 6 mm。石膏板一般用自攻螺钉固定,板边钉距不大于 200 mm,板中间距不大于 300 mm,螺钉距石膏板边缘的距离不得小于 10 mm,也不得大于 16 mm。自攻螺钉紧固时,纸面石膏板必须与龙骨紧靠。钉帽应埋入板内,但不能损坏纸面。

3)安装墙体内电管、电盒和电箱设备,并进行隐蔽工程检查验收。

4)如设计要求有防火隔声要求时,安装墙体内防火、隔声、防潮填充材料,薄厚要均匀,固定要牢固。

(9)安装另一侧纸面石膏板:安装方法同第一侧纸面石膏板,其接缝应与第一侧面板缝错开。安装双层纸面石膏板:第 1 层板的固定方法与第 1 层相同,第 2 层板的接缝应与第 1 层错开,不能与第 1 层的接缝落在同一龙骨上。

(10)接缝处理:纸面石膏板墙接缝做法有 3 种形式,即平缝、凹缝和压条缝,一般作平缝(即暗缝)较多,可按以下程序处理:

1)刮嵌缝腻子:刮嵌缝腻子前先将接缝内的浮土清除干净,用小刮刀把腻子嵌入板缝,与板面坡口填实刮平。

2)粘贴玻纤带:待嵌缝腻子凝固后再粘贴拉结材料。先在接缝上薄刮一层稠度较稀的胶状腻子,厚度为 1 mm,随即粘贴玻纤带,用中刮刀从上而下向一个方向刮平压实,赶出胶腻子与玻纤带之间的气泡。

3)刮中层腻子:玻纤带粘贴后,立即在上面再刮一层、厚度约 1 mm 的中层腻子,使玻纤带埋入此层腻子中。

4)找平腻子:用大刮刀将腻子楔形槽与板面平。

5)阴阳角接缝处理:阴角的接缝处理同平缝,阳角粘贴 2 层玻纤布条,角两边均拐过 100 mm,粘贴方法同平缝处理,如设计要求做金属护角时,先刮一层腻子,随即用镀锌钉固定金属护条,并用腻子刮平。

(11)面层处理:进行板面装饰前,板面钉帽应进行防锈处理。纸面石膏板墙面,根据建筑物的标准,可做所需的各种饰面。

要点 11:木龙骨隔墙施工要求

(1)放线:在基体地面及顶上弹出水平线和墙面竖向垂直线,以控制隔墙龙骨安装的位置、格栅的平直度和固定点。

(2)安装沿顶龙骨和沿地龙骨:按已放好的隔墙位置线,先安装地面水平龙骨,用膨胀螺栓固定,再垂直吊线到顶板上做好标记,固定沿顶龙骨。螺栓间距不超过 1000 mm,固定之前按设计要求放通长的橡胶垫。龙骨端接头要平整、牢固。

（3）竖向龙骨分档：竖向龙骨间距一般为 400 mm，需根据罩面板板宽尺寸确定，板接头缝必须在竖龙骨上，因此在分挡时要考虑板宽及板缝隙后确定竖龙骨间距，并画好线。

（4）安装竖龙骨。

1）先安隔墙两端靠基体墙的竖向龙骨，将竖龙骨立起，紧贴基体墙面，线坠吊直后用螺栓固定。然后根据分挡安装竖向龙骨，竖龙骨应垂直，线坠吊直后，上下端头顶紧用大钉子斜向钉入沿顶或沿地龙骨上。

2）门洞口两边的竖向龙骨要加大断面（根据设计）或安双根竖龙骨，门框上方要加入字斜撑（门口处沿地龙骨要断开）。

（5）安装横撑：横撑水平布置于竖向龙骨之间，一般间距 1200～1500 mm（根据设计确定），横撑两端头顶紧竖龙骨，同一行横撑要求在同一直线上，并呈水平，两头用钢钉斜向钉牢于竖龙骨上。

（6）安一侧罩面板。

1）木龙骨框架安装后，经检查验收，可先钉装一侧的罩面板，宜从下往上逐块钉设，并以竖向钉为宜。竖向拼缝要求垂直，横向拼缝要求水平，拼缝应位于竖向龙骨和横撑中间拼缝间隙要符合设计要求。

2）固定罩面板：沿边缘用钉子固定，钉距 80～150 mm，钉帽要砸扁，钉入板面 0.5～1 mm，当面层涂刷清漆时，钉眼用油性腻子抹平。如有条件时用气钉钉牢。

3）如隔墙有防火或隔声要求时，钉完一侧罩面板时，可以根据设计要求装钉矿棉、岩棉或隔声防火材料。

4）罩面板如露花纹时，钉装就位前首先进行挑选，纹路、颜色、上下板、左右板相互呼应。

（7）安装墙体内电管、盒及电箱设备：在木结构墙体内安装电管盒槽，必须有可靠的防火隔离措施，并按有关消防管理部门批准的设计方案进行安装。

（8）安另一侧罩面板：安在隔墙内电气设施进行隐检后再安装另一侧罩面板，方法同第（6）条。

（9）接缝处理：罩面板接缝可选明缝或加压条（木压条或金属压条），均按设计要求进行。

要点 12：活动隔断安装要求

1. 弹线定位

根据施工图，在室内地面放出移动式木隔断的位置，并将隔断位置线引至侧墙及顶板。

2. 安靠墙竖框

隔断两端均安装靠墙竖框，一端竖框与第一隔扇相连，另一端竖框与活动隔墙最后一扇临时连接。竖框规格尺寸、造型均要符合设计，但必须与两端墙基体连接牢固、垂直。两端竖框中心线都控制在隔墙线内。

3.预制隔扇

首先根据图纸结合实际测量出移动隔断的高、宽净尺寸,并确认轨道的安装方式,然后计算隔断每一块活动隔扇的高、宽净尺寸(中间扇宽度均等,两端第一扇宽度为中间扇的 1/2 再减去 20 mm),绘出加工图。由于活动木隔断是室内活动的墙,每块隔扇都应像装饰木门一样,美观、精细,所以尽可能在专业厂家车间制作,以保证产品的质量。其主要工序是:配料、截料、刨料、画线凿眼、倒楞、裁口、开榫断肩、组装、加楔净面、油漆饰面。油漆饰面的工作也可以安装好后做,但为防止开裂、变形,应先刷一遍清漆或底漆。

4.安装轨道

(1)悬吊导向式固定方法(滑轮装在隔扇顶部)。

1)根据顶部已弹好的隔墙中心线,将滑轮轨道外皮线弹出。

2)安装固定滑轮轨道一侧的扁钢卡子(3 mm 厚 Z 字形),间距 450 mm,用膨胀螺栓固定。

3)轨道一侧扁钢卡子安装完毕以后,开始安装滑轮轨道,将轨道一侧安靠到卡子内,立即安装另一侧的扁钢卡子。然后将滑轮轨道调平、调直。轨道靠扁钢卡定位,因此卡子与顶板之间连接必须牢固可靠。

4)如果混凝土顶板标高与隔墙高度模数不相符时,应在顶上另安装钢制吊架,固定滑轮轨道。

5)在隔扇下部不设轨道,与地面接触的缝隙处理按设计要求。

(2)支承导向式固定方法(滑轮装在隔扇底部)。

1)根据地面弹好的隔墙线,找好轨道标高,将固定滑轮轨道的连接件通过膨胀螺栓固定安装在混凝土楼板上。如有预埋件,可焊在埋件上。

2)拉通线安滑轮轨道,钢制轨道槽底与连接件电焊焊牢。

3)隔扇顶部安装导向杆,防止隔扇的晃动。位置、材质按设计要求。

5.安装活动隔扇

首先应根据安装方式,先划出滑轮安装位置线,然后将滑轮的固定架用木螺钉固定在木隔扇的上梃顶面或下梃的底面上,将滑杆的固定架用木螺钉固定在木隔扇的下梃顶面或上梃的底面上。隔扇逐块装入轨道后,推移到指定位置,调整各片隔扇,当其都能自由地回转且垂直于地面时,便可进行连接或做最后的固定。每相邻隔扇用三副合页连接,上下合页位置分别设置于扇高度的上、下 1/10 处,并避开上、下梃,中间合页设置在中部偏上位置,距地约为扇高度的 0.6 倍。

6.饰面

根据设计可以将移动式木隔断芯板做软包;也可以裱糊墙布、壁纸或织锦缎;还可以用高档木材实木板镶装或贴饰面板制作,作清漆涂料;也可以镶磨砂、刻花玻璃等。应根据设计要求按相关工艺进行装饰。

第二节 饰面板与门窗工程

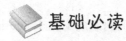 **基础必读**

要点 1：塑料门窗安装

1.弹线定位

(1)沿建筑物全高用大线坠(高层建筑宜采用经纬仪或全站仪找垂直线)引测门洞边线，在每层门窗口处画线标记。

(2)逐层抄测门窗洞口距门窗边线实际距离，需要进行处理的应做记录和标志。

(3)门窗的水平位置应以楼层室内＋500 mm 线为准向上反量出窗下皮标高，弹线找直。每一层窗下皮必须保持标高一致。

(4)墙厚方向的安装位置应按设计要求和窗台板的宽度确定。原则上以同一房间窗台板外露尺寸一致为准。

2.门窗洞口处理

(1)门窗洞口偏位、不垂直、不方正的要进行剔凿或抹灰处理。

(2)洞口尺寸偏差应符合表 4-1 规定。

表 4-1 洞口尺寸允许偏差

项 目	允许偏差/mm
洞口高度、宽度	±5
洞口对角线长度差	±5
洞口侧边垂直度	1.5/1000 且不大于 2
洞口中心线与基准线偏差	±5
洞口下平面标高	±5

3.安装固定片

(1)固定片采用厚度大于等于 1.5 mm，宽度大于等于 15 mm 的镀锌钢板。安装时应采用直径为 3.2 mm 的钻头钻孔，然后将十字盘头自攻螺丝钉 M4×20 mm 拧入，不得直接锤击钉入。

(2)固定片的位置应距窗角、中竖框、中横框 150～200 mm，固定片之间的间距不大于 600 mm，不得将固定片直接装在中横框、中竖框的档头上。

4.门窗框就位和临时固定

(1)根据划好的门窗定位线,安装门窗框。

(2)当门窗框装入洞口时,其上、下框中线与洞口中线对齐。

(3)门窗框的水平、垂直及对角线长度等符合质量标准,然后用木楔临时固定。

5.门窗框安装固定

(1)窗框与墙体洞口的连接要牢固、可靠,固定点的间距应不大于 600 mm,距窗角距离不应大于 200 mm(以 150~200mm 为宜)。

(2)门窗框与墙体固定应按对称顺序,将已安装好的固定片与洞口四周固定,先固定上下框,然后固定边框,固定方法应符合下列要求:

1)混凝土墙洞口应采用射钉或塑料膨胀螺钉固定。

2)砖墙洞口应采用塑料膨胀螺钉或水泥钉固定,并不得固定在砖缝上。

3)加气混凝土洞口应采用木螺钉将固定片固定在预埋胶粘圆木上。

4)设有预埋铁件的洞口应采用焊接方法固定,也可先在预埋件上按紧固件规格打基孔,然后用紧固件固定。

(3)门窗框与墙体无论采取何种方法固定,均需结合牢固,每个连接件的伸出端不得少于 2 只螺钉固定。同时,还应使门窗框与洞口墙之间的缝隙均等。

(4)也可采用膨胀螺钉直接固定法。用膨胀螺钉直接穿过门窗框将框固定在墙体或地面上。该方法主要适用于阳台封闭窗框及墙体厚度小于 120 mm 安装门窗框时使用。

6.门窗框与墙体间隙间的处理

(1)塑料门窗框安装固定后,进行隐蔽工程验收。

(2)验收合格后,及时按设计要求处理门窗框与墙体之间的间隙。如果设计未要求时,可选用发泡胶、弹性聚苯保温材料及玻璃岩棉条进行分层填塞。外表留 5~8 mm 深槽口填嵌嵌缝油膏或密封胶。

(3)塑料窗应在窗台板安装后将上缝、下缝同时填嵌,填嵌时不可用力过大,防止窗框受力变形。

7.门窗扇安装

(1)平开门窗扇安装:应先在厂内剔好框上的铰链槽,到现场再将门窗扇装入框中,调整扇与框的配合位置,并用铰链将其固定,然后复查开关是否灵活自如。

(2)推拉门窗扇安装:由于推拉门窗扇与框不连接,因此对可拆卸的推拉扇,应先安装好玻璃后再安装门窗扇。

(3)对出厂时框、扇就连在一起的平开塑料门窗,则可将其直接安装,然后再检查开启是否灵活自如,如发现问题,则应进行必要的调整。

8.五金配件安装

(1)安装五金配件时,应先在框扇杆件上用手电钻打出略小于螺钉直径的孔眼,然后用配套的自攻螺钉拧入,严禁用锤直接打入。

(2)塑料门窗的五金配件应安装牢固,位置端正,使用灵活。

9.清理及清洗

(1)在安装过程中塑料门框表面应有保护塑料胶纸,并要及时清理门窗框、扇及玻璃上的水泥砂浆、灰水、打胶材料及喷涂材料等,以免对铝合金门窗造成污染。

(2)在粉刷等装修工程全部完成准备交工前,将保护胶纸撕去,并对门窗进行清洗。

(3)在塑料门窗上一旦沾有污物时,要立即用软布擦拭干净,切忌用硬物刮除。

10.冬期施工

门窗框与墙体之间、玻璃与框扇之间缝隙的打胶工程在整个作业期间的环境温度应不小于 5 ℃。

要点 2:铝合金门窗安装

1.弹线定位

(1)沿建筑物全高用大线坠(高层建筑宜采用经纬仪或全站仪找垂直线)引测门洞边线,在每层门窗口处画线标记。

(2)逐层抄测门窗洞口距门窗边线实际距离,需要进行处理的应做记录和标志。

(3)门窗的水平位置应以楼层室内+500 mm 线为准向上反量出窗下皮标高,弹线找直。每一层窗下皮必须保持标高一致。

(4)墙厚方向的安装位置应按设计要求和窗台板的宽度确定。原则上以同一房间窗台板外露尺寸一致为准。

2.门窗洞口处理

(1)门窗洞口偏位、不垂直、不方正的要进行剔凿或抹飞灰处理。

(2)洞口尺寸偏差应符合表 4-2 规定。

表 4-2　门窗洞口尺寸允许偏差

项　目	允许偏差/mm
洞口高度、宽度	±5
洞口对角线长度差	≤5
洞口侧边垂直度	1.5/1000 且不大于 2
洞口中心线与基准线偏差	≤5
洞口下平面标高	±5

3.防腐处理

(1)对于门框四周的外表面的防腐处理,设计有要求时按设计要求处理。如果设计没有要求,可涂刷防腐涂料或粘贴塑料薄膜进行保护,以免水泥砂浆直接与铝合金门窗表面接触,腐蚀铝合金门窗。

(2)安装铝合金门窗时,如果采用金属连接件固定,则连接件、固定件宜采用不锈钢件。否则必须进行防腐处理,以免产生电化学反应,腐蚀铝合金门窗。

4.铝合金门窗框就位和临时固定

(1)根据划好的门窗定位线,安装铝合金门窗框。

(2)当门窗框装入洞口时,其上、下框中线与洞口中线对齐。

(3)门窗框的水平、垂直及对角线长度等符合质量标准,然后用木楔临时固定。

5.铝合金门窗框安装固定

(1)铝合金门窗框与墙体的固定一般采用固定片连接,固定片多以 1.5 mm 厚的镀锌板裁制,长度根据现场需要进行加工。

(2)与墙体固定的方法主要有三种:

1)当墙体上有预埋钢件时,可把铝合金门窗的固定片直接与墙体上的预埋铁件焊牢,焊接处需做防锈处理。

2)用膨胀螺栓将铝合金门窗的固定片固定到墙上。

3)当洞口为混凝土墙体时,也可用 $\phi 4$ mm 或 $\phi 5$ mm 射钉将铝合金门窗的固定片固定到墙上(砖砌墙不得用射钉固定)。

(3)铝合金窗框与墙体洞口的连接要牢固、可靠,固定点的间距应不大于600 mm,固定片距窗角距离不应大于 200 mm(以 150～200 mm 为宜)。

(4)铝合金门的上边框与侧边框的固定按上述方法进行。下边框的固定方法根据铝合金门的形式、种类有所不同:

1)平开门可采用预埋件连接、膨胀螺丝连接、射钉连接或预埋钢筋焊接等方式。

2)推拉门下边框可直接埋入地面混凝土中。

3)地弹簧门等无下框的,边框可直接固定于地面中,地弹簧也埋入地面中,并用水泥浆固定。

6.门窗框与墙体间隙间的处理

(1)铝合金门窗框安装固定后,进行隐蔽工程验收。

(2)验收合格后,及时按设计要求处理门窗框与墙体之间的间隙。如果设计未要求时,可选用发泡胶、弹性聚苯保温材料及玻璃岩棉条进行分层填塞。外表留 5～8 mm 深槽口填嵌嵌缝油膏或密封胶。严禁用水泥砂浆填嵌。

(3)铝合金窗应在窗台板安装后将上缝、下缝同时填嵌,填嵌时不可用力过大,防止窗框受力变形。

7.门窗扇安装

(1)门窗扇应在墙体表面装饰工程完工验收后安装。

(2)推拉门窗在门窗框安装固定后,将配好玻璃的门窗扇整体安入框内滑槽。调整好扇的缝隙即可。

(3)平开门窗在框与扇格架组装上墙、安装固定好后再安装玻璃,即先调整好框与扇的缝隙,再将玻璃安入扇并调整好位置,最后镶嵌密封条及密封胶。

(4)地弹簧门应在门框及地弹簧主机入地安装固定后再安门扇。先将玻璃嵌入门扇格架并一起入框就位,调整好框扇缝隙,最后填嵌门扇玻璃的密封条及密封胶。

8.五金配件安装

五金配件与门窗连接用镀锌或不锈钢螺钉。安装的五金配件应结实牢固,使用灵活。

9.清理及清洗

(1)在安装过程中铝合金门框表面应有保护塑料胶纸,并要及时清理门窗框、扇及玻璃上的水泥砂浆、灰水、打胶材料及喷涂材料等,以免对铝合金门窗造成污染及腐蚀。

(2)在粉刷等装修工程全部完成准备交工前,将保护胶纸撕去,需进行以下清洗工作:

1)如果塑料胶纸在型材表面留有胶痕,宜用香蕉水清洗干净。

2)铝合金门窗框扇,可用水或浓度为 1%～5% 的中性洗涤剂充分清洗,再用布擦干。不应用酸性或碱性制剂清洗,也不能用钢刷刷洗。

3)玻璃应用清水擦洗干净,对浮灰或其他杂物,要全部清除干净。

10.冬期施工

门窗框与墙体之间、玻璃与框扇之间缝隙的打胶工程在整个作业期间的环境温度应不小于 5 ℃。

要点 3:木门窗安装

(1)放样。放样就是按照图样将门窗各部件的详细尺寸足尺画在样棒上。样棒采用经过干燥的松木制作,双面刨光,厚度约 25 mm,宽度等于门窗框子梃的断面宽度,长度比门窗高度长 200 mm 左右。

放样时,先画出门窗的总高及总宽,再定出中贯档到门窗顶的距离.然后根据各剖面详图依次画各部件的断面形状及相互关系。样棒放好后,要经过仔细校核才能使用。

(2)配料与截料。配料是根据样棒上(或从计算得到)所示门窗各部件的断面(厚度×高度)和长度,计算其所需毛料尺寸,提出配料加工单。考虑到制作门窗料时的刨削、损耗,各部件的毛料尺寸要比净料尺寸加大些,具体加大量参考数据如下。

1)断面尺寸。手工单面刨光加大 1~1.5 mm,双面刨光加大 2~3 mm,机械加工时单面刨光加大 3 mm,双面刨光加大 5 mm。

2)长度尺寸。门框冒头有走头者(即用先立方法,门窗上冒头需加长),加长 240 mm;无走头者,加长 20 mm,窗框梃加长 10 mm,窗冒头及窗根加长 10 mm,窗梃加长 30~50 mm。配料时,应注意木料的缺陷,不要把节子留在开桦、打眼及起线的部位;木材小钝棱的边可作为截口边;不应采用腐朽、斜裂的木料。

(3)刨料。刨料时宜将纹理清晰的材面作为正面。刨完后,应将同类型、同规格的框扇堆放在一起,上下对齐,每两个正面相合,框垛下面平整垫实。

(4)画线。根据门窗的构造要求,在每根刨好的木料上画出桦头线、桦眼线等。

1)禅眼应注意桦眼与棒头大小配问题。

2)画线操作宜在画线架上进行。所有禅眼都要注明是全桦还是半桦,是全眼还是半眼。

(5)打眼。为使桦眼结合紧密,打眼工序一定要与桦头相配合。先打全眼后打半眼,全眼要先打背面,凿到一半时翻转过来再打正面,直到凿透。眼的正面要留半条墨线,反面不留线,但比正面略宽。

打成的眼要方正,眼内要干净,眼的两端面中部略微隆起,这样禅头装进去就比较紧密。

(6)开桦与拉肩。开桦又称倒卯,就是按榨头纵线向锯开。拉肩是锯掉稗头两边的肩头(横向),通过开禅和拉肩操作就制成了禅头。锯成的禅头要方正、平直,桦眼应完整无损,不准有因拉肩而锯伤的桦头。榨头线要留半线,以备检查。半禅的长度应比桦眼的深度少 2~3 mm。

(7)裁口与起线。裁口又称铲口、铲坞,即在木料棱角刨出边槽,供装玻璃用。裁口要刨得平直、深浅宽窄一致。

(8)拼装。一般是先里后外。所有桦头应待整个门窗拼装好并归方后再敲实。

1)拼装门窗框时,应先将中贯档与框子梃拼好,再装框子冒头,拼装门扇时,应将一根门梃放平,把冒头逐个插上去,再将门芯板嵌装于冒头及门梃之间的凹槽内,但应注意使门芯板在冒头及门梃之间的凹槽底留出 1.5~2 mm 的间隙,最后将另一根门梃对眼装上去。

2)门窗拼装完毕后,最后用木楔(或竹楔)将禅头在桦眼中挤紧。加木楔时,应先用凿子在榫头上凿出一条缝槽,然后将木(竹)楔沾上胶敲入缝槽中。如在加楔时发现门窗不方正,应在敲楔时加以纠正。

(9)编号。制作和经修整完毕的门窗框、扇要按不同型号写明编号,分别堆放,以便识别。需整齐叠放,堆垛下面要用垫木垫平实,应在室内堆放,防止受潮,需离地 30 cm。

要点 4:全玻璃门安装

1 玻璃门固定部分安装

(1)定位放线:根据设计要求位置,放出固定玻璃及玻璃门扇的定位线,确定门框位置,并根据+500 mm 水平线标测出门框顶部标高。用线坠吊直,在结构顶板标出固定玻璃的上框位置及标高。

(2)安装固定玻璃底端框槽:用膨胀螺栓将横向底框槽固定在地面上,如果是木制或钢框时,两侧均包不锈钢面板。框槽的宽度及深度应符合设计要求。

(3)安装固定玻璃顶部水平框槽:根据顶部放线位置,安装固定玻璃上顶部框槽,用膨胀螺栓固定,外覆面贴不锈钢面层。框槽的宽度及深度应符合设计要求。

(4)安装横竖门框:根据设计要求的材料品种规格、尺寸安装固定玻璃门扇上顶端横门框及两侧竖向门框,外包金属饰面条。

(5)安装固定玻璃。

1)玻璃底端框槽中放 2 块支承垫(每块玻璃下放 2 块),用玻璃吸盘将玻璃吸紧,2~3 人手握吸盘,将玻璃抬起到安装部位,玻璃上部插入顶部框槽内,下部插到底端框槽支承垫上,吊垂直后将上部定位垫垫好粘贴住。玻璃嵌入深度、前后余隙、边缘余隙要符合设计要求。靠竖向门框的玻璃板的一侧边嵌入竖门框中,门框需先放 2 块定位块。

2)安定玻璃后用压条封玻璃四周,并用嵌缝胶条嵌实、嵌牢。

3)玻璃条板之间对缝接缝宽度要根据设计要求,玻璃固定好后,缝内塞聚氯乙烯棒再注入嵌缝胶,用塑料片在玻璃板对接的两面将胶刮平,之后用干净布擦净。

2.活动玻璃门扇安装

(1)画线:在玻璃门上的上、下金属横档内画线,按线固定转运销的销孔板和地弹簧的转动轴连接板。具体操作可参照地弹簧产品安装说明。

(2)确定门扇高度:玻璃门扇的高度尺寸,在裁割玻璃板时应注意包括插入上下门夹的安装部分。一般情况下,玻璃高度尺寸应小于测量尺寸 5 mm 左右,以便与安装时进行定位调节。把上、下门夹(多采用镜面不锈钢成型材料)分别装在厚玻璃门扇上下两端,并进行门扇高度的测量。如果门扇高度不足,即其上、下边距门横框及地面的缝隙超过规定值,可在上、下门夹内加垫胶合板条进行调节。

(3)固定上下门夹:门扇高度确定后,即可固定上下门夹,在玻璃板与金属门夹内的两侧空隙处,由两边同时插入小木条,轻敲稳实,然后在小木条、门扇玻璃及横档之间形成的缝隙中注入玻璃胶。

(4)门扇定位安装:进行门扇定位安装。将门框横梁上的定位销本身的调节螺钉调出门框横梁平面1~2 mm,再将玻璃门扇竖起来,把门扇下门夹内的转动销连接件的孔位对准地弹簧的转动销轴,并转动门扇将孔位套入销轴上。然后把门扇转动90°使之于门框横梁成直角,把门扇上门夹中的转动连接件的孔对准门框横梁上的定位销,将定位销插入孔内15 mm左右(调动定位销上的调节螺钉)。

(5)安装拉手:全玻璃门扇上的拉手孔洞,一般是预先订购时就加工好的,拉手连接部分插入孔洞时不能很紧。安装前在拉手插入玻璃的部分涂少许玻璃胶;如若插入过松,可在插入部分裹上软质胶带。拉手组装时,其根部与玻璃贴紧后再拧紧固定螺钉。

要点5:门窗玻璃安装

1.钢、木框玻璃的安装

(1)将需要安装的玻璃,按部位分规格、数量分别将已裁好的玻璃就位;分送的数量应以当天安装的数量为准,不宜过多,以减少搬运和减少玻璃的损耗。

(2)一般安装顺序应先安外门窗,后安内门窗,先西北面后东南面的顺序安装;如劳动力允许,也可同时进行安装。

(3)安装木框(扇)玻璃。

1)用玻璃钉油灰固定(油灰适用于厚度不大于6 mm,面积不大于2 m² 的玻璃)。

· 先将木扇槽口内木屑渣清理干净,沿裁口全长均匀涂铺垫底油灰,最少厚1 mm,最厚不超过3 mm,要均匀无间断,无堆积,四周压平实。

· 立即装玻璃,用双手将玻璃轻按压实,四周底灰要挤出槽口,四口要按实并保持端正,随即钉玻璃钉,间距为150~200 mm,每边不少于2个,钉冒靠紧玻璃垂直钉入,钉后要使玻璃牢固,又不出现在油灰外为准。

· 钉完玻璃钉后抹前部油灰,对于不大于1 m² 的玻璃油灰宽度不小于10 mm,大于1 m² 小于2 m² 的玻璃油灰宽度不应小于12 mm,油灰应紧贴玻璃和口,比槽口略低1 mm(油漆用),抹完后应有45°斜角,斜面达到饱满、光滑、无麻面、无裂纹。四角整齐,达到里不见油灰边,外不见槽口。硬化后刷油漆加以保护。

2)木压条固定。

・木压条尺寸大小应符合要求,木门扇进场时预先钉入在扇的槽口内,装玻璃前将压条起下来,要加强保管,不得乱扔。

・将玻璃安在槽口内,将木压条紧贴玻璃,把四边木条卡紧后,用小锤钉钉子(钉帽预先砸扁),检查四角是否 45°割角对齐平整,然后钉牢固,钉帽冲入面层。

(4)安装钢框(扇)玻璃。

1)钢门窗安装玻璃,应用钢丝卡固定,钢丝卡间距不得大于 300 mm,且每边不得少于 2 个,并用油灰填实抹光;铺垫底油灰、安装玻璃、抹面层油灰等要求同木框、扇。如果采用橡皮垫,应先将橡皮垫嵌入裁口内,并用压条和螺丝钉加以固定。

2)安装斜天窗的玻璃,应从顺流水方向盖叠安装,盖叠搭接的长度应视天窗的坡度而定,当坡度为 1/4 或大于 1/4 时,不小于 30 mm;坡度小于 1/4 时,不小于 50 mm,盖叠处应用钢丝卡固定,并在缝隙中用密封膏嵌填密实。

3)如安装磨砂玻璃和压花玻璃,压花玻璃的花面应向外,磨砂玻璃磨砂面应向室内。

4)楼梯栏板或平台栏板安装钢化玻璃时,应按设计要求用卡紧螺丝或压条镶嵌固定;在玻璃与金属框格相连接处,应衬垫橡皮条或塑料垫。

(5)玻璃安装后,应进行清理,将玻璃擦干净后做到明净、透光、美观并将油灰、钉子、钢丝卡及木压条等随手清理干净,关好门窗。

(6)冬期施工应在已安装好玻璃的室内作业,温度应在 29 ℃以上;存放玻璃的库房与作业面温度不能相差过大,玻璃如从过冷或过热的环境中运入操作地点,应带玻璃温度与室内温度相近后再行安装;如条件允许,要将预先裁割好的玻璃提前运入作业地点。

2.铝合金、塑料框玻璃的安装

(1)塑料框(扇)玻璃安装。

1)应去除玻璃表面的尘土、油污等污物和水膜。并将安玻璃的槽口内灰浆渣、异物清除干净,使排水孔畅通。

2)核对玻璃的品种、尺寸、规格是否正确,框扇是否平整、牢固。

3)玻璃安装:将已裁割好的玻璃放入塑料框扇凹槽中间,内外两侧的余隙不少于 2.5 mm。装配后应保证玻璃与镶嵌槽间隙,并在主要部位装有减振垫块,使其能缓冲启闭等力的冲击。单片玻璃、夹层玻璃的最小安装尺寸详见表4-3。

表 4-3　单片玻璃、夹层玻璃的最小安装尺寸　　　　(单位:mm)

玻璃厚度	前后余隙	嵌入深度	边缘余隙
3	2.5	8	3

续表

玻璃厚度	前后余隙	嵌入深度	边缘余隙
4,5,6	2.5	8	4
8	3	10	5

4)用橡胶压条固定:玻璃安装后,及时将橡胶压条嵌入玻璃两侧密封,然后将玻璃挤紧。橡胶压条的规格要与凹槽的实际尺寸相符,所嵌的压条要和玻璃、玻璃槽口紧贴,安装不能偏位,不能强行填入压条,防止玻璃承受较大的安装应力,而产生裂缝。用塑料压条固定时,先将玻璃安在框内,调平、调直后在室内一面嵌入压条,要靠贴玻璃,四角相交处预先切割成八字角,然后填嵌密封胶条。

5)检查玻璃橡胶压条设置的位置是否正确,防止堵塞排水通道和泄水孔。查无问题后将玻璃固定。

6)玻璃表面清理。关闭框扇,插好插销,防止风吹将玻璃振碎。

(2)铝合金框(扇)玻璃安装。

1)除去玻璃和铝合金表面的尘土、油污和水膜,并将玻璃槽口内的砂浆及异物清除干净,畅通排水孔,并复查框扇开关是否灵活。

2)玻璃安装前准备:将玻璃下部用约 3 mm 厚的氯丁橡胶垫块垫于凹槽内,避免玻璃直接接触框扇。

3)玻璃安装:将以裁割好的玻璃在铝合金框扇中就位,就位的玻璃应摆在凹槽中间,并应有充足的嵌入量。装配后应保证玻璃与镶嵌槽间隙,并在主要部位装有减振垫块,使其能缓冲启闭等力的冲击。

4)用胶条固定:先将橡胶压条放在玻璃两侧挤紧,检查安装位置是否正确,应不堵塞排水孔,然后将橡胶压条拿出,在压条上均匀地刷胶(硅酮系列密封胶),重新将压条依次嵌入玻璃凹槽内固定。橡胶压条的规格应于凹槽实际尺寸相符,其长度应短于玻璃周边长度,拐角处应将压条切成八字角连接并用胶粘牢。胶条应与玻璃和槽口紧贴,不得松动,安装不得偏位,不得强行填入胶条。

5)安装玻璃时,应将玻璃搁置在两块相同的支承垫块上,搁置点离玻璃垂直边缘的距离不小于玻璃宽的 1/4,且不宜小于 150 mm;位于扇中的玻璃,按开启方向确定定位垫块的位置,其定位垫块的宽度应大于所支撑玻璃的厚度,长度不应小于 25 mm。定位垫块下面可设铝合金垫片,垫块和垫片均固定在框扇上。

6)安装迎风面玻璃时,玻璃镶入框内后要及时用通长镶嵌条在玻璃两侧挤紧或用垫块固定,防止阵风将玻璃拍碎。

7)平开门窗的玻璃外侧要采用玻璃胶嵌封,应使玻璃与铝框连成整体。

8)检查垫块,镶嵌条是否堵塞排水通道和排水孔。

9)擦净玻璃,关闭门窗。

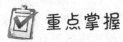 重点掌握

要点6:室内贴面砖安装要求

1.基层处理。

(1)建筑结构墙柱体基层,应有足够的强度、刚度和稳定性。基层表面应无疏松层、无灰浆、浮土和污垢,清扫干净。抹灰打底前应对基层进行处理,不同基层的处理方法不同。

(2)对于混凝土基层,要先进行"毛化"处理,凿毛或涂刷界面处理剂,以利于基层与底灰的结合及饰面板的黏结。即先将表面灰浆、尘土、污垢油污清刷干净,表面晾干。混凝土表面凸出的部位应剔平,然后浇水湿润,墙柱体浇水的渗水深度以8~10 mm为宜,可剔凿混凝土表面进行抽查确认。然后用1∶1水泥砂浆内掺界面剂,喷或甩到墙上,其甩点要均匀,毛刺长度不宜大于8 mm,终凝后喷水养护,直至水泥砂浆毛刺有较高的强度。

(3)加气混凝土、混凝土空心砌块等基层,应对松动、灰浆不饱满的砖缝及梁、板下的顶头缝,用聚合物水泥砂浆填塞密实。将凸出墙面的灰浆刮净,凸出墙面不平整的部位剔凿;坑凹凸不平缺棱掉角及设备管线槽、洞、孔用聚合物水泥砂浆修整密实、平顺。要在清理、修补、涂刷聚合物水泥后铺钉一层金属网,以增加基层与找平层及黏结层之间的附着力。不同材质墙面的交接处或后塞的洞口处均应铺钉金属网防止开裂,缝两侧搭接长度不小于100 mm。

(4)砖墙基层,要将墙面残余砂浆清理干净。

(5)基层清理后应浇水湿润,抹灰前基层含水率以15%~25%为宜。

(6)对于不适合直接粘贴面砖的基层,应与设计单位研究确定处理措施。

2.吊垂直、套方、找规矩、贴灰饼

根据水平基准线,分别在门口、拐角等处吊垂直、套方、贴灰饼。根据面砖的规格尺寸分层设点、做灰饼,间距不宜超过1.5 m,阴阳角处要双面找直。

3.打底灰抹找平层

(1)洒水湿润:抹底灰前,先将基层表面分遍浇水。特别是加气混凝土吸水速度先快后慢,吸水量大而延续时间长,故应增加浇水的次数,使抹灰层有良好的凝结硬化条件,不致在砂浆的硬化过程中水分被加气混凝土吸走。浇水量以水分渗入加气混凝土墙深度8~10 mm为宜,且浇水宜在抹灰前一天进行。遇风干天气,抹灰时墙面如干燥不湿,应再喷洒一遍水,但抹灰时墙面应不显浮水,以利砂浆强度增长,不出现空鼓、裂缝。

（2）抹底层砂浆：基层为混凝土、砖墙墙面，浇水充分湿润墙面后的第 2 天抹 1∶3 水泥砂浆，每遍厚度 5～7 mm，应分层分遍与灰饼齐平，并用大杠刮平找直，木抹子搓毛。基层为加气混凝土墙体，在刷好聚合物水泥浆以后应及时抹灰，不得在水泥浆

风干后再抹灰，否则，容易形成隔离层，不利于砂浆与基层的黏结。抹灰时不要将灰饼破坏。底灰材料应选择与加气混凝土材料相适应的混合砂浆，如水泥∶石灰膏（粉煤灰）∶砂＝1∶0.5∶（5～6），厚度 5 mm，扫毛或划出纹线。然后用 1∶3 水泥砂浆（厚度约为 5～8 mm）抹第 2 遍，用大杠将抹灰面刮平，表面压光。用吊线板检查，要求垂直平整，阴角方正，顶板（梁）与墙面交角顺直、平整、洁净。

（3）加强措施：如抹灰层局部厚度大于或等于 35 mm 时，应按照设计要求采用加强网进行加强处理，以保证抹灰层与基体黏结牢固。不同材料墙体相交接部位的抹灰，应采用加强网进行防开裂处理，加强网与两侧墙体的搭接宽度不应小于 100 mm。

（4）当作业环境过于干燥且工程质量要求较高时，加气混凝土墙面抹灰后可采用防裂剂。底子灰抹完后，立即用喷雾器将防裂剂直接喷洒在底子灰上，防裂剂以雾状喷出，以使喷洒均匀、不漏喷，不宜过量且不宜过于集中，操作时喷嘴倾斜向上仰，与墙面的距离，以确保喷洒均匀适度，又不致将灰层冲坏。防裂剂喷撒 2～3 h 内不要搓动，以免破坏防裂层表层。

4.弹线、排砖

找平层养护至六、七成干时，可按照排砖设计或样板墙，在墙上分段、分格弹出控制线并做好标记。根据设计图纸或排砖设计进行横竖向排砖，阳角和门窗洞口边宜排整砖，非整砖应排在次要部位，且横竖均不得有小于 1/2 的非整砖。非整砖行应排在次要部位，如门窗上或阴角不明显处等。但要注意整个墙面的一致和对称。如遇有突出的管线设备卡件，应用整砖套割吻合，不得用非整砖随意拼凑镶贴。

用碎饰面砖贴标准点，用做灰饼的混合砂浆贴在墙面上，用以控制贴饰面砖的表面平整度。垫底尺计算准确最下一皮砖下口标高，以此为依据放好底尺，要水平、安稳。

5.浸砖

将已挑选颜色、尺寸一致的砖（变形、缺棱掉角的砖挑出不用），放入净水中浸泡 2 h 以上，并清洗干净，取出后晾干表面水分后方可使用（通体面砖不用浸泡）。

6.粘贴饰面砖

（1）内墙饰面砖应由下向上粘贴。粘贴时饰面砖黏结层厚度一般为：1∶2水泥砂浆 4～8 mm 厚；1∶1 水泥砂浆 3～4 mm 厚；其他化学胶黏剂 2～3 mm厚。面砖卧灰应饱满。

（2）先固定好靠尺板，贴最下第一皮砖，面砖贴上后用灰铲柄轻轻敲击砖面使之附线，轻敲表面固定；用开刀调整竖缝，用小杠尺通过标准点调整平整度和垂直度，用靠尺随时找平、找方；在黏结层初凝前，可调整面砖的位置和接缝宽度，初凝后严禁振动或移动面砖。

（3）砖缝宽度应按设计要求，可用自制米厘条控制，如符合模数也可采用标准成品缝卡。

（4）墙面突出的卡件、水管或线盒处，宜采用整砖套割后套贴，套割缝口要小，圆孔宜采用专用开孔器来处理，不得采用非整砖拼凑镶贴。

7. 勾缝与擦缝

待饰面砖的黏结层终凝后，按设计要求或样板墙确定的勾缝形式、勾缝材料及颜色进行勾缝。也可用专用勾缝剂或白水泥擦缝。

8. 清理表面

勾缝时，应随勾缝随用布或棉纱擦净砖面。勾缝后，常温下经过 3 天即可清洗残留在砖面的污垢，一般可用布或棉纱蘸清水擦洗清理。

要点 7：室外贴面砖的安装要求

1. 饰面砖工程深化设计

（1）饰面砖粘贴前，应首先对设计未明确的细部节点进行辅助深化设计。确定饰面砖排列方式、缝宽、缝深、勾缝形式及颜色；防水及排水构造、基层处理方法等施工要点。并按不同基层做出样板墙或样板件。

（2）确定找平层、结合层、黏结层、勾缝及擦缝材料、调色矿物辅料等的施工配合比，做黏结强度试验，经建设、设计、监理各方认可后以书面的形式确定下来。

（3）饰面砖的排列方式通常有对缝排列、错缝排列、菱形排列、尖头形排列等几种形式；勾缝通常有平缝、凹平缝、凹圆缝、倾斜缝、山型缝等几种形式。外墙饰面砖不得采用密缝，留缝宽度不应小于 5 mm；一般水平缝 10~15 mm，竖缝 6~10 mm，凹缝勾缝深度一般为 2~3 mm。

（4）排砖原则定好后，现场实地测量基层结构尺寸，综合考虑找平层及黏结层的厚度，进行排砖设计，条件具备时应采用计算机辅助计算和制图。排砖时宜满足以下要求：

1）阳角、窗口、大墙面、通高的柱垛等主要部位都要排整砖，非整砖要放在不明显处，且不宜小于 1/2 整砖。

2）墙面阴阳角处最好采用异型角砖，如不采用异型砖，宜留缝或将阳角两侧砖边磨成 45°角后对接。

3）横缝要与窗台齐平。

4）墙体变形缝处，面砖宜从缝两侧分别排列，留出变形缝。

5）外墙饰面砖粘贴应设置伸缩缝，竖向伸缩缝宜设置在洞口两侧或与墙边、柱边对应的部位,横向伸缩缝可设置在洞口上下或与楼层对应处,伸缩缝应采用柔性防水材料嵌缝。

6)对于女儿墙、窗台、檐口、腰线等水平阳角处,顶面砖应压盖立面砖,立面底皮砖应封盖底平面面砖,可下突 3~5 mm 兼作滴水线,底平面面砖向内适当翘起以便于滴水。

2.基层处理

(1)建筑结构墙柱体基层,应有足够的强度、刚度和稳定性,基层表面应无疏松层、无灰浆、浮土和污垢。抹灰打底前应对基层进行处理,不同基层的处理方法要采取不同的方法。

(2)对于混凝土基层,多采用水泥细砂浆掺界面剂进行"毛化"处理,凿毛或涂刷界面处理剂,以利于基层与底灰的结合及饰面板的黏结。即先将表面灰浆、尘土、污垢油污清刷干净,表面晾干。混凝土表面凸出的部位应剔平,然后浇水湿润,墙柱体浇水的渗水深度以 8~10 mm 为宜,可剔凿混凝土表面进行抽查确认。然后用 1∶1 水泥砂浆内掺界面剂,喷或甩到墙上,其甩点要均匀,毛刺长度不宜大于 8 mm,终凝后喷水养护,直至水泥砂浆毛刺有较高的强度。如混凝土基层不需抹灰时,对于缺棱掉角和凹凸不平处可先刷掺界面剂的水泥浆,后用 1∶3 水泥砂浆或水泥腻子修补平整。

(3)加气混凝土、混凝土空心砌块等基层,要在清理、修补、涂刷聚合物水泥后铺钉一层金属网,以增加基层与找平层及黏结层之间的附着力。不同材质墙面的交接处或后塞的洞口处均应铺钉金属网防止开裂,缝两侧搭接长度不小于 100 mm。

(4)砖墙基层,要将墙面残余砂浆清理干净。

(5)基层清理后应浇水湿润,但粘贴前基层含水率以 15%~25% 为宜。

3.施工放线、吊垂直、套方、找规矩、贴灰饼

在建筑物大角、门窗口边、通天柱及垛子处用经纬仪打垂直线,并将其作为竖向控制线;把楼层水平线引到外墙作为横向控制线。以墙面修补抹灰最少为原则,根据面砖的规格尺寸分层设点、做灰饼,间距不宜超过 1.5 m,阴阳角处要双面找直,同时要注意找好女儿墙顶、窗台、檐口、腰线、雨篷等饰面的流水坡度和滴水线。

4.打底灰、抹找平层

抹底灰前,先将基层表面润湿,刷界面剂或素水泥浆一道,随刷随打底,然后分层抹找平层。找平层采用重量比 1∶3 或 1∶2.5 水泥砂浆,为了改善砂浆的和易性可适当掺外加剂。抹底灰时应用力抹,让砂浆挤入基层缝隙中使其黏结牢固。找平层的每层抹灰厚度约 12 mm,分层抹灰直到粘贴面层,表面用木抹子搓平,终凝后浇水养护。找平层总厚度宜为 15~25 mm,如抹灰层局部厚

度大于或等于 35 mm 时应设加强网。表面平整度最大允许偏差为 ±3 mm，立面垂直度最大允许偏差为 ±4 mm。

5.排砖、分格、弹线

找平层养护至六、七成干时，可按照排砖深化设计图及施工样板在其上分段分格弹出控制线并做好标记。如现场情况与排砖设计不符，则可酌情进行微调。外墙面砖粘贴时每面除弹纵横线外，每条纵线宜挂铅线，铅线略高于面砖 1 mm；贴砖时，砖里边线对准弹线，外侧边线对准铅线，四周全部对线后，再将砖压实固定。

6.浸砖

将已挑选好的饰面砖放入净水中浸泡 2 h 以上，并清洗干净，取出后晾干表面水分后方可使用（通体面砖不用浸泡）。

7.粘贴饰面砖

(1)外墙饰面砖宜分段由上至下施工，每段内应由下向上粘贴。粘贴时饰面砖黏结层厚度一般为：1∶2 水泥砂浆 4～8 mm 厚；1∶1 水泥砂浆 3～4 mm 厚；其他化学胶黏剂 2～3 mm 厚。面砖卧灰应饱满，以免形成渗水通道，并在受冻后造成外墙饰面砖空鼓开裂。

(2)先固定好靠尺板，贴最下第一皮砖，面砖贴上后用灰铲柄轻轻敲击砖面使之附线，轻敲表面固定；用开刀调整竖缝，用小杠尺通过标准点调整平整度和垂直度，用靠尺随时找平、找方；在黏结层初凝前，可调整面砖的位置和接缝宽度，初凝后严禁振动或移动面砖。

(3)砖缝宽度可用自制米厘条控制，如符合模数也可采用标准成品缝卡。

(4)墙面突出的卡件、水管或线盒处，宜采用整砖套割后套贴，套割缝口要小，圆孔宜采用专用开孔器来处理，不得采用非整砖拼凑镶贴。

(5)粘贴施工时，当室外气温大于 35 ℃，应采取遮阳措施。

8.勾缝

黏结层终凝后，可按样板墙确定的勾缝形式、勾缝材料及颜色进行勾缝，勾缝材料的配合比及掺矿物辅料的比例要指定专人负责控制。勾缝要根据缝的形式使用专用工具。勾缝宜先勾水平缝再勾竖缝，纵横交叉处要过渡自然，不能有明显痕迹。缝要在一个水平面上，连续、平直、深浅一致、表面压光。采用成品勾缝材料的应按产品说明书操作。

9.清理表面

勾缝时，应随勾随用棉纱蘸清水擦净砖面。勾缝后，常温下经过 3 天即可清洗残留在砖面的污垢。

要点 8：陶瓷锦砖安装要求

参见"室外贴面面砖的安装要求"的内容。

要点 9：大理石、磨光花岗岩、预制水磨石饰面安装要求

1. 材料要求

（1）水泥：宜用 32.5 级普通硅酸盐水泥。应有出厂合格证明及复试报告，若出厂超过 3 个月应按试验结果使用。

（2）白水泥：宜用 32.5 级白水泥。

（3）砂子：粗砂或中砂，用前过筛。含泥量不大于 3％。

（4）大理石、磨光花岗岩、预制水磨石等规格、颜色符合设计和图纸的要求，应有出厂合格证明及复试报告。但表面不得有隐伤、风化等缺陷。不宜用易褪色的材料包装。

（5）其他材料：如熟石膏、铜丝或镀锌钢丝、铅皮、硬塑料板条、配套挂件（镀锌或不锈钢连接件等）；尚应配备适量与大理石或花岗石、预制水磨石等颜色接近的各种石碴和矿物颜料；黏结胶和填塞饰面板缝隙的专用塑料软管等。

2. 接缝要求

（1）天然石饰面板的接缝，应符合下列规定：

1）室内安装光面和镜面的饰面板，接缝应干接，接缝处宜用与饰面板相同颜色的水泥浆填抹。

2）室外安装光面和镜面的饰面板，接缝可干接或在水平缝中垫硬塑料板条，垫塑料板条时，应将压出部分保留，待砂浆硬化后，将塑料板条剔出，用水泥细砂浆勾缝。干接缝应用与饰面板相同颜色水泥浆填平。

3）粗磨面、麻面、条纹面、天然面饰面板的接缝和勾缝应用水泥砂浆。勾缝深度应符合设计要求。

（2）人造石饰面板的接缝宽度、深度应符合设计要求，接缝宜用与饰面板相同颜色的水泥浆或水泥砂浆抹勾严实。

（3）饰面板完工后，表面应清洗干净。光面和镜面的饰面板经清洗晾干后，方可打蜡擦亮。

（4）装配式挑檐、托座等的下部与墙或柱相接处，镶贴饰面板应留有适量的缝隙翻校形缝处的饰面板留缝宽度，应符合设计要求。

石材饰面板可分为天然石饰面板和人造石饰面板两大类：前者有大理石、花岗石和青石板饰面板等，后者有预制水磨石、预制水刷石和合成石饰面板等。

小规格的饰面板（一般指边长不大于 400 mm，安装高度不超过 1 m 时）通常采用与釉面砖相同的粘贴方法安装，大规格的饰面板则通过采用联结件的固定方式来安装。

3. 满贴法施工

薄型小规格块材,边长小于 40 cm,可采用粘贴方法。

(1)进行基层处理和吊垂直、套方、找规矩,其他可参见镶贴面砖施工要点有关部分。要注意同一墙面不得有一排以上的非整砖,并应将其镶贴在较隐蔽的部位。

(2)在基层湿润的情况下,先刷黏结胶素水泥浆一道(内掺适量黏结胶),随刷随打底,底灰采用 1:3 水泥砂浆,厚度约 12 mm,分 2 遍操作,第 1 遍约 5 mm,第 2 遍约 7 mm,待底灰压实刮平后,抹底子灰表面划毛。

(3)待底子灰凝固后便可进行分块弹线,随即将已湿润的块材抹上厚度为 2～3 mm 的素水泥浆,内掺适量黏结胶进行镶贴(也可以用胶粉),用木槌轻敲,用靠尺找平找直。

4. 安装法施工

大规格块材,边长大于 40 cm,镶贴高度超过 1 m 时,可采用安装方法。

(1)钻孔、剔槽:安装前先将饰面板按照设计要求用台钻打眼,事先应钉木架使钻头直对板材上端面,在每块板的上、下两个面打眼,孔位打在距板宽的两端 1/4 处,每个面各打两个眼,孔径为 5 mm,深度为 12 mm,孔位距石板背面以 8 mm 为宜(指钻孔中心)。如大理石或预制水磨石、磨光花岗石宽度较大时,可以增加孔数。钻孔后用金刚錾子把石板背面的孔壁轻轻剔一道槽,深 5 mm 左右,连同孔眼形成象鼻眼,以备埋卧铜丝之用,如图 4-13 所示。

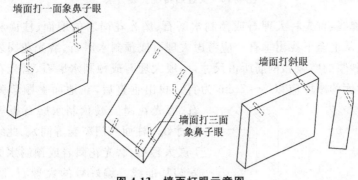

图 4-13　墙面打眼示意图

若饰面板规格较大,特别是预制水磨石和磨光花岗岩,如下端不好拴绑铜丝时,也可在未镶贴饰面板的一侧,采用手提轻便小薄砂轮(4～5 mm),按规定在板高的 1/4 处上、下各开一槽(槽长 3～4 cm,槽深约 12 mm 与饰面板背面打通,竖槽一般居中,也可偏外,但以不损坏外饰面和不反碱为宜),可将铜丝卧入槽内,便可拴绑与钢筋网固定。此法也可直接在镶贴现场做。

(2)穿铜丝:把备好的铜丝剪成长 20 cm 左右,一端用木楔粘环氧树脂将铜丝楔进孔内固定牢固,另一端将铜丝顺孔槽弯曲并卧入槽内,使大理石或预制水磨石、磨光花岗岩上、下端面没有铜丝突出,以便和相邻石板接缝严密。

(3)绑扎钢筋网:首先剔出墙上的预埋筋,把墙面镶贴大理石或预制水磨石的部位清扫干净。先绑扎一道竖向 $\phi 6$ 钢筋,并把绑好的竖筋用预埋筋弯压于墙面。横间钢筋为横扎大理石或预制水磨石、磨光花岗岩板材所用,如板材高度为 60 cm 时,第一道横筋在地面以上 10 cm 处与主筋绑牢,用作绑扎第一层板材的下口固定铜丝。第二道横筋绑在 50 cm 水平线上 7~8 cm,比石板上口低 2~3 cm 处,用于绑扎第一层石板上口固定铜丝,再往上每 60 cm 绑一道横筋即可。按照设计要求事先在基层表面绑扎好钢筋网,与结构预埋件绑扎牢固。其做法有在基层结构内预埋铁环,与钢筋网绑扎,如图 4-14 所示。

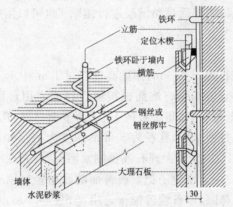

图 4-14 大理石传统安装方法

(4)弹线:首先将大理石或预制水磨石、磨光花岗岩的墙面、柱面和门窗套用大线坠从上至下找出垂直。应考虑大理石或预制水磨石、磨光花岗岩板材厚度、灌注砂浆的空隙和钢筋所占尺寸,一般大理石或预制水磨石、磨光花岗岩外皮距结构面的厚度应以 5~7 cm 为宜。找出垂直后,在地面上顺墙弹出大理石、磨光花岗岩或预制水磨石板等外轮廓尺寸线(柱面和门窗套等同)。此线即为第 1 层大理石、磨光花岗岩或预制水磨石等的安装基准线。编好号的大理石、磨光花岗岩或预制水磨石板等在弹好的基准线上画出就位线,每块留 1 mm 缝隙(如设计要求拉开缝,则按设计规定画出缝隙)。凡位于阳角处相邻两块板材,宜磨边卡角,如图 4-15 所示。

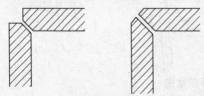

图 4-15 阳角磨边卡角

（5）安装大理石或预制水磨石、磨光花岗岩：按部位取石板并舒直铜丝，将石板就位，石板上口外仰，右手伸入石板背面，把石板下口铜丝绑扎在横筋上。绑时不要太紧可留余量，只要把铜丝和横筋拴牢即可（灌浆后即会锚固），把石板竖起，便可绑大理石或预制水磨石、磨光花岗岩板上口铜丝，并用木楔子垫稳，块材与基层间的缝隙（即灌浆厚度）一般为 30～50 mm。用靠尺板检查调整木楔，再拴紧铜丝，依次向另一方进行。柱面可按顺时针方向安装，一般先从正面开始。第 1 层安装完毕再用靠尺板找垂直，水平尺找平整，方尺找阴阳角方正，在安装石板时如发现石板规格不准确或石板之间的空隙不符，应用铅皮垫牢，使石板之间缝隙均匀一致，并保持第一层石板上口的平直。找完垂直、平整、方正后，用碗调制熟石膏，把调成粥状的石膏贴在大理石或预制水磨石、磨光花岗石板上下之间，使这两层石板结成一整体，木楔处也可粘贴石膏，再用靠尺板检查有无变形，等石膏硬化后方可灌浆（如设计有嵌缝塑料软管者，应在灌浆前塞放好）。图 4-16 为花岗石分格与几种缝的处理示意图。

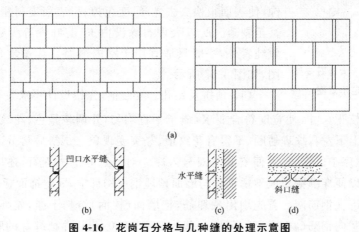

图 4-16　花岗石分格与几种缝的处理示意图
（a）立面分格；（b）凹口水平缝；（c）水平缝；（d）斜口缝

（6）灌浆：把配合比为 1∶2.5 水泥砂浆放入半截大桶加水调成粥状（稠度一般为 8～12 cm），用铁簸箕舀浆徐徐倒入，注意不要碰大理石、磨光花岗岩或预制水磨石板，边灌边用橡皮锤轻轻敲击石板面使灌入砂浆排气。第一层浇灌高度为 15 cm，不能超过石板高度的 1/3；第一层灌浆很重要，因要锚固石板的下口铜丝又要固定石板，所以要轻轻操作，防止碰撞和猛灌。如发生石板外移错动，应立即拆除重新安装。

第一次灌入 15 cm 后停 1～2 h，等砂浆初凝，此时应检查是否有移动，再进行第二层灌浆，灌浆高度一般为 20～30 cm，待初凝时再继续灌浆。第三层灌浆至低于板上口 5～10 cm 处为止。

（7）擦缝：全部石板安装完毕后，清除所有石膏和余浆痕迹，用抹布擦洗干净,并按石板颜色调制色浆嵌缝,边嵌边擦干净,使缝隙密实、均匀、干净、颜色一致。

(8)柱子贴面:安装柱面大理石或预制水磨石、磨光花岗岩,其弹线、钻孔、绑钢筋和安装等工序与镶贴墙面方法相同,要注意灌浆前用木方子钉成槽形木卡子,双面卡住大理石板、磨光花岗岩或预制水磨石板,以防止灌浆时大理石或预制水磨石、磨光花岗岩板外胀。

5.大理石饰面板安装

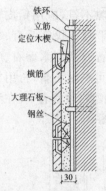

图 4-17　大理石安装
固定示意图

大理石是一种变质岩,其主要成分是碳酸钙,纯粹的大理石呈白色,但通常因含有多种其他化学成分,因而呈灰、黑、红、黄、绿等各种颜色。当各种成分分布不均匀时,就使大理石的色彩花纹丰富多变,绚丽悦目。表面经磨光后,纹理雅致,色泽鲜艳,是一种高级饰面材料。大理石在潮湿和含有硫化物的大气作用下,容易风化、溶蚀,使表面很快失去光泽,变色掉粉,表面变得粗糙多孔,甚至剥落。所以大理石除汉白玉、艾叶青等少数几种质较纯者外,一般只适宜用于室内饰面。其安装固定示意图,如图 4-17 所示。

(1)预拼及钻孔。安装前,先按设计要求在平地上进行试拼,校正尺寸,使宽度符合要求,缝子平直均匀,并调整颜色、花纹,力求色调一致,上下左右纹理通顺,不得有花纹横、竖突变现象。试拼后再分部位逐块按安装顺序予以编号,以便安装时对号入座。对已选好的大理石,还应进行钻孔剔槽,以便穿绑铜丝或不锈钢丝与墙面预埋钢筋网绑牢,固定饰面板。

(2)绑扎钢筋网。首先剔出预埋筋,把墙面(柱面)清扫干净,先绑扎(或焊接)一道竖向钢筋($\phi 6$ 或 $\phi 8$),间距一般为 300～500 mm,并把绑好的竖筋用预埋筋弯压于墙面,并使其牢固。然后将横向钢筋与竖筋绑牢或焊接,以作为栓系大理石板材用。若基体未预埋钢筋,可用电钻钻孔,埋设膨胀螺栓固定预埋垫铁,然后将钢筋网竖筋与预埋垫铁焊接,后绑扎横向钢筋。

(3)弹线。在墙(柱)面上分块弹出水平线和垂直线,并在地面上顺墙(柱)弹出大理石板外廓尺寸线。

(4)安装。从最下一层开始,两端用块材找平找直,拉上横线,再从中间或一端开始安装。安装时,按部位编号取大理石板就位,先将下口铜丝绑在横筋上,再绑上口铜丝,用靠尺板靠直靠平,并用木楔垫稳,再将铜丝系紧,保证板与板交接处四角平整。

(5)临时固定。石板找好垂直、平整、方正后,在石板表面横竖接缝处每隔100～150 mm 用调成糊状的石膏浆(石膏中可掺加 20%的白水泥以增加强度,防止石膏裂缝）予以粘贴，临时固定石板，使该层石板成一整体，以防止发生移位。

（6）灌浆。待石膏凝结、硬化后，即可用 1 : 2.5 水泥砂浆（稠度一般为 100～150 mm）分层灌入石板内侧缝隙中，每层灌注高度为 150～200 mm，并不得超过石板高度的 1/3。灌注后应插捣密实。只有待下层砂浆初凝后，才能灌注上层砂浆。如发生石板位移错动，应拆除重新安浆。

（7）嵌缝。全部石板安装完毕，灌注砂浆达到设计的强度标准值的 50% 后，即可清除所有固定石膏和余浆痕迹，用抹布擦洗干净，并用与石板相同颜色的水泥浆填抹接缝，边抹边擦干净，保证缝隙密实，颜色一致。大理石安装于室外时，接缝应用干性油腻子填抹。全部大理石板安装完毕后，表面应清洗干净。若表面光泽受到影响，应重新打蜡上光。

大理石饰面板传统的湿作业法安装工序多、操作较为复杂、易造成粘贴不牢、表面接槎不平整等质量缺陷，而且采用钢筋网连接也增加了工程造价。改进的湿作业法克服了传统工艺的不足，现已得到广泛应用。采用该法时，其施工准备、板材预拼编号等工序与传统工艺相同，其他不同工序的施工要点如下：

1）基体处理。大理石饰面板安装前，基体应清理干净，并用水湿润，抹上 1 : 1 水泥砂浆（体积比），砂子应采用中砂或粗砂。大理石板背面也要用清水刷洗干净，以提高其黏结力。

2）石板钻孔。将大理石饰面板直立固定于木架上，用手电钻在距板两端 1/4 处，位于板厚度的中心钻孔，孔径为 6 mm，孔深为 35～40 mm。

3）基体钻斜孔。用冲击钻按板材分块弹线位置，对应于板材上孔及下侧孔位置打 45°斜孔，孔径 6 mm，孔深 40～50 mm。

4）板材安装就位、固定。基体钻孔后，将大理石板安放就位，按板材与基体相距的孔距，用克丝钳子现场加工直径为 5 mm 的不锈钢 U 形钉，将其一端勾进大理石板材直孔内，并随即用硬木小楔楔紧，另一端勾进基体斜孔内，并拉线或用靠尺板及水平尺校正板上下口及板面垂直度和平整度，以及与相邻板材接合是否严密，随后将基体斜孔内 U 形钉楔紧。接着用大木楔入板材与基体之间，以紧固 U 形钉，如图 4-18 所示。

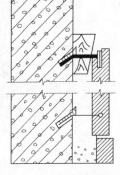

图 4-18　大理石板就位固定示意图

5）分层灌注黏结砂浆，其他与前述传统工艺相同。

大理石饰面板安装的质量要求是：表面光亮平整，纹理通顺，不得有裂缝、缺棱、掉角等缺陷；接缝平直、嵌缝严密、颜色一致；与基层黏结牢固，不得有空鼓现象。

要点 10:墙、柱面石材铺装安装要求

(1)铺贴前应进行挑选,并应按设计要求进行预拼。

(2)强度较低或较薄的石材应在背面粘贴玻璃纤维网布。

(3)当采用湿作业法施工时,固定石材的钢筋网应与结构预埋件连接牢固。每块石材与钢筋网拉接点不得少于 4 个。拉接用金属丝应具有防锈性能。灌注砂浆前应将石材背面及基层湿润,并应用填缝材料临时封闭石材板缝,避免漏浆。灌注砂浆宜用 1:2.5 水泥砂浆,灌注时应分层进行,每层灌注高度宜为 150~200 mm,且不超过板高的 1/3,插捣密实。待其初凝后方可灌注下层水泥砂浆。

(4)当采用粘贴法施工时,基层处理应平整但不应压光。胶黏剂的配合比应符合产品说明书的要求。胶液应均匀、饱满地刷抹在基层和石材背面,石材就位时应准确,并应立即挤紧、找平、找正,进行顶、卡固定。溢出胶液应随时清除。

要点 11:花岗石饰面板安装要求

1.改进的湿作业方法

传统的湿作业方法与前述大理石饰面板的传统湿作业安装方法相同。但由于花岗石饰面板长期暴露于室外,传统的湿作业方法常发生空鼓、脱落等质量缺陷,为克服此缺点,故提出了改进的湿作业方法,其特点是增用了特制的金属夹锚固件。其主要操作要点如下:

(1)板材钻斜孔打眼,安装金属夹安装,如图 4-19 所示。

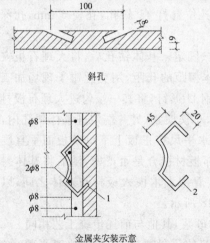

斜孔

金属夹安装示意

图 4-19 板材钻斜孔打眼,安装金属夹安装
1—JGN 胶;2—碳钢弹簧卡

(2)安装饰面板、浇灌细石混凝土。

（3）擦缝、打蜡。

2.干作业方法

干作业方法又称干挂法。它利用高强、耐腐蚀的连接固定件把饰面板挂在建筑物结构的外表面上,中间留出适量空隙。在风荷载或地震作用下,允许产生适量变位,而不致使饰面板出现裂缝或发生脱落,当风荷载或地震消失后,饰面板又能随结构复位。

干挂法解决了传统的灌浆湿作业法安装饰面板存在的施工周期长、黏结强度低、自重大、不利于抗震、砂浆易污染外饰面等缺点,具有安装精度高、墙面平整、取消砂浆黏结层、减轻建筑用自重、提高施工效率等特点。且板材与结构层之间留有 40～100 mm 的空腔,具有保温和隔热作用,节能效果显著。干挂石的支撑方式分为在石材上下边支撑和侧边支撑两种,前者易于施工时临时固定,故国内多采用此法,如图 4-20 所示。干挂法工艺流程及主要工艺要求如下:

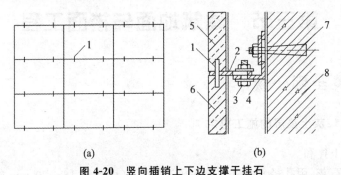

图 4-20 竖向插销上下边支撑干挂石

(a)立面示意图;(b)安装节点构造图

1—钢针;2—舌板;3—边接螺栓;4—托板;5—上饰面板;

6—下饰面板;7—膨胀螺栓;8—混凝土基体

（1）外墙基体表面应坚实、平整,凸出物应凿去,清扫干净。

（2）对石材要进行挑选,几何尺寸必须准确,颜色均匀一致,石粒均匀,背面平整,不准有缺棱、掉角、裂缝、隐伤等缺陷。

（3）石材必须用模具进行钻孔,以保证钻孔位置的准确。

（4）石材背面刷不饱和树脂,贴玻璃丝布作增强处理时应在作业棚内进行,环境要清洁,通风良好,无易燃物,温度不宜低于 10℃。

（5）膨胀螺栓钻孔深度宜为 550～600 mm。

（6）作为防水处理,底层板安装好后,将其竖缝用橡胶条嵌缝 250 mm 高,板材与混凝土基体间的空腔底部用聚苯板填塞,然后在空腔内灌入 1：2.5 的白水泥砂浆,高度为 200 mm,待砂浆凝固后,将板缝中的橡胶条取出,在每块板材间接缝处的白水泥砂浆上表面设置直径为 6 mm 的排水管,使上部渗下的雨水能顺利排出。

（7）板材的安装由下而上分层沿一个方向依次顺序进行,同一层板材安装完毕后,应检查其表面水平速度及水平度,经检查合格后,方可进行嵌缝。

(8)嵌缝前,饰面板周边应粘贴防污条,防止嵌缝时污染饰面板。密封胶要嵌填饱满密实,光滑平顺,其颜色要与石材颜色一致。

3.冬期施工

(1)灌缝砂浆应采取保温措施,砂浆的温度不宜低于 5 ℃。

(2)灌注砂浆硬化初期不得受冻。气温低于 5 ℃时,室外灌注砂浆可掺入能降低冻结温度的外加剂,其掺量应由试验确定。

(3)用冻结法砌筑的墙,应待其解冻后方可施工。

(4)冬期施工,镶贴饰面板宜供暖也可采用热空气或带烟囱的火炉加速干燥。采用热空气时,应设通风设备排除湿气。并设专人进行测温控制和管理,保温养护 7～9 天。

第三节　建筑地面与楼面工程

 基础必读

要点 1:灰土垫层的施工要求

1.灰土拌和

熟化石灰(用孔径 6～10 mm 筛子)和黏土(用孔径 16～20 mm 筛子)过筛后,按设计规定的配合比,逐盘计量配料,拌和均匀,色泽一致。人工拌和时,先将灰、土置于拌和铁板上干拌 3 遍,使其物料拌和均匀,然后用喷壶喷水,加水量控制在灰土总质量的 16%左右,边拌边喷,直至充分均匀、颜色一致为止,随拌随用。

当灰土量较大时,宜采用强制式搅拌机械进行搅拌,搅拌时间以 30 s 为宜。拌和时应适量加水,加水量控制在灰土总质量的 16%左右较为适宜。现场简易的测定方法,可用手紧握灰土成团,落地即散为宜。也可先称取适量的土料质量 G_1,然后将土料充分烘干,再次称取土料质量 G_2,则可求出土料的含水量 $=\dfrac{(G_1-G_2)}{G_1}\times100\%$。如土料水分过多应晾干,水分不足时应洒水润湿。

2.基层清理

铺设灰土前,先检查基土地质,清除松散土、积水、污泥、杂质,并打底夯两遍,使表土密实。基土质量标准和检验方法见表4-4。

3.分层铺设灰土

(1)灰土应分层铺摊,使用压路机作为夯具铺设时,每层的虚铺厚度为 200～300 mm,使用其他夯具铺设时,每层的虚铺厚度为 200～250 mm。各层虚铺厚度都要打平,并用尺和标准杆检查。

(2)打夯可采用人工夯实或轻型机具夯实的方法。夯压的遍数应根据设计要求的干土质量灰土密衬度或现场试验确定,一般不少于3遍。人工打夯应一夯压半夯,夯夯相连,行行相连,纵横交叉。

表 4-4 基土质量标准和检验方法

项	序	检验项目	质量要求和允计偏差/mm	检验方法
主控项目	1	基土土质	基土严禁用淤泥、腐殖土、冻土、耕植土、膨胀土和含有有机物质大于8%的土作为填土	观察检查和检查土质记录
	2	基土压实情况	基土应均匀密实、压实系数应符合设计要求,设计无要求时,不应小于0.90	观察检查和检查试验记录
一般项目	3	表面平整度/mm	15	用2m靠尺和楔形塞尺检查
	4	标高/mm	0 −50	用水准仪检查
	5	坡度	不大于房间相应尺寸的2/1000,但不大于30	用坡度尺检查
	6	厚度	在个别地方不大于设计厚度的1/10	用钢尺检查

(3)灰土最小干密度要求如下。

黏土:1:45;

粉质黏土:1:50;

粉土:1:50。

(4)灰土垫层按规定分层取样试验。在每层夯实后,使用环刀取土送检,符合要求,并经工长签认报告后方可进行上层施工。

环刀法测定密度,应在环刀内壁涂一薄层凡士林,刃口向下放在土样上,将环刀垂直下压,并用切土刀沿环刀外侧切削土样,边压边削至土样高出环刀。根据试样的软硬采用钢丝锯或切土刀平整平环刀两端土样,擦净环刀外壁,称环刀和土的总质量。

1)试样的湿密度,按下式计算:

$$\rho_0 = M_0/V$$

式中　　ρ_0——试样的湿密度(g/cm³),精确到0.01 g/cm³;

　　　　M_0——试样的质量(g);

　　　　V——试样的体积(cm³);

2)试样的干密度,按下式计算:

$$\rho_d = \frac{\rho_0}{(1+0.01\omega_0)}$$

应进行两次测定,两次测定的差值不得大于 0.03 g/cm^2,取两次测值的平均值。环刀法试验的结果记录格式,如表 4-5 所示。

表 4-5　密 度 试 验 记 录

工程名称＿＿＿＿＿＿＿＿＿＿　　　　　　　试验者＿＿＿＿＿＿＿＿＿＿

工程编号＿＿＿＿＿＿＿＿＿＿　　　　　　　计算者＿＿＿＿＿＿＿＿＿＿

试验日期＿＿＿＿＿＿＿＿＿＿　　　　　　　校核者＿＿＿＿＿＿＿＿＿＿

试样编号	环刀号	湿土质量/g	试样体积/cm^3	湿密度/(g/cm^3)	试样含水率(%)	干密度/(g/cm^3)	平均干密度(g/cm^3)

(5)分段施工时,灰土层接缝位置不得留在转角、桩基和承重墙间。接缝应采用分层平接;不同标高的灰土层接缝留成阶梯式。接缝上下错开 500 mm,接缝处填铺夯衬的灰土,应延伸 500 mm 以上,缝口垂直切齐,以保证接缝处灰土层的密实度。其灰土层接缝方法如图 4-21 所示。

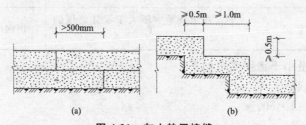

图 4-21　灰土垫层接缝

(a)分层平接;(b)阶梯式接缝

灰土应在当日铺填夯实完毕,严禁隔日打夯。

4.相邻地段的灰土垫层厚度不一致时,采用不同的厚度,并做成阶梯形。在技术和经济条件合理,满足设计及施工要求时,也可采用同一厚度。

5.在灰土垫层上层施工完成后,应拉线检查平整度。高出部分用铁锹铲平,低的部分补打灰土,然后请质量检查人员进行验收。

6.灰土垫层的雨期施工方案应预先制定,并确定排水措施,施工灰土时应连续进行,尽快完成,施工中应防止水流入施工面,以免基土遭到破坏。尚未夯实的灰土如被雨水浸泡,则应将积水及松软的灰土清除。在施工条件满足时,再重新铺摊灰土,并夯实;已经夯实的灰土如被浸泡,应换土后重新夯打密实。

7.冬期温度低于 -10℃时,不宜施工灰土垫层。使用的土料,要随筛、随拌、随铺、随打、随保温,严格执行接槎、留槎和分层的规定。

要点2:水泥混凝土垫层的施工要求

1.基层处理

清除基土或结构层表面的杂物,并洒水湿润,但表面不应留有积水。

2.测标高、弹线、做找平墩

根据墙上+500 mm水平标高线及设计规定的垫层厚度(如无设计规定,其厚度不应小于80 mm)往下量测出垫层的上平标高,并弹在周边墙上。然后拉水平线抹水平墩(用细石混凝土或水泥砂浆抹成60 mm×60 mm见方,与垫层同高)。其间距2 m左右,有泛水要求的房间,按坡度要求拉线找出最高和最低的标高,抹出坡度墩,用来控制垫层的表面标高。

3.混凝土搅拌

(1)核对原材料,检查磅秤的精确性,作好搅拌前的一切准备工作。操作人员认真按混凝土的配合比投料,每盘投料顺序为:石子→水泥→砂→水。搅拌要均匀,搅拌时间不少于90 s。

(2)检验水泥混凝土和水泥砂浆强度试块的组数,按每一层(或检验批)建筑地面工程不应小于1组。当每一层(或检验批)建筑地面工程面积大于1 000 m² 时,每增加1 000 m² 应增做1组试块;不足1 000 m² 按1 000 m² 计算。当改变配合比时,亦应相应地制作试块组数。

4.铺设混凝土

(1)为了控制垫层的平整度,首层地面可在填土中打入小木桩(30 mm×30 mm×200 mm),在木桩上拉水平线做垫层上平的标记(间距2m左右)。在楼层混凝土基层上可抹100 mm×100 mm的找平墩(用细石混凝土做),墩上平为垫层的上标高。

(2)铺设混凝土前其下一层表面应湿润,刷一层素水泥浆(水灰比0.4~0.5),然后从一端开始铺设,由里往外退着操作。

(3)伸缩缝:水泥混凝土垫层铺设在基土上,当气温长期处于0 ℃以下,设计无要求时,垫层应设置伸缩缝。伸缩缝的设置应符合设计要求,当设计无要求时,应按图4-22设置。

1)室内地面的水泥混凝土垫层,应设置纵向缩缝和横向缩缝。

2)缩缝:室内纵向缩缝的间距,一般为3~6 m,施工气温较高时宜采用3 m;室内横向缩缝的间距,一般为6~12 m,施工气温较高时宜采用6 m;室外地面或高温季节施工时宜为6 m。室内水泥混凝土地面工程分区、段浇筑时,应与设置的纵、横向缩缝的间距一致,如图4-22所示。

・纵向缩缝应做成平头缝,如图4-23(a)所示;当垫层板边加肋时,应做成加肋板平头缝,如图 4-23(b)所示;当垫层厚度大于 150 mm 时,也可采用企口缝,如图 4-23(c)所示;横向缩缝应做成假缝,如图 4-23(d)所示。

· 平头缝和企口缝的缝间不应放置任何隔离材料,浇筑时要互相紧贴。企口缝尺寸也可按设计要求,拆模时的混凝土抗压强度不宜低于 3 MPa;

· 假缝应按规定的间距设置吊模板,或在浇筑混凝土时,将预制的木条埋设在混凝土中,并在混凝土终凝前取出;也可采用在混凝土强度达到一定要求后用锯割缝。假缝的宽度宜为 5~20 mm,缝深度宜为垫层厚度的 1/3,缝内应填水泥砂浆。

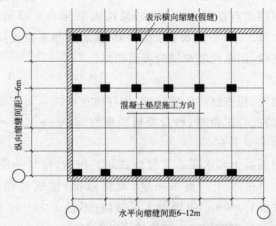

图 4-22　施工方向与缩缝平面布置

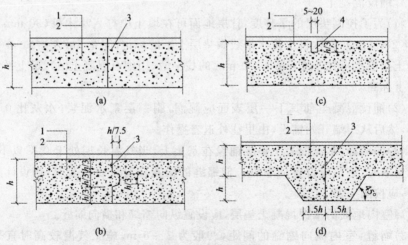

图 4-23　纵、横向缩缝

(a)平接缝;(b)企口缝;(c)假缝;(d)加肋板平头缝

1—面层;2—混凝土垫层;3—互相紧粘不放,隔离材料;4—1:3 水泥砂浆填缝

3)伸缝:室外伸缝的间距一般为 30 m,伸缝的缝宽度一般为 20~30 mm,

上下贯通。缝内应填嵌沥青类材料,如图 4-24（a）所示。当沿缝两侧垫层板边加肋时,应做成加肋板伸缝,如图 4-24（b）所示。

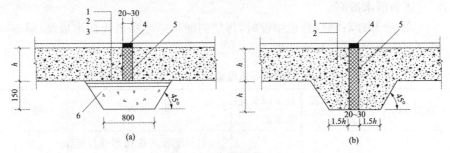

图 4-24　伸缝构造

1—面层;2—混凝土垫层;3—干铺油毡一层;4—沥青胶泥填缝;

5—沥青胶泥或沥青木丝板;6—C10 混凝土

4)工业厂房、礼堂、门厅等大面积水泥混凝土垫层应分区段浇筑。分区段应结合变形缝位置、不同类型的建筑地面连接处和设备基础的位置进行划分,并应与设置的纵向、横向缩缝的间距相一致。

（4)混凝土浇筑。

1)混凝土浇筑时的坍落度宜为 10～30 mm。较厚的垫层采用泵送混凝土时,应满足泵送的要求,但应尽量采用较小的坍落度。

2)混凝土铺设时应按分区、段顺序进行,边铺边摊平,并用大杠粗略找平,略高于找平墩。

3)振捣:用平板振捣器振捣时其移动的距离应保证振捣器平板能覆盖已振实部分的边缘。如垫层厚度较厚,应采用插入式振捣器振捣。振捣器移动间距不应超过其作用半径的 1.5 倍,做到不漏振,确保混凝土密实。

5.找平

混凝土振捣密实后,以水平标高线及找平墩为准检查平整度,高的铲掉,凹处补平。用刮杠刮平,表面再用木抹子搓平。有坡度要求的地面,应按设计要求的坡度找坡。

要点 3:砂垫层和砂石垫层的施工要求

1.基层表面处理

垫层铺设前,应对基土层表面进行清理干净,清除浮土、积水,并作适当的夯实或碾压。

2.振捣、夯实或碾压

（1)垫层宜铺设在同一标高层上,当深度不同时,应将基土层开挖成 1:2 的阶梯形坡(每一台阶高 500 mm,宽 1 000 mm),然后按先深后浅的施工顺序逐层填至上一平面后再扩大铺设面。

（2）人工级配的砂石材料，应按设计规定的配制比例拌和均匀后铺设，拌和时应适当洒水湿润。

（3）砂和砂石垫层分层铺设时，每层的铺设厚度和最优含水量，根据不同的捣实方法确定，可参见表 4-6。

表 4-6　砂和砂石垫层铺设厚度及施工最优含水量

捣实方法	每层铺设厚度/mm	施工时最优含水量（%）	施工要点	备　注
平振法	200～250	15～20	（1）用平板式振捣器往复振捣，往复次数可用简易测定密实度的方法①，以密实度合格为准 （2）振捣器移动时，每行应搭接 1/3，以防搭接处振捣不密实	不宜使用于细砂或含泥量较大的砂铺筑的砂垫层
插振法	振捣器插入深度	饱和	（1）用插入式振捣器振捣 （2）插入间距可根据振捣器振幅大小决定 （3）不应插至下面的基土层内 （4）插入振捣完毕后留的孔洞，应用砂填实 （5）应有控制地注水和排水	不宜使用于细砂或含泥量较大的砂的垫层，也不宜用于湿陷性黄土、膨胀土土层上铺设
夯实法	150～200	8～12	（1）用蛙式打夯机或其机夯实机械夯实 （2）用木夯夯实时，木夯质量不宜小于 40 kg，落距 400～500 mm （3）一夯压半夯，全面夯实，特别是边角处	适用于砂石垫层
碾压法	150～350	8～12	用 6～10 t 碾压机往复碾压，碾压遍数以达到要求密实度为准，一般不少于 4 遍，用振动压实机械时，以振动 3～5 min 为宜	适用于大面积砂石垫层，但不宜用于地下水以下的砂垫层

续表

捣实方法	每层铺设厚度/mm	施工时最优含水量(%)	施工要点	备　注
水撼法	250	饱和	(1)注水高度略超过铺设面层 (2)用钢叉插振捣实,插入点间距离 100 mm 左右;钢叉宜为四齿,齿距 300 mm,长 300 mm (3)应有控制地注水和排水	湿陷性黄土、膨胀土、细砂地基土上不得使用

注:① 简易测定密实度的方法是将直径 20 mm、长 1 250 mm 的平头钢筋,举离砂面 700 mm自由下落,插入深度不大于根据该砂的控制干密度测定的深度为合格。

(4)垫层应分层摊铺,摊铺厚度一般控制在压实厚度的 1.15～1.25 倍。

(5)砂垫层铺平后,应适当洒水湿润,宜采用平板振捣器振实。

(6)砂石垫层应摊铺均匀,不允许有粗细颗粒分离现象,如出现砂窝或石子成堆处,应将这一部分挖出后分别掺入适量的石子或砂重新摊铺。

(7)采用平板振捣器振实砂垫层时,每层虚铺厚度宜为 200～250 mm,最佳含水量为 15%～20%。使用平板式振捣器往复振捣至密度合格为止,振捣器移动每行应重叠 1/3,以防搭接处振捣不密实。

(8)采用振捣法捣实砂石垫层时,每层虚铺厚度宜由振捣器插入深度确定,最佳含水量为饱和状。施工时插入间距可根据机械振幅大小而定,振捣时振捣器不应插入基土中。振捣完毕后,所留孔洞要用砂填塞。

(9)采用水撼法捣实砂石垫层时,每层虚铺厚度宜为 250 mm,施工时注水高度略超过摊铺表面,用钢叉摇撼捣实,插入间距宜为 100 mm。此法适用于基土下为非湿陷性土层或膨胀土层。

(10)采用夯实法施工砂石垫层时,每层虚铺厚度宜为 150～200mm,最佳含水量为 8%～12%。用打夯机一夯压半夯,全面夯实。

(11)采用碾压法压实砂石垫层时,每层虚铺厚度宜为 250～350 mm,最佳含水量为 8%～12%。用 6～10 t 压路机或小型振动压路机往复碾压,碾压遍数以达到要求的密实度为准,一般不少于 3 遍。此法适用于大面积砂石垫层。

(12)分段施工时,接槎处应做成斜坡,每层接槎处的水平距离应错开 0.5～1.0 m,并充分压(夯)实。

(13)当工程量不大以及边缘、转角处,可采用人工方法进行夯实。

3.砂垫层和砂石垫层的取样方法

砂垫层和砂石垫层每层振捣或夯(压)密实后,应取样试验其干密度,下层密实度合格后,方可进行上层施工,并做好每层取样点位图。最后一层施工完成后,表面应拉线找平,符合设计规定的标高。取样数量每层按 $100\sim500m^2$ 取样一组,不少于一组。

4. 砂垫层和砂石垫层施工时每层密实度检验方法

(1)环刀取样测定干密度。在捣实后的砂垫层中用容积不小于 $200\ cm^3$ 的环刀取样测定其干密度,以不小于通过试验所确定的该砂料在中密状态时的干密度为合格(中砂在中密状态时的干密度,一般为 $1.55\sim1.60\ g/cm^3$)。砂石垫层采用碾压或夯实法施工时可在垫层中设置纯砂检查点,在同样施工条件下,按上述方法检验。

(2)贯入法测定。在捣实后的垫层中,用贯入仪、钢筋或钢叉等以贯入度大小来检查砂和砂石垫层的密实度。测定时,应先将表面的砂刮去 30 mm 左右,以不大于通过试验所确定的贯入度数值为合格。

1)钢筋贯入测定法。用直径为 20 mm,长 1250 mm 的平头钢筋,举离砂面 700 mm 自由下落,插入深度不大于通过试验所确定的贯入度数值为合格。

2)钢叉贯入测定法。采用水撼法振实垫层时,其使用的钢叉(钢叉分四齿,齿间距为 30 mm,长 300 mm,木柄长 900 mm,质量为 4 kg),举起离砂面500 mm自由下落,插入深度不大于通过试验所确定的贯入度数值为合格。

要点 4:找平层的施工要求

(1)铺设找平层前,应对基层(即下一基层表面)进行清理。当找平层下有松散填充料时,应予铺平压实。

(2)水泥砂浆、水泥混凝土和沥青砂浆、沥青混凝土拌和料的拌制、铺设、振实、抹平、压光(或初压、滚压、加工烫平)等均应按同类面层的相应规定进行施工。

(3)采用水泥砂浆、水泥混凝土铺设找平层,当其下一层为水泥类垫层时,铺设前其表面应予湿润;如表面光滑时,尚应进行划毛或凿毛,以利于上下层结合。铺设时先刷一遍水灰比为 0.4~0.5 的水泥浆,要求随刷随铺设水泥砂浆或水泥混凝土拌和料。

(4)采用沥青砂浆、沥青混凝土铺设找平层,当下一层为水泥类垫层时,表面要求应予清洁、干燥,在已清理好的基层表面涂刷沥青冷底子油,以增强与水泥垫层的黏结力。如在沥青砂浆和沥青混凝土找平层上面铺设水泥类(或掺有水泥的拌和物)面层或结合层,则在找平层表面应刷同类沥青胶泥一度,厚度为 1.5~2.0 mm。当沥青胶泥温度在 160 ℃ 左右时,随即将筛洗干净、晾干并预热至 50~60℃、粒径为 2.5~5 mm 的绿豆砂均匀撒入沥青胶泥内,压入 1~1.5 mm,使绿豆砂黏结牢固。等沥青胶泥冷却后,扫去多余的绿豆砂。该工序完成后,应注意保护,不得弄脏、损坏,以免影响找平层与面层的黏结质量。

(5)预制钢筋混凝土板施工。当在预制钢筋混凝土板(如空心楼板、槽形板等)上铺设水泥类找平层前,必须认真做好板缝填嵌工作,这对防止地面面层出现沿板缝纵向裂缝有重要作用。

由预制钢筋混凝土楼板铺设的楼面,是由嵌缝将一块块单块的预制楼板连接成一个整体结构,当一块板面上受到荷载时,通过板缝将传递至相邻的预制楼板上,使之协同工作,整体性强。图 4-25 为荷载作用于槽型板主肋时相临边肋的传递系数。

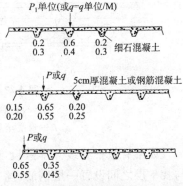

图 4-25　荷载作用于槽型板主肋时相临边肋的传递系数

由图 4-25 可知,预制楼板通过嵌缝,其协同工作的作用是十分显著的。板组在荷载作用下,其受力状态好似一根以嵌缝为支座的连续梁,相邻两板能负担总荷载的 35%～60%,使楼面变成了一个坚固的整体结构。但反之,如若嵌缝粗糙马虎,则将明显降低板组之间的协同工作效果,相邻两板形成“独立”的工作状况,当一块板上受到较大荷载时,在有一定挠度的情况下,就会使地面面层出现沿预制板拼缝方向的通长裂缝。同时,还将增加预制板的弹性变形以及支座处(即搁置点)的负弯矩值,促使沿支座处横向裂缝的产生与开展。所以一定要十分重视预制楼板的嵌缝质量。

预制板楼面在施工中应注意以下几点。

1)预制钢筋混凝土板安装时,必须虚缝铺放,其缝隙宽度不应小于 20 mm,不得出现死缝或瞎缝。预制楼板安装前,在砌体或梁上先用 1:2.5 水泥砂浆找平,安装时采取坐浆安装,砂浆要座满垫实,使板与支座间黏结牢固。

2)嵌缝前,应认真清理板缝内杂物,并浇水清洗干净,保持湿润。

3)嵌缝材料宜用 1:2～1:2.5 水泥砂浆(体积比)或细石混凝土,石子粒径不应大于 10 mm,强度等级不应小于 C20。

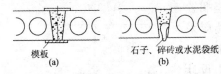

图 4-26　预制板嵌缝方法

(a) 正确的方法;(b) 错误的方法

4)当板缝宽度大于 40 mm 时,板缝内应增设钢筋(钢筋由设计确定,或配 1 根 $\phi6$～$\phi8$ 钢筋),板缝底应支模后浇筑混凝土,如图 4-26(a)所示。严禁使用图 4-26(b)所示的错误嵌缝方法,即较宽板缝不支模板,而是用碎砖、石子或水泥袋纸先嵌塞板缝底,然后在上面浇筑混凝土,形成上实下空的状态,大大降低了板缝的有效断面,降低了嵌缝质量。

5)当在预制楼板板缝内敷设管线时,应适当加宽板缝,使管线包裹于板缝混凝土之中,如图 4-27(a)所示。严禁采用图 4-27(b)那样,由于板缝中敷设管线后,影响板缝嵌缝质量,最终使地面沿板缝方向产生通长裂缝。

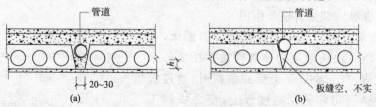

图 4-27　板缝中敷设管线的方法

(a)正确的方法;(b)错误的方法

h—管底至板底距离,应大于 2/3 板缝深

如果有数根管线并排敷设,当宽度大于或等于 400 mm 时,应在地面面层与找平层之间设置一层钢筋(丝)网片,其宽度比管边大出 150 mm,以防止面层开裂,如图 4-28 所示。

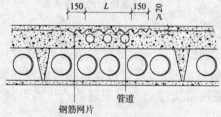

图 4-28　在管道上方设置防裂钢筋网片

6)合理安排板缝浇筑时间。若板缝混凝土浇筑后,立即在楼面上进行下道工序施工活动,则往往使刚浇筑的板缝混凝土受到损伤,将影响板缝的传力效果。有的工地采取隔层浇筑板缝混凝土的施工方法,即下一层楼板板缝混凝土的浇筑,安排在上一层预制楼板安装完成后进行,防止板缝中混凝土过早承受施工荷载的影响。这样既保证了施工进度,又保证了板缝的黏结强度。需注意的是浇筑混凝土前,板缝应清理干净。

7)板缝混凝土浇筑完成后,应及时覆盖并浇水养护 7~10 天,待混凝土强度等级达到 C15 时,方可继续在楼面上进行施工操作。

(6)在预制钢筋混凝土楼板上铺设找平层时,对楼层两间以上的大开间房,在其支座搁置处(即下面是承重墙或钢筋混凝土梁),倘应采取构造措施,防止地面面层在该处沿预制楼板搁置方向可能出现的裂缝。构造措施应由设计确定,当设计无要求时,可按图 4-29 设置防裂钢筋网片。

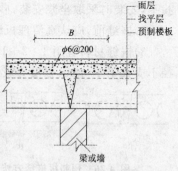

图 4-29　在梁或墙的楼面位置配置的防裂钢筋网片

$B = 1000 \sim 1500mm$

(7)对有防水要求的楼面工程,如厕所、厨房、卫生间、漱洗室等,在铺设找平层前,首先应检查地漏标高是否正确;其次对

立管、套管和地漏等管道穿过楼板节点处周围进行密封处理,沿管道周边留出8~10 mm沟槽,用防水类卷材或防水涂料、油膏握裹住立管、套管和地漏的管口,以防止楼面的水有可能顺管道接缝处出现渗漏现象。管道和楼面节点间的防水构造做法如图 4-30 所示。

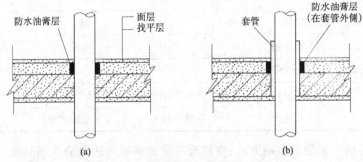

防水油膏层　　面层　　套管　　防水油膏层
　　　　　　找平层　　　　　（在套管外侧）

图 4-30　管道和楼面节点防水构造做法

(a)无套管做法;(b)有套管做法

(8)对在水泥砂浆或水泥混凝土找平层上铺设(或铺涂)防水类卷材或防水类涂料隔离层的,找平层表面应平整、清净、光滑、不应粗糙,以增强防水层与找平层之间的黏结力。

要点 5:隔离层的施工要求

1.卷材类隔离层施工

(1)基层检查:在水泥类找平层上铺设防水卷材时,其表面应平整、坚固、洁净、干燥,其含水率不应大于 9%。铺设前,应涂刷基层处理剂,以增强防水材料与找平层之间的黏结力。铺设卷材前,现场检查基层干燥程度的简易方法为:将 1 m 卷材干铺在基层上,静置 3~4 h 后掀开,覆盖部位与卷材上未见水印者为符合要求。

(2)基层处理剂涂刷:喷、涂基层处理剂前首先将基层表面清扫干净,用毛刷对周边、拐角等部位先进行涂刷处理。基层处理剂应采用与卷材性能配套的材料或采用同类涂料的底子油。可采用喷涂、刷涂施工,喷刷应均匀,待干燥后,方可铺贴卷材。

(3)卷材铺贴:铺贴前,应先做好节点密封处理。对管根、阴阳角部位的卷材应按设计要求先进行裁剪加工。铺贴顺序从低处向高处施工,坡度不大时,也可从里向外或从一侧向另一侧铺贴。

1)铺贴卷材采用搭接法,上下层卷材及相邻两幅卷材的搭接缝应错开。各种卷材的搭接宽度应符合表 4-7 的要求。

表 4-7　卷材搭接宽度　　　　　　　　　（单位：mm）

铺贴方法 卷材种类		短边搭接		长边搭接	
		满粘法	空铺、点粘、条粘法	满粘法	空铺、点粘、条粘法
沥青防水卷材		100	150	70	100
高聚物改性沥青卷材		80	100	80	100
合成高分子 防水卷材	胶黏剂	80	100	80	100
	胶黏带	50	60	50	60
	单缝焊	60，有效焊接宽度不小于 25			
	双缝焊	80，有效焊接宽度 10×2＋空腔宽度			

2)卷材与基层的粘贴方式：卷材与基层的粘贴方法可分为满粘法、空铺法、点粘法和条粘法等形式。通常采用满粘法，而空铺、点粘、条粘法更适合于防水层上有重物覆盖或基层变形较大的场合，是一种克服基层变形拉裂卷材防水层的有效措施。施工时，应根据设计要求和现场条件确定适当的粘贴方式。

3)卷材的粘贴方法：根据卷材的种类不同，卷材的粘贴又分为冷粘法(用胶黏剂粘贴高聚物改性沥青卷材及合成高分子卷材)、热熔法(高聚物改性沥青卷材)、自粘法(自粘贴卷材)、焊接法(合成高分子卷材)等多种方法。施工时根据选用卷材的种类选用适当的粘贴方法，严格按照产品说明书的技术要求制定相应的粘贴施工工艺。

· 冷粘法铺贴卷材：采用与卷材配套的胶黏剂，胶黏剂应涂刷均匀，不露底，不堆积。根据胶黏剂的性能，应控制胶黏剂涂刷与卷材铺贴的间隔时间。卷材下面的空气应排尽，并滚压黏结牢固。铺贴卷材应平整顺直，搭接尺寸准确，不得扭曲、皱折。接缝口应用密封材料封严，宽度不应小于 10 mm。

· 热熔法铺贴卷材：火焰加热器加热卷材要均匀，不得过分加热或烧穿卷材，厚度小于 3 mm 的高聚物改性沥青防水卷材严禁采用热熔法施工。卷材表面热熔后应立即滚铺卷材，卷材下面的空气应排尽，并滚压黏结牢固，不得空鼓。卷材接缝部位必须溢出热熔的改性沥青胶。铺贴的卷材应平整顺直，搭接尺寸准确，不得扭曲、皱折。

· 自粘法铺贴卷材：铺贴卷材时应将自粘胶底面的隔离纸全部撕净，在基层表面涂刷的基层处理剂干燥后及时铺贴。卷材下面的空气应排尽，并滚压黏结牢固。铺贴的卷材应平整顺直，搭接尺寸准确，不得扭曲、皱折，搭接部位宜采用热风加热，随即粘贴牢固。接缝口应用密封材料封严，宽度不应小于 10 mm。

· 卷材热风焊接：焊接前卷材的铺设应平整顺直，搭接尺寸准确，不得扭曲、皱折。卷材的焊接面应清扫干净,无水滴、油污及附着物。焊接时应先焊长边搭接缝,后焊短边搭接缝。控制热风加热温度和时间,焊接处不得有漏焊、跳焊、焊焦或焊接不牢现象。焊接时不得损伤非焊接部位的卷材。

2.涂膜类隔离层施工

(1)清理基层。涂刷前,先将基层表面的杂物、砂浆硬块等清扫干净,并用干净的湿布擦一遍,经检查基层无不平、空裂、起砂等缺陷,方可进行下道工序。在水泥类找平层上铺设防水涂料时,其表面应坚固、洁净、干燥。

(2)涂刷底胶。将配好的底胶料,用长把滚刷均匀涂刷在基层表面。涂刷后至手感不黏时,即可进行下道工序。

(3)涂膜料配制。根据要求的配合比将材料配合、搅拌至充分拌和均匀即可使用。拌好的混合料应在限定时间内用完。

(4)附加涂膜层。对穿过墙、楼板的管根部、地漏、排水口、阴阳角、变形缝等薄弱部位,应在涂膜层大面积施工前,先做好上述部位的增强涂层(附加层)。做法为在附加层中铺设要求的纤维布,涂刷时用刮板刮涂料驱除气泡,将纤维布紧密地粘贴在基层上,阴阳角部位一般为条形,管根部位为扇形。

(5)涂层施工。涂刷第一道涂膜:在底胶及附加层部位的涂膜固化干燥后,先检查附加层部位有无残留气泡或气孔,如没有即可涂刷第一层涂膜;如有则应用橡胶刮板将涂料用力压入气孔,局部再刷涂膜,然后进行第一层涂刷。涂刷时,用刮板均匀涂刮,力求厚度一致,达到规定厚度。铺贴胎体增强材料(如设计要求时)涂刮第二道涂膜:第一道涂膜固化后,即可在其上均匀涂刮第二道涂膜,涂刮方向应与第一道相垂直。

3.水泥类隔离层施工

(1)当采用水泥防水砂浆和水泥防水混凝土铺设刚性防水隔离层时,通常在水泥砂浆和水泥混凝土中掺入 JJ91 硅质密实剂。

1)在水泥砂浆和水泥混凝土中,硅质密实剂的掺量,宜为水泥质量的 10%或由试验确定。水泥砂浆的体积配合比应为 1∶2.5～1∶3(水泥,砂),水泥混凝土的强度等级宜为 C20。

2)水泥防水砂浆的铺设厚度不应小于 30 mm,水泥防水混凝土的铺设厚度不应小于 50 mm,并在水泥终凝前完成平整压实工作。

3)掺用 JJ91 硅质密实剂后,水泥砂浆和水泥混凝土的技术性能应符合表 4-8 和表 4-9 的规定。

表 4-8　水泥砂浆(掺入 JJ91 硅质密实剂)技术性能

试验项目 \ 性能指标		一等品	合格品	JJ91 硅质密实剂试验结果
稳定性		合格	合格	合格
凝结时间	初凝不早于/min	45	45	123
	终凝不迟于/h	10	10	5
抗压强度比(%)	7 天	≥100	≥95	≥95.1
	28 天	≥90	≥85	≥127.4
	90 天	≥85	≥80	≥100.1
透水压力比(%)		≥300	≥200	≥300
48 h 吸水量比(%)		≤65	≤75	≤72.8
90 天收缩比(%)		≤110	≤120	≤98.2

注:本表除凝结时间和安定性为受检净浆的试验结果以外,其他数据均为受检砂浆与基准砂浆的比值。

表 4-9　水泥混凝土(掺入 JJ91 硅质密实剂)技术性能

试验项目 \ 性能指标			一等品	合格品	JJ91 硅质密实剂试验结果
净浆稳定性			合格	合格	合格
凝结时间/min		初凝	-90～+120	-90～+120	+33
		终凝	-120～+120	-90～+120	+66
泌水率比(%)			≤80	≤90	≤0
抗压强度比(%)		7 天	≥110	≥100	≥127
		28 天	≥110	≥95	≥104
		90 天	≥110	≥90	≥95.6
透水压力比(%)			≥30	≥40	≥38
48 h 吸水量比(%)			≤65	≤75	≤72.4
90 天收缩比(%)			≤110	≤120	≤93
抗冻性能(50 次冻触循环)(%)	慢冻法	抗压强度损失率比	≤100	≤100	≤86.5
		质量损失比	≤100	≤100	≤7.3
	快冻法	相对动弹性模量比	≥100	≥100	—
		质量损失比	≤100	≤100	—
对钢筋的锈蚀作用			—		无锈蚀危害

(2)当采用掺有防水剂的水泥类找平层作为防水隔离层时,搅拌时间应适当延长,一般不宜少于 2 min。

(3)施工操作与水泥砂浆或水泥混凝土找平层施工操作要点相同。

4.蓄水检验

防水隔离层铺设完毕后,必须作蓄水检验。蓄水深度应为 20～30 mm,在 24 h 内无渗漏为合格,并应做好验收记录后,方可进行下道工序的施工。

要点 6:低温热水楼面辐射采暖地板的施工要求

1.绝热层铺设

土壤上部、不供暖房间相邻楼板上部和住宅楼板上部的地板加热管之下,以及辐射供暖地板沿外墙的周边,应铺设绝热层。绝热板应铺设平整,相互间接合应严密,绝热板的复合保护层应搭接 80 mm,并粘贴牢固。在绝热保温层上敷设无纺布基铝箔贴面层时,除将加热管固定在绝热层的塑料卡钉穿越外,不得有其他破损。边界保温带上的 PE 膜应搭接覆盖在绝热板上。

2.加热管的敷设

(1)加热管的敷设方式。

加热管采取不同布置形式时,导致地面温度分布不同。布管时,应按设计图纸规定,本着保证地面温度均匀的原则进行,宜将高温管段优先布置于外窗、外墙侧,使室内温度分布尽可能均匀。加热管的布置常用方式有回折型(旋转型)或平行型(直列型),如图 4-31 所示。

地面散热量的计算,都建立在加热管间距均匀布置的基础上的。实际上房间的热损失,主要发生在与室外空气邻接的部位,如外墙、外窗、外门等处。为了使室内温度分布尽可能均匀,在邻近这些部位的区域如靠近外墙、外窗处,管间距可适当的缩小,而在其他区域则可以将管间距适当的放大,如图 4-32～图 4-35 所示。为了使地面温度分布不会有过大的差异,最大间距不宜超过 300 mm。

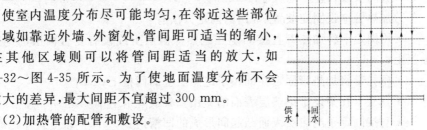

图 4-31 回折型布置

(2)加热管的配管和敷设。

1)加热管应敷设平整,即同一通路的加热管应保持水平。

2)填充层内的加热管不应有接头。塑料及铝塑复合管的弯曲半径不小于 5 倍管外径,铜管的弯曲半径不小于 5 倍管外径。弯曲管道时,圆弧的顶部应加以限制,并用管卡进行固定,不得出现"死折"。

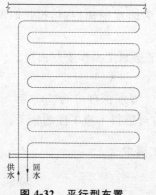

图 4-32　平行型布置

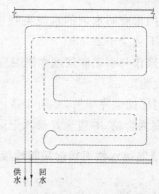

图 4-33　双平行型布置

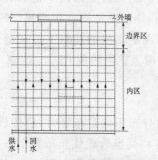

图 4-34　带有边界和内部地带的
回折型布置

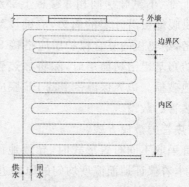

图 4-35　带有边界和内部地带的
平行型布置

3）加热管切割应采用专用工具，切口应平整，断口面应垂直管轴线。加热管安装时应防止管道扭曲。加热管安装间断或完毕时，敞口处应随时封堵。

4）管间安装误差不应大于 10 mm。

5）加热管应设固定装置，常用的固定方法有：

·用固定卡将加热管直接固定在绝热保温层上或设有复合面层的绝热保温板上；

·用扎带将加热管固定在铺设于绝热层上的网格上；

·直接卡在铺设于绝热层表面的专用管架或管卡上；

·直接固定于绝热层表面凸起间形成的凹槽内。

加热管弯头两端宜设固定卡；加热管固定点的间距，直管段固定点间距宜为 0.5～0.7 m，弯曲管段固定点间距宜为 0.2～0.3 m。

3.热煤集配装置的安装

（1）在分水器、集水器附近以及其他局部加热管排列比较密集的部位，当管间距小于 100 mm 时，加热管外部应采取设置柔性套管等措施。进入卫生间以及经常有水的房间地面的加热管，穿墙处应采取防水止漏措施。

（2）加热管出地面至分水器、集水器连接处，弯管部分不宜露出地面装饰层。加热管出地面至分水器、集水器下部球阀接口之间的明装管段，外部应加装塑料套管。套管应高出装饰面 150～200 mm。

（3）加热管与分水器、集水器连接，应采用卡套式、卡压式挤压夹紧连接；连接件材料宜为铜质；铜质连接件与 PP-R 或 PP-B 直接接触的表面必须镀镍。

（4）加热管的环路布置不宜穿越填充层内的伸缩缝。必须穿越时，伸缩缝处应设长度不小于 200 mm 的柔性套管，以确保加热管在填充层内发生热胀冷缩变化时的自由度。

（5）分水器、集水器宜在开始铺设加热管之前进行安装。水平安装时，宜将分水器安装在上，集水器安装在下，中心距宜为 200 mm，集水器中心距地面不应小于 300 mm。在分水器进水处，应装设过滤器，防止异物进入地面的加热管内。分水器、集水器安装示意图，如图 4-36 所示。

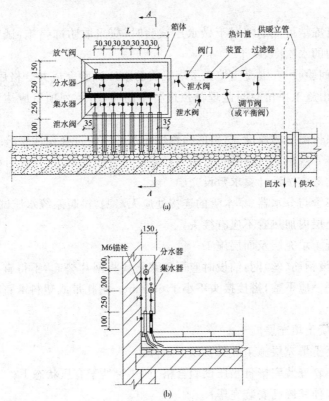

图 4-36 分水器、集水器安装示意图

(a)分、集水器立面图；(b)A—A 剖面图

加热管敷设结束后，应绘制竣工图，正确标注加热管位置。阀门的强度试验压力应为工作压力的 1.5 倍；严密性试验压力为工作压力的 1.1 倍。公称直

径不大于 50 mm 的阀门强度和严密性试验持续时间应为 15 s,其间压力应保持不变,且壳体、填料及密封面应无渗漏。

4.管道水压试验及验收

(1)管道水压试验。

1)加热管安装完毕,在浇筑混凝土填充层前以及填充层混凝土养护期满后,应进行两次水压试验。水压试验应以每组分水器、集水器为单位,逐个回路进行。

2)水压试验前应对加热管道系统进行冲洗。冲洗应在分水器、集水器以外主供、回水管道冲洗合格后再进行室内供暖系统的冲洗。

3)水压试验的压力应为工作压力的 1.5 倍,且不应小于 0.6 MPa。在试验压力下,稳定 1 h,其压力下降不应大于 0.05 MPa。水压试验宜采用手动泵缓慢升压,升压过程中应随时观察与检查,不得有渗漏;不宜以气压试验代替水压试验。

4)在有冻结可能的情况下做水压试验时,应采取防冻措施,试压完成后应及时将管内的水吹净、吹干。

(2)中间验收:在混凝土填充层浇筑前的水压试验完成并合格后,应按隐蔽工程要求,由施工单位会同监理单位进行中间验收,下列项目应达到相应技术要求:

1)绝热保温层的厚度、材料的物理性能及铺设应符合设计要求。

2)加热管规格、敷设间距、弯曲半径等应符合设计要求,并应固定可靠。

3)伸缩缝应按设计要求敷设完毕。

4)加热管与分水器、集水管的连接处应无渗漏,供暖系统水压试验合格。

5)填充层内加热管不应有接头。

5.混凝土填充层及面层施工

(1)铺设钢筋(丝)网:铺设时应用砂浆垫块将网片垫起,不得直接压在加热管上面。铺设应平整,搭接接头不小于 60 mm。用扎带或塑料卡钉将网片固定于加热管上。

(2)混凝土填充层施工。

1)混凝土填充层施工应具备以下条件:

· 加热管安装完毕且水压试验合格、加热管处于有压状态下;

· 所有伸缩缝已安装完毕;

· 通过隐蔽工程中间验收。

2)混凝土填充层应由有资质的土建施工方承担,供暖系统施工单位应予密切配合。

3)混凝土填充层施工中,加热管内的水压不应低于 0.6 MPa;混凝土养护过程中,系统水压不应低于 0.4 MPa。待混凝土达到养护期后,管道系统方可泄压。

4)混凝土填充层施工中,严禁使用机械振捣设备;施工人员应穿软底鞋,采用平头铁锹操作。严禁踩踏在加热管上进行操作,防止加热管受损坏。

5)在加热管的铺设区内,严禁穿凿、钻孔或进行射钉作业。

6)混凝土填充层施工完毕且养护期满后,管道系统应再做一次水压试验,验收并做好记录。

(3)水泥砂浆找平层:在混凝土填充层上应铺设厚度为 15～20 mm 厚的 1:3 水泥砂浆找平层,以确保面层铺设的平整度。卫生间及经常有水的房间地面,在填充层上面应再做一层隔离层,如图 4-37 所示。

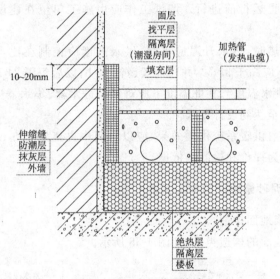

图 4-37　卫生间地面构造

(4)面层施工:面层施工前,混凝土填充层应达到面层需要的干燥度。面层施工除应符合土建施工设计图纸的各项要求外,尚应注意下列事项:

1)施工面层时,不得剔、凿、割、钻和钉填充层,不得向填充层内楔入任何物件。

2)面层的施工,应在混凝土填充层达到要求强度后进行。

3)石材、面砖在与外墙、柱等垂直构件交接处,应留 10 mm 宽伸缩缝;木地板铺设时,应留不小于 14 mm 的伸缩缝。伸缩缝应从填充层的上边缘做到高出装饰层上表面 10～20 mm,装饰层敷设完毕后,应裁去多余部分。伸缩缝填充材料宜采用高发泡聚乙烯泡沫塑料。面砖、大理石、花岗石面层施工时,在伸缩缝处宜采用干贴方法施工。

4)以木质地板作面层时,木材应经干燥处理,并应在正常运行时的最高水温(亦即设计水温)保持24 h以上,使其上面的混凝土填充层和水泥砂浆找平层内的水分充分蒸发后进行,尽量减少木地板在使用过程中吸湿膨胀变形因素。

铺设木地板的安装工人,应经过专门培训,掌握铺设方法和相应技巧。铺设地板前,应在地面上(即水泥砂浆找平层上)先铺设一层塑料布,以隔绝下面潮气,然后铺设木地板专用的泡沫塑料垫层,最后铺设面木地板。踢脚板的铺设时间宜比木地板的铺设时间推迟48 h,待地板胶完全干透后进行铺钉。

6.调试及试运行

(1)地面辐射采暖系统的运行调试,应在具备正常供暖的条件下进行。未经调试和试运行,严禁投入运行使用。

(2)地面辐射供暖系统调试和试运行,应在施工完毕且混凝土填充层养护期满后,正式采暖运行前进行。调试工作应由施工单位在建设单位配合下进行,并做好记录。

(3)初始加热时,热水升温应平缓,供水温度应控制在比当时环境温度高10 ℃左右,且不应高于32 ℃,并应连续运行48 h;以后每隔24 h水温升高3 ℃,直至达到设计供水温度。在此温度下应对每组分水器、集水器连接的加热管逐路进行调节,直至达到设计要求。

(4)地面辐射供暖系统供暖效果,应以房间中央离地1.5 m处黑球温度计指示的温度,作为评价和检测的依据。

要点7:水泥砂浆地面的施工要求

1.水泥砂浆地面构造

水泥砂浆地面的构造类型,如图4-38所示。

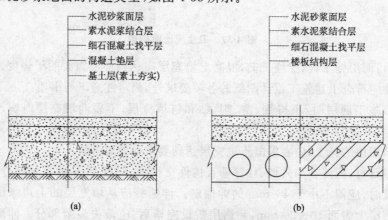

水泥砂浆面层	水泥砂浆面层
素水泥浆结合层	素水泥浆结合层
细石混凝土找平层	细石混凝土找平层
混凝土垫层	楼板结构层
基土层(素土夯实)	

(a)   (b)

图4-38 水泥砂浆地面的构造

2.面层厚度确定

水泥砂浆面层的厚度应符合设计要求,且不应小于20 mm。

3. 砂浆配比确定

水泥砂浆面层配合比（强度等级）必须符合设计要求，且体积比应为 1 : 2，强度等级不应低于 M15。

4. 清理基层

将基层表面的积灰、浮浆、油污及杂物清扫干净，明显凹陷处应用水泥砂浆或细石混凝土填平，表面光滑处应凿毛并清刷干净。抹砂浆前 1 天浇水湿润，表面积水应予排除。当表面不平，且低于铺设标高 30 mm 的部位，应在铺设前用细石混凝土找平。

5. 弹标高和面层水平线

根据墙面已有的 +500 mm 水平标高线，测量出地面面层的水平线，弹在四周的墙面上，并要与房间以外的楼道、楼梯平台、踏步的标高相互一致。

6. 贴灰饼

根据墙面弹线标高，用 1 : 2 干硬性水泥砂浆在基层上做灰饼，大小约 50 mm 见方，纵横间距约 1.5 m，有坡度的地面，应坡向地漏。如局部厚度小于 10 mm 时，应调整其厚度或将局部高出的部分凿除。对面积较大的地面，应用水准仪测出基层的实际标高并算出面层的平均厚度，确定面层标高，然后做灰饼。

7. 配制砂浆

面层水泥砂浆的配合比宜为 1 : 2（水泥与砂的体积比），稠度不大于 35 mm，强度等级不应低于 M15。使用机械搅拌，投料完毕后的搅拌时间不应少于 2 min，要求拌和均匀，颜色一致。

（1）水泥砂浆拌制时应控制用水量、砂浆稠度（以标准圆锥体沉入度计）不应大于的抗压强度。

（2）不得使用刚出厂的水泥铺设水泥砂浆楼地面。这是因为通过煅烧后的水泥熟料，由于受生产条件的限制，特别是一些小水泥厂因生产工艺上或设备条件的某些限制，熟料中或多或少地总存在一些残留的氧化钙。

（3）水泥砂浆楼地面施工中，不同品种、不同强度等级的水泥不得混合使用。这是由于不同品种、不同强度等级的水泥，其水泥熟料中掺和料用量、石膏数量的不同，使各化学成分含量也不相同，最终使水化热的释放量、释放速度以及凝结硬化的速度都不同。

8. 铺砂浆

铺砂浆前，先在基层上均匀扫素水泥浆（水灰比 0.4～0.5）一遍，随扫随铺砂浆。注意水泥砂浆的虚铺厚度宜高于灰饼 3～4 mm。

9. 找平压光

水泥砂浆楼地面铺设后，应严格控制压光时间。水泥从加水拌和到水泥浆开始失去可塑性的时间,一般是 1～3 h,这个时间称为初凝;至拌和后 5～8 h,水泥浆完全失去可塑性并开始产生强度,这个时间称为终凝。

要点 8:水泥混凝土面层的施工要求

1. 基层清理

将基层表面的泥土、浮浆块等杂物清理冲洗干净,若楼板表面有油污,应用 5%～10%浓度的火碱溶液清洗干净。铺设面层前 1d 浇水湿润,表面积水应予扫除。

2. 弹标高和面层水平线

根据墙面已有的+500 mm 水平标高线,测量出地面面层的水平线,弹在四周的墙面上,并要与房间以外的楼道、楼梯平台、踏步的标高相互一致。

3. 钢筋网片制作与绑扎

面层内有钢筋网片时,应先进行钢筋网片的绑扎,网片要按设计要求制作、绑扎。

4. 做找平标志

混凝土铺设前,按标准水平线用木板隔成相应的区段,以控制面层厚度。地面有地漏时,要在地漏四周做出 0.5%的泛水坡度。

5. 配制混凝土

混凝土的强度等级不应低于 C20,水泥混凝土垫层兼做面层时其混凝土强度等级不应低于 C15。施工配合比应严格按照设计要求试配,应用机械搅拌,时间不少于 90 s,要求拌和均匀,随拌随用。试块的留置应符合规定。当采用泵送混凝土时,坍落度应满足泵送要求;当采用非泵送混凝土时,坍落度不宜大于 30 mm。

6. 铺设混凝土

(1)采用细石混凝土铺设时:铺前预先在湿润的基层表面均匀涂刷一道 (1∶0.45)～(1∶0.4)(水泥∶水)的素水泥浆,随刷随铺。按分段顺序铺混凝土 (预先用木板隔成宽度小于 3m 的条形区段),随铺随用刮杠刮平,然后用平板振动器振捣密实;如用滚筒人工滚压时,滚筒要交叉滚压 3～5 遍,直至表面泛浆为止。

(2)采用普通混凝土铺设时:混凝土铺筑后,先用平板振动器振捣,再用刮杆刮平、木抹子揉搓提浆抹平。

(3)采用泵送混凝土时:在满足泵送要求的前提下尽量采用较小的坍落度,在布料口来回摆动布料,禁止靠混凝土自然流淌布料。粗略找平后,用平板振捣器振动密实,然后用大杠刮平,多余的浮浆要随时刮除。

7. 抹平压光

水泥混凝土振捣密实后必须做好面层的抹平和压光工作。水泥混凝土初凝前,应完成面层抹平、揉搓均匀,待混凝土开始凝结即分遍抹压面层。

(1)第 1 遍抹压:先用木抹子揉搓提浆并抹平,再用铁抹子轻压,将脚印抹平,至表面压出水光为止。

(2)第 2 遍抹压:当面层开始凝结,地面上用脚踩有脚印但不下陷时,先用木抹子揉搓出浆,再用铁抹子进行第 2 遍抹压。把凹坑、砂眼填实、抹平,不应漏压。

(3)第 3 遍抹压:当面层上人用脚踩稍有脚印,而抹压无抹纹时,应用铁抹子进行第 3 遍抹压,抹压时要用力稍大,抹平压光不留抹纹为止,压光时间应控制在终凝前完成。

8.养护

第 3 遍抹压完 24 h 内加以覆盖并浇水养护(也可采用分间、分块蓄水养护),在常温条件下连续养护时间不少于 7 天,养护期间应封闭,严禁上人。

9.施工缝处理

混凝土面层应连续浇筑不留施工缝。当施工间歇超过规定允许时间时,应对已凝结的混凝土接槎处进行处理,剔除松散的石子、砂浆,润湿并铺设与混凝土配合比相同的水泥砂浆再浇筑混凝土,应重视接缝处的捣实压平,不应显出接槎。

10.随打随抹

浇筑钢筋混凝土楼板或水泥混凝土垫层兼做面层时,可采用随打随抹的施工方法。该方法可节约水泥、加快施工进度、提高施工质量。

11.踢脚线施工

水泥混凝土地面面层一般用水泥砂浆做踢脚线,并在地面面层完成后施工。底层和面层砂浆宜分 2 次抹成。抹底层砂浆前先清理基层,洒水湿润,然后按标高线量出踢脚线标高,拉通线确定底灰厚度,贴灰饼,抹 1∶3 水泥砂浆,刮板刮平,搓毛,洒水养护。抹面层砂浆须在底层砂浆硬化后,拉线粘贴尺杆,抹 1∶2 水泥砂浆,用刮板紧贴尺杆垂直地面刮平,用铁抹子压光。阴阳角、踢脚线上口,用角抹子溜直压光,踢脚线的出墙厚度宜为 5∼8 mm。

12.变形缝

(1)建筑地面的变形缝包括伸缩缝、沉降缝和防震缝,应按设计要求设置,并应与结构相应的缝位置一致。

(2)建筑地面的变形缝,应贯通楼、地面的各构造层,缝的宽度不宜小于 20 mm。

(3)整体面层的变形缝在施工时,先在变形缝位置安放与缝宽相同的木板条,木板条应刨光后涂沥青煤焦油,待面层施工并达到一定强度后,将木板条取出。

（4）变形缝一般填以沥青麻丝或其他富有弹性的材料，变形缝表面可用沥青胶泥嵌缝，或用钢板、硬聚氯乙烯塑料板、铝合金板等覆盖，并应与面层齐平。

（5）伸缩缝施工。面积较大的水泥混凝土地面应设置伸缩缝，以给混凝土地面在收缩或膨胀时有一定的规律和一定的范围。可以从降低面层应力和增强面层强度两方面采取措施，成功的经验是采用"抗放结合、有放有抗、大放小抗、适时释放"的措施，即大面积上"放"（设缝释放应力），小面积上"抗"（提高面层强度、增设防裂钢筋），从整体上采取"放"，在小块上采取"抗"，从而能有效的消除面层裂缝的产生。混凝土地面伸缩缝的设置如图 4-39 所示。

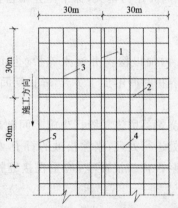

图 4-39　混凝土地面伸缩缝设置构造图
1—纵向伸缝@30m；2—横向伸缝@30m；3—纵向缩缝@3～6m；
4—横向缩缝@6～12m；5—边角加肋及加筋，做法由设计定

13.混凝土地面的板边（角）

刚性的水泥混凝土地面虽具有较高的承载力，但也有明显的受力不均匀性。由表 4-10 可知，不加肋的混凝土板的承载力，以板中为最强，板边次之，板角处最弱。板角的承载力仅为板中承载能力的 45％左右，板边的承载力为板中承载力的 65％左右。板边、板角处是地面受力的薄弱部位，受力后，容易发生翘曲变形和损坏。地面设计厚度愈薄，受荷后板边（角）处的翘曲现象越严重。

表 4-10　混凝土单板地面承载能力试验

板厚/cm	类别	基层	承载力/t			角中比	附注
			板角	板边	板中		
7	不加肋	灰土	7.35	10.35	15.75	0.47	—
	加肋	灰土	13.35	19.35①	13.95①	0.95	—

注：1.由于加荷配重不够，未继续加荷；
　　2.边角加强后，板中强度会略有下降。

14.传力杆设置

对经常有汽车或装载车行走的室内、外混凝土地面,在伸缝处宜设置传力杆,以保证相邻的地(路)面板之间能有效地传递荷载。当车辆轮压施荷于某一板边时,通过传力杆将一部分荷载迅速传递至相邻一边的地(路)面上,促使相邻板块共同承受荷载,避免因局部轮压过大而造成破坏,保证地(路)面的正常工作。

15.加固构造

地坑及设备基础四周的地面混凝土中,需设置一些防裂加固钢筋。由于地面在地坑及设备基础等部位的平面形状突然变化,同时,地面混凝土与地坑及设备基础部分不同时施工,所以在边角处往往造成应力集中的缺陷。混凝土的硬化收缩以及周围气温的冷热变化所引起的内应力也常

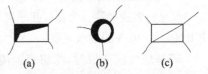

图 4-40　地面在地坑及设备四周
裂缝的情况

(a)、(b)地坑;(c)设备基础

常在边角处造成胀缩裂缝,如图 4-40 所示。这种裂缝不仅对地面的质量受到影响,对于一些液体较多的车间,特别是有腐蚀性溶液的车间,会造成腐蚀性溶液侵入地下而使地坑、设备基础甚至建筑物的地基基础等受到侵蚀,严重者将造成质量及安全事故。

为了确保地面及地坑、设备基础等的工程质量,减少和避免裂缝的产生,一般在地坑及设备基础四周的地面混凝土中,设置一些防裂的构造钢筋,或将地坑或设备基础上口部分钢筋伸入地面混凝土垫层(面层)内,将会收到较好的效果,如图 4-41 所示。

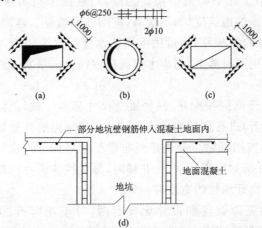

图 4-41　地坑、设备基础四周设置的防裂缝构造钢筋
(a)、(b)地坑;(c)设备基础;(d)部分地坑壁钢筋伸入混凝土地面内

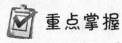 重点掌握

要点 9：大理石、花岗岩面层的施工要求

（1）大理石、花岗石地面面层采用天然大理石、天然花岗石（或碎拼大理石、碎拼花岗石）板材应在结合层上铺设。大理石板材不得用于室外地面面层。

（2）认真进行基层清理。为使结合层厚度一致，宜在基层上铺设一层 1∶2.5～1∶3 水泥砂浆找平层。为保证找平层与基结合牢固，铺设前应在基层表面刷一层水灰比为 0.4～0.5 的素水泥浆。

若基层为隔离层时，除将表面清扫干净外，还应注意保护隔离层防止损坏。操作人员应穿胶底鞋，手推车的腿下要包胶皮或软布等保护措施。

（3）根据水平控制线，用于硬性砂浆贴灰饼，灰饼的标高应按地面标高减板厚再减 2 mm，并在铺贴前弹出排板控制线。

（4）先将板材背面刷干净，铺贴时保持湿润，阴干或擦干后备用。

（5）根据控制线，按预排编号铺好每一开间及走廊左右两侧标准行（封路）后，再进行拉线铺贴，并由里向外铺贴。

（6）铺贴大理石、花岗石。

1）铺设大理石、花岗石面层前，板材应浸湿、晾干；结合层与板材应分段同时铺设。

2）铺贴前，先将基层浇水湿润，然后刷素水泥浆一遍，水灰比 0.5 左右，并随刷随铺底灰，底灰采用干硬性水泥砂浆，配比为 1∶2，以手握成团不出浆为准。铺灰厚度以拍实抹平与灰饼同高为准，用铁抹子拍实抹平。然后进行试铺，检查结合层砂浆的饱满度（如不饱满，应用砂浆填补），随即将大理石背面均匀地刮上 2 mm 厚的素灰膏，然后用毛刷沾水湿润砂浆表面，再将石板对准铺贴位置，使板块四周同时落下，用小木槌或橡皮锤敲击平实，随即清理板缝内的水泥浆。

3）同一房间，开间应按配花、品种挑选尺寸基本一致，色泽均匀，纹理通顺（指大理石和花岗石）进行预排编号，分类存放，待铺贴时按号取用；必要时可绘制铺贴大样图，再按图铺贴。分块排列布置要求对称，厅、房与走道连通处，缝子应贯通；走道、厅房如用不同颜色、花样时，分色线应设在门框裁口线内侧；靠墙柱一侧的板块，离开墙柱的宽度应一致。

（7）板材间的缝隙宽度如设计无规定时，对于花岗石、大理石不应大于 1 mm，相邻两块高低差应在允许偏差范围内，严禁二次磨光板边。

（8）铺贴完成 24 h 后，开始洒水养护。3 天后，用水泥浆（颜色与石板块调和）擦缝饱满，并随即用干布擦净至无残灰、污迹为止。铺好的板块禁止行人和

堆放物品。

(9)镶贴踢脚板

1)踢脚板在地面施工完后进行,施工方法有镶贴法和灌浆法两种,施工前均应进行基层处理,镶贴前先将石板块刷水湿润,晾干。踢脚板的阳角按设计要求,宜做成海棠角或割成 45°。

2)板材厚度小于 12 mm 时,采用镶贴法施工;当板材厚度大于 15 mm 时,宜采用灌浆法施工。

·根据墙面的标高控制线,测出踢脚板上口水平线,弹在墙上,根据墙面抹灰厚度,用线附吊线,确定踢脚板的出墙厚度,一般为 8~10 mm。

·对于抹灰墙面,按踢脚板出墙厚度,用 1∶3 水泥砂浆打底找平,表面搓毛。

·找平层砂浆干硬后,拉踢脚板上口的水平线,按设计要求对阳角进行处理,在经浸水阴干的大理石(花岗石)踢脚板表面,先刮抹一层 2~3 mm 厚的聚合物水泥浆,再进行粘贴,并用木槌敲实,根据水平线找直、找平。

·24 h 后用同色水泥浆擦缝并用棉丝团将余浆擦净。

3)采用灌浆法施工时,先在墙两端用石膏(或胶黏剂)各固定一块板材,其上楞(上口)高度应在同一水平线上,突出墙面厚度应控制在 8~12 mm。然后沿两块踢脚板上楞拉通线,用石膏(或胶黏剂)逐块依顺序固定踢脚板。然后灌 1∶2 水泥砂浆,砂浆稠度视缝隙大小而定,以能灌实为准。

4)镶贴时,应随时检查踢脚板的平直度和垂直度。

5)板间接缝应与地面缝贯通(对缝),擦缝做法同地面。

(10)楼梯踏步铺贴:楼梯踏步和台阶,跟线先抹踏步立面(踢板)的水泥砂浆结合层,但踢板可内倾,决不允许外倾。后抹踏步平面(踏板),并留出面层板块的厚度,每个踏步的几何尺寸必须符合设计要求。养护 1~2 天后在结合层上浇素水泥浆作黏结层,按先立面后平面的规则,拉斜线铺贴板块,如图 4-42 所示。防滑条的位置距齿角 30 mm,也可经养护后锯割槽口嵌条。踏步铺贴完工,以角钢包角,并铺设木板保护,7 天内不得上人。室外台阶踏步,每级踏步的平面,其板块的纵向和横向,应能排水,雨水不得积聚在踏步的平面上。踢脚线:先沿墙(柱)弹出墙(柱)厚度线,根据墙体冲筋和上口水平线,1∶2.5~1∶3 的水泥砂浆(体积比)抹底、刮平、划纹,待干硬后,将已湿润晾干的板块背面抹 2~3 mm素水泥浆跟线粘贴,并用木槌敲击,找平、找直,次日用同色水泥浆擦缝。

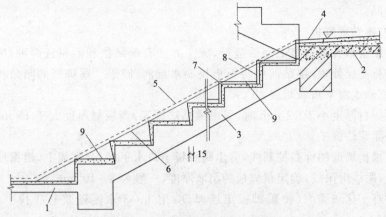

图 4-42　楼梯踏步级块的铺贴

1—楼(地)面；2—休息平台；3—斜梁；4—建筑标高线；

5—建筑标高斜线；6—水泥砂浆找平层斜线；7—齿角；8—踢板；9—踏板

(11)碎拼大理石或碎拼花岗石面层施工。

图 4-43　碎拼板材地面边块铺设

1)碎拼大理石或碎拼花岗石面层施工可分仓或不分仓铺砌，也可镶嵌分格条。为了边角整齐，应选用有直边的一边板材沿分仓或分格线铺砌，并控制面层标高和基准点，如图 4-43 所示。用干硬性砂浆铺贴，施工方法同大理石地面。铺贴时，按碎块形状大小相同自然排列，缝隙控制在 15~25 mm，并随铺随清理缝内挤出的砂浆，然后嵌填水泥石粒浆，嵌缝应高出块材面 2 mm。待达到一定强度后，用细磨石将凸缝磨平。如设计要求拼缝采用灌水泥砂浆时，厚度与块材上面齐平，并将表面抹平压光。

2)碎块板材面层磨光，在常温下一般 2~4 天即可开磨，第一遍用 80~100 号金刚石，要求磨匀磨平磨光滑，冲净渣浆，用同色水泥浆填补表面所呈现的细小空隙和凹痕，适当养护后再磨。第 2 遍用 100~160 号金刚石磨光，要求磨至石子粒显露，平整光滑，无砂眼细孔。用水冲洗后，涂抹草酸溶液(质量比为热水：草酸＝1：0.35，溶化冷却后用)一遍。如设计有要求，第 3 遍应用 240~280 号的金刚石磨光，研磨至表面光滑为止。

要点 10：砖面层的施工要求

(1)常用砖地面的构造类型，如图 4-44 所示。

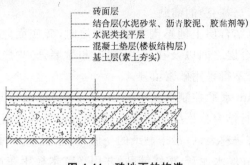

砖面层
结合层(水泥砂浆、沥青胶泥、胶黏剂等)
水泥类找平层
混凝土垫层(楼板结构层)
基土层(素土夯实)

图 4-44 砖地面的构造

（2）在水泥砂浆结合层上铺贴无釉陶瓷地砖、陶瓷地砖和水泥花砖面层时，应符合下列规定：

1）在铺贴前，应对砖的规格尺寸、外观质量、色泽等进行预选，浸水湿润晾干待用。

2）勾缝或擦缝应采用同品种、同强度等级、同颜色的水泥，并做养护和保护。

3）把黏结在混凝土基层上的浮浆、松动混凝土、砂浆等剔掉，用钢丝刷掉水泥浆皮，然后用扫帚扫净。

（3）有防水要求的建筑地面工程，铺设前必须对立管、套管和地与楼板节点之间进行密封处理；排水坡度应符合设计要求。

（4）弹控制线：根据房间中心线（十字线）并按照排砖方案图，弹出排砖控制线。

（5）有拼花图案砖的地面，应明确拼花图案式样，或施工前先作样板，经有关设计、业主、监理等单位认可后，作为正式地面施工图案。

（6）无釉陶瓷地砖、陶瓷地砖和水泥花砖铺贴。

1）根据排砖控制线先铺贴好左右靠边基准行（封路）的块料，以后根据基准行由内向外挂线逐行铺贴。并随时做好各道工序的检查和复验工作，以保证铺贴质量。

2）铺贴时宜采用干硬性水泥砂浆，厚度为 10～15 mm，然后用水泥膏（约 2～3 mm 厚）满涂块料背面，对准挂线及缝子，将块料铺贴上，用小木槌着力敲击至平正。挤出的水泥膏及时清干净，随铺砂浆随铺贴。

3）面砖的缝隙宽度：当紧密铺贴时不宜大于 1 mm；当虚缝铺贴时宜为 5～10 mm，或按设计要求。

4）面层铺贴 24 h 内，根据各类砖面层的要求，分别进行擦缝、勾缝或压缝工作。勾缝深度比砖面凹 2～3 mm 为宜，擦缝和勾缝应采用同品种、同强度等级、同颜色的水泥。

5）做好面层的养护和保护工作。

(7)陶瓷锦砖(马赛克)的铺贴。

1)在水泥砂浆结合层上铺贴陶瓷锦砖面层时,砖底面应洁净,每联陶瓷砖之间、陶瓷砖与结合层之间以及在墙边、镶边和靠墙处,均应紧密贴合,并不得有空隙。在靠墙处不得采用砂浆填补。

2)根据500 mm水平控制线及中心线(十字线)铺贴各开间左右两侧标准行,以后根据标准行结合分格缝控制线,由里向外逐行挂线铺贴。

3)用软毛刷将块料表面(沿未贴纸的一面)灰尘扫净并润湿,在块材上均匀抹一层2~2.5 mm厚水泥膏,按线铺贴,并用平整木板压在块料上用木槌着力敲击校平正。

4)将挤出的水泥膏及时清干净。

5)块料铺贴后等待15~30 min,在纸面刷水湿润,将纸揭去,并及时将纸屑清理干净;拨正歪斜缝子,铺上平正木板,用木槌拍平拍实。

(8)楼梯板块面层施工。

1)根据标高控制线,把楼梯每一梯段的所有踏步的误差均分,并在墙面上放样予以标志,作为检查和控制板块标高、位置的标准。

2)楼梯面层板块材料应先挑选(踏步应选用满足防滑要求的块材),并按颜色和花纹分类堆放备用,铺贴前应视材质情况浸水湿润,但使用时表面应晾干。

3)基层的泥土、浮灰、灰渣清理干净,如局部凹凸不平,应在铺贴前将凸处凿平,凹处用1:3水泥砂浆补平。

4)铺贴前对每级踏步立面、平面板块,按图案、颜色、拼花纹理进行试拼、试排,试排好后编号放好备用。

5)铺抹结合层半干硬性水泥砂浆,一般采用1:3水泥砂浆。铺前洒水湿润基层,随刷素水泥浆随铺抹砂浆,铺抹好后用刮尺杆刮平、拍实,用抹子压拍平整密实,铺抹顺序一般按先踏步立面,后踏步平面,再铺抹楼梯栏杆和靠墙部位色带处。

6)楼梯板块料面层铺贴顺序一般是从下向上逐级铺贴,先粘贴立面,后铺贴平面,铺贴时应按试拼、试排的板块编号对号铺贴。

7)铺贴前将板块预先浸湿阴干备用,铺贴时将板块四角同时放置在铺抹好的半干硬性砂浆层上,先试铺合适后,翻开板块在背面满刮一层水灰比为0.5的素水泥浆,然后将板块轻轻对准原位铺贴好,用小木槌或橡皮锤敲击板块使其四角平整、对缝、对花符合设计要求,要求接缝均匀,色泽一致,面层与基层结合牢固。及时擦干净面层余浆,缝内清理干净。常温铺贴完12 h开始养护,3天后即可勾缝或擦缝。

8)当设计要求用白水泥和其他有颜色的胶结料勾缝时,用白水泥和颜料调制成与板块色调相近的带色水泥浆,用专用工具勾缝压实至平整光滑。

9)擦(勾)缝 24 h 后,用干净湿润的锯末覆盖或喷水养护不少于 7 天。

10)楼梯踢脚板镶贴施工时应按楼梯放样图加工套割,并试排编号,以备镶贴用。

(9)卫生间等有防水要求的房间面层施工。

1)根据标高控制线,从房间四角向地漏处按设计要求的坡度进行找坡,并确定四角及地漏顶部标高,用 1∶3 水泥砂浆找平,找平打底灰厚度一般为10~15 mm,铺抹时用铁抹子将灰浆摊平拍实,用刮杠刮平,木抹子搓平,做成毛面,再用 2m 靠尺检查找平层表面平整度和地漏坡度。找平打底灰抹完后,于次日浇水养护 2 天。

2)对铺贴的房间检查净空尺寸,找好方正,定出四角及地漏处标高,根据控制线先铺贴好靠边基准行的块料,由内向外挂线逐行铺贴,并注意房间四边第一行板块铺贴必须平整,找坡应从第二行块料开始依次向地漏处找坡。

3)根据地面板块的规格,排好模数,非整砖块料对称铺贴于靠墙边,且不小于 1/4 整砖,与墙边距离应保持一致,严禁出现"大小头"现象,保证铺贴好的块料地面标高低于走廊和其他房间不少于 20 mm,地面坡度符合设计要求,无倒泛水和积水现象。

4)地漏(清扫口)位置在符合设计要求的前提下,宜结合地面面层排板设计进行适当调整。用整块(块材规格较小时用四块)块材进行套割时,地漏(清扫口)双向中心线应与整块块材的双向中心线重合;用四块块材套割时,地漏(清扫口)中心应与四块块材的交点重合。套割尺寸宜比地漏面板外围每侧大2~3 mm,周边均匀一致。镶贴时,套割的块材内侧与地漏面板平,且比外侧低(找坡)5 mm(清扫口不找坡)。待镶贴凝固后,清理地漏(清扫口)周围缝隙,用密封胶封闭,防止地漏(清扫口)周围渗漏。

5)铺贴前,在找平层上刷素水泥浆一遍,随刷浆随抹黏结层水泥砂浆,配合比为 1∶2~1∶2.5,厚度 10~15 mm。铺贴时,对准控制线及缝子,将块料铺贴好,用小木槌或橡皮锤敲击至表面平整,缝隙均匀一致,将挤出的水泥浆擦干净。

6)擦缝、勾缝应在 24 h 内进行,用 1∶1 水泥砂浆(细砂),要求缝隙密实平整光洁,勾缝的深度宜为 2~3 mm。擦缝、勾缝应采用同品种、同一强度等级、同一颜色的水泥。

7)面层铺贴完毕 24 h 后,洒水养护 2 天,用防水材料临时封闭地漏,放水深20~30 mm 进行 24 h 蓄水试验,经监理、施工单位共同检查验收签字,确认无渗漏后,地面铺贴工作方可完工。

(10)在胶黏剂结合层上铺贴砖面层。

1)采用胶黏剂在结合层上粘贴砖面层时,胶黏剂选用应符合现行国家标准

《民用建筑工程室内环境污染控制规范》(GB 50325—2001)的规定。

2)水泥基层表面应平整、坚硬、干燥、无油脂及砂粒,含水率不大于9%。如表面有麻面起砂、裂缝现象时,宜采用乳液腻子等修补平整,每次涂刷的厚度不大于0.8 mm,干燥后用0号铁砂布打磨,再涂刷第二次腻子,直至表面平整(基层表面平整度应符合规定)后,再用水稀释的乳液涂刷一遍,以增加基层的整体性和黏结力。

3)铺贴应先编号,将基层表面清扫洁净,涂刷一层薄而匀的底胶,待其干燥后,再在其面上进行弹线,分格定位。

4)铺贴应由内向外进行。涂刷的胶黏剂必须均匀,并超出分格线10 mm,涂刷厚度控制在1 mm以内,砖面层背面应均匀涂刮胶黏剂,待胶层干燥不黏手(10~20 min)即可铺贴,涂胶面积不应超过胶的晾置时间内可以粘贴的面积,应一次就位准确,粘贴密实。

(11)在沥青胶结料结合层上铺贴无釉陶瓷地砖面层。

1)找平层表面应洁净、干燥,其含水率不应大于9%,并应涂刷基层处理剂。基层处理剂应采用与沥青胶结料同类材料加稀释溶剂配制。涂刷基层处理剂的相隔时间应通过试验确定,一般涂刷一昼夜后即可铺贴面层。

2)无釉陶瓷地砖要干净,铺贴时应在摊铺热沥青胶结料后随即进行,并在沥青胶结料凝结前完成。

3)无釉陶瓷地砖间缝隙宽度为3~5 mm,采用挤压方法使沥青胶结料挤入,再用胶结料填满。填缝前,缝隙内应予清扫并使其干燥。

要点 11:实木复合地板面层的施工要求

1.铺钉毛地板

(1)当面层采用条形或拼花席纹时,毛地板与木龙骨成30°或45°斜向铺钉。毛地板与墙面之间应留10~20 mm的缝隙,毛地板用铁钉与木龙骨钉紧,宜选用长度为板厚2~2.5倍的铁钉,每端用2个,钉帽应沉入毛地板表面2~3 mm。

(2)毛地板的接头必须设在木龙骨中线上,表面要调平,板间缝隙不大于3 mm,板长不应小于两档木龙骨,相邻条板的接缝要错开。当采用整张人造板时,应在板上开槽,槽的深度为板厚的1/3,方向与木龙骨垂直,间距200 mm左右。

(3)毛地板铺钉完,应弹方格网点抄测检查,表面刨平,边刨边用水准仪、水平尺检查,直至平整度符合要求后方可进行下道工序施工。

(4)所用的木龙骨、毛地板等在使用前必须做防腐处理。铺设毛地板前必须将架空层内的杂物清理干净。

2.铺实木复合地板面层

实木复合地板面层在毛地板上可采用钉子固定,也可满涂胶或点涂胶粘贴。先量好房间的长宽,计算出需多少块地板。板与墙边留至少 8～12 mm 缝隙,并用木楔背紧。试装头三排,不要涂胶,试铺后方可用满涂胶或点涂胶法,从墙边开始铺贴实木复合地板,铺贴时地板企口部位也应涂胶。板块间的短接头应相互错开至少 300 mm,当铺长条形地板时,排与排之间的长缝必须保持一条直线,所以第一排不靠墙的那边要平直。大面积铺设地板面层(长度大于10 m)时,应分段进行,分段缝的处理应符合设计要求。

3.安装木踢脚板

实木复合地板安装完,静停 2 h 后方可撤除与墙背紧的木楔子,随后可进行踢脚板安装。踢脚板的厚度应以能压住实木复合地板与墙面的缝隙为准,通常厚度为 15 mm,用钉固定或用硅胶粘贴。木踢脚板应提前刨光,为防止翘曲,在靠墙的一面开成槽,并每隔 1 m 钻 $\phi 6$ 的通风孔,在墙上每隔 400 mm 设防腐木砖(也可以在墙上钻孔,塞木楔),再把踢脚板用钉子钉牢在防腐木砖上,钉帽砸扁顺木纹冲入木板内。踢脚板板面应垂直,上口水平。木踢脚板阴阳角交接处应切割成 45°后再进行安装,踢脚板的接头宜用坡面搭接固定在防腐木块上。

要点 12:实木地板面层的施工要求

1.安装木格栅

(1)空铺法:在砖砌基础墙上和地垄墙上垫放通长沿缘木,用预埋的铁丝将其捆绑好,并在沿缘木表面划出各格栅的中线,然后将格栅对准中线摆好,端头离墙面约 30 mm 的缝隙,依次将中间的格栅摆好,当顶面不平时,可用垫木或木楔在格栅底下垫平,并将其钉牢在沿缘木上,为防止格栅活动,应在固定好的木格栅表面临时钉设木拉条,使之互相牵拉着,格栅摆正后,在格栅上按剪刀撑的间距弹线,然后按线将剪刀撑钉于格栅侧面,同一行剪刀撑要对齐顺线,上口齐平。

(2)实铺法:楼层木地板的铺设,通常采用实铺法施工,应先在楼板上弹出各木格栅的安装位置线(间距约 400 mm)及标高,将格栅(断面呈梯形,宽面在下)放平、放稳,并找好标高,将预埋在楼板内的铁丝拉出,捆绑好木格栅(如未预埋镀锌铁丝,可按设计要求用膨胀螺栓等方法固定木格栅),然后把保温材料塞满两格栅之间。

2.钉木地板面板

(1)条板铺钉:空铺的条板铺钉方法为剪刀撑钉完之后,可从墙的一边开始铺钉面板,靠墙的一块板应离墙面有 10～20 mm 缝隙,以后逐块排紧,用钉从板侧凹角处斜向钉入,钉长为板厚的 2～2.5 倍,钉帽要砸扁,企口条板要钉牢,排紧。板的排紧方法一般可在木格栅上钉扒钉 1 只,在扒钉与板之间夹 2 个硬木楔,打紧硬木楔就可以使板排紧。钉到最后一块企口板时,因无法斜着钉,可用明钉钉牢,钉帽要砸扁,冲入板内。企口板的接头要在格栅中间,接头要相互错开,板与板之间要相互排紧,格栅上临时固定的木拉条,应随企口板的安装随时拆去,铺钉完之后及时清理干净,先应垂直木纹方向粗刨一遍,再依顺木纹方向细刨一遍。

(2)拼花木地板铺钉:硬木地板下层一般都钉毛地板,其宽度不宜大于 120 mm,毛地板与格栅成 45°或 30°方向铺钉,并应斜向钉牢,板间缝隙不应大于 3 mm,毛地板与墙之间应留 10~20 mm 缝隙,每块毛地板应在每根格栅上各钉 2 个钉子固定,钉子的长度应为板厚的 2.5 倍。铺钉拼花地板前,宜先铺设一层沥青纸(或油毡),以隔声和防潮用。

(3)在铺钉硬木拼花地板前,应根据设计要求的地板图案,一般应在房间中央弹出图案墨线,再按墨线从中央向四边铺钉,有镶边的图案,应先钉镶边部分,再从中央向四边铺钉,各块木板应相互排紧,对于企口拼装的硬木地板,应从板的侧边斜向钉入毛地板中,钉帽不要露出;钉长为板厚的 2~2.5 倍,当木板长度小于 300 mm 时,侧边应钉 2 个钉子,长度大于 300 mm 时,应钉入 3 个钉子,板的两端应各钉 1 个钉固定,板块间隙不应大于 0.3 mm,面层与墙之间缝隙,应以木踢脚板封盖。

(4)拼花地板黏结:当采用胶黏剂铺贴拼花板面层时,胶黏剂应通过实验确定,胶黏剂应存放在阴凉通风、干燥的室内,超过生产期 3 个月的产品,应取样检验,合格后方可使用,超过保质期的产品,不得使用。

3.净面细刨、磨光

地板刨光宜采用地板刨光机(或六面刨),转速在 5 000 r/min 以上。长条地板应顺木纹刨,拼花地板应与地板木纹成 45°斜刨。刨时不宜走得太快,刨口不要过大,要多走几遍,地板机不用时应先将机器提起关闭,防止啃伤地面。机器刨不到的地方要用手刨,并用细刨净面,地板刨平后,应使用地板磨光机磨光,所用纱布应先粗后细,纱布应绷紧绷平。磨光方向及角度与刨光方向相同。

4.木踢脚板安装

木踢脚板应提前刨光,在靠墙的一面开成凹槽,并每隔 1 m 钻直径 6 mm 的通风孔,在墙上应每隔 40 cm 砌防腐木块,在防腐木砖外面钉防腐木块,再把踢脚板用明钉钉牢在防腐木块上,钉帽砸扁顺木纹冲入木板内,踢脚板板面要垂直,上口呈水平,在木踢脚板与地板交角处,钉三角木条,以盖住缝隙,木踢脚板阴阳角交角处应切割成 45°后再进行拼装,踢脚板的接头应采用 45°斜面搭接固定在防腐木块上。

要点 13：中密度复合板面层的施工要求

(1)基层清理：将粘在基层上的浮浆、落地灰、空鼓处等钢丝刷清理掉，再用扫帚将浮土清扫干净。对基层麻点、起砂、高低偏差等部位用水泥腻子或水泥砂浆修补、打磨。基层应做到平整、坚实、干燥、干净。

(2)弹线：当基层完全干燥并达到要求后，根据配板图或实际尺寸。测量弹出面层控制线和定位线。

(3)铺衬垫或毛地板：一般采用 3 mm 左右聚乙烯泡沫塑料衬垫，可在基层上直接满铺。也可将衬垫采用点粘法或双面胶带纸粘在基层上。中密度(强化)复合木地板下层如需铺钉毛地板时可采用 15 mm 厚松木或同厚度、质量可靠的其他板材。

(4)铺中密度(强化)复合木地板面层。

1)先试铺，将地板条铺成与光线平行方向，在走廊或较小的房间，应将地板块与较长的墙面平行铺设。排与排之间的长边接缝必须保持一条直线，相邻条板端头应错开不小于 300 mm。

2)中密度(强化)复合木地板不与地面基层及泡沫塑料衬垫粘贴，只是地板块之间黏结成整体。按试铺的排版尺寸，第一块板材凹企口朝墙面。第一排版每块只需在短头接尾凸榫上部涂足量的胶，使地板块榫槽黏结到位，接合严密。第二排板块需在短边和长边的凹榫内涂胶，与第一排版的凸榫黏结、用小锤隔着垫木向里轻轻敲打，使两块结合严密、平整，不留缝隙。板面溢出的胶，用湿布及时擦净。每铺完一排，拉线检查，保证铺板平直。按上述方法逐块铺设挤紧。地板与墙面相接处，留出 10 mm 左右的缝隙，用木楔背紧(最后一排地板块与墙面也要有 10 mm 缝隙)。铺粘应从房间内退着往外铺设，不符合模数的板块，其不足部分在现场根据实际尺寸将板块切割后镶补，并用胶黏剂加强固定。待胶干透后，方可拆除木楔。

3)铺设中密度(强化)复合木地板面层的面积达 70 m² 或房间长度达 8 m 时，宜在每间隔 8 m 处(或门口处)放置铝合金条，释放整体地面温度变形。

(5)安装踢脚板：中密度(强化)复合木地板安装完后，可安装踢脚板。踢脚板应提前刨光，厚度应以能压住地板与墙面的缝隙为准。为防止翘曲，在靠墙的一面开成凹槽，并每隔 1 m 钻直径 6 mm 的通风孔。在墙上每隔 400 mm 设防腐木砖(或在墙上钻孔，打入木塞)，再把踢脚板用钉子钉牢在防腐木块上，钉帽砸扁顺木纹冲入木板内，踢脚板板面应垂直，上口水平。木踢脚板阴阳角交接处应切割成 45°后再进行拼装，踢脚板的接头应固定在防腐木板上。也可选用与中密度(强化)复合木地板配套的成品踢脚板，安装可采用打眼下木楔钉固，也可用安装挂件，活动安装。

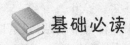

第五章

其他工程

本章导读

本章主要介绍防水工程以及脚手架工程的施工方法,包括防水工程原则、各种防水材料施工方法、各种防水细部的施工方法以及各种脚手架搭设的具体要求等。

第一节　防水工程

基础必读

要点 1:防水工程的防水原则

(1)屋面防水设计原则。屋面防水工程设计应遵守"合理设防、因地制宜、防排结合、综合治理、多道设防、刚柔相济"的原则。

(2)地下工程防水设计原则。地下工程防水应遵循"防、排、堵、截"的相结合,因地制宜、刚柔相济,综合治理的原则。同时要定级准确、方案可靠、施工方便,易于操作、经济合理。

(3)浴厕间防水原则。防水涂料最适宜,地面用柔韧型防水灰浆,墙面使用刚性(通用型)防水灰浆;穿板管、地漏周嵌填封闭,墙根基处多涂刷一次。

要点 2:屋面工程合成高分子卷材防水的施工要点

1. 三元乙丙橡胶防水卷材施工控制要点

(1)基层控制要点。铺贴卷材的基层表面必需平整、清洁、坚固、干燥(含水率不大于 9%),且不得有起砂、开裂和空鼓等缺陷,屋面阴阳角、女儿墙、烟囱根、天窗壁、变形缝和伸缩缝等处均已做成半径为 200 mm 的圆弧。

(2)涂刷基层处理剂控制要点。配制底胶时,将聚氨酯材料按甲:乙:二甲苯=1:1.5:1.5 的比例(重要比)配合搅拌均匀;配制成底胶,后即可进行涂刷,涂刷时,用长把滚刷均匀涂刷在大面积基层上,厚薄要一致,不得有漏刷和白点现象;阴阳角等管根部位可采用毛刷涂刷;常温下,干燥 4 h 以上即可涂布基层胶黏剂。

(3)铺贴卷材附加层控制要点。配制基层胶黏剂时,将聚氨酯材料按甲、乙组份以Ⅰ∶(1~1.5)的比例(重量比)配合搅拌均匀,即可进行涂刷,涂刷时,用毛刷在女儿墙、檐沟墙、天窗壁、变形缝、烟囱根、管道根的连接处及檐口、天沟、斜沟、水落口、屋脊等处做细部附加层,涂刷2~3遍,厚度不小于1.5mm。

(4)卷材铺贴控制要点。

1)弹基准线:三元乙丙橡胶防水卷材通常采用平行于屋脊的方向铺贴,按照顺水接槎的原则从屋面标高最低处向最高处屋脊铺贴的方法进行弹基准线控制卷材的搭接宽度。

2)铺贴卷材时,先将卷材摊开在平整、清扫干净的基层上,用长把滚刷蘸C2×404胶均匀涂刷在卷材表面,在卷材接头部位应空出100 mm不涂胶,刷胶厚度要均匀不得有漏底或凝聚块存在。当胶黏剂静置10~20 min干燥后,指接触不粘手时,用原来卷卷材的纸筒再卷起来,卷时要求端头平整,不得卷成竹笋状,并要防止进入砂粒、尘土和杂物。

3)涂布基层胶黏剂:已涂的基层底胶干燥后,在其表面涂刷C2×404胶,涂刷要用力适当,不要在一处反复涂刷,防止粘起底胶,形成凝聚块,影响铺贴质量。复杂部位可用毛刷均匀涂刷,用力要均匀,涂胶后指接触不粘时,可铺贴卷材。

4)铺贴时从流水坡度的下坡开始,先远后近的顺序进行,使卷材长向与流水坡度垂直,搭接顺流水方向。将已涂刷好C2×404胶预先已卷好的卷材穿入φ30 mm、长1.5 m的铁锹把或铁管由两人抬起,将卷材一端黏结固定,然后沿弹好的基准线向另一端铺贴,操作时卷材不要拉得太紧,每隔1 m左右向基准线靠贴一下,依次顺序对准线边铺贴,或将已涂好胶的卷材按上述方法推着向后铺贴,但无论哪种方法均不得拉伸卷材,防止出现皱折。

5)铺贴卷材时要减少阴阳角的接头。贴平面与立面连接的卷材,要从下向上铺贴,使卷材紧贴阴阳角,不得有空鼓或粘贴不牢现象。

6)排除空气,每铺完一张卷材,要立即用干净的长把滚刷从卷材的一端开始在卷材的横向方向顺序用力滚压一遍,以便将空气彻底排出。

7)滚压,为使卷材粘贴牢固,在排出空气层后,用30 kg重30 cm长的外包橡皮的铁棍滚压一遍,立面用手持压辊滚压牢固。

(5)搭接缝控制要点。

1)再未涂刷C2×404胶的长、短边100 mm处,每隔1 m左右用C2×404胶涂一下,待其基本干燥后将接缝翻开临时固定。

2)卷材接缝用丁基胶黏剂黏结,先将A∶B两组份材料按1∶1(重量比)配合比搅拌均匀,用毛刷均匀涂刷在翻开的接缝表面,待其干燥30 min(常温15 min左右),即可进行黏合,从一端开始用手一边压合一边挤出空气;黏合好的搭接处不允许有皱、气泡等缺陷,然后用铁辊滚压一遍,沿卷材边缘用聚氨酯密封膏封闭,密封膏的嵌填宽度不小于 10 mm,如图 5-1 所示。

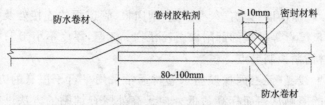

防水卷材　　　卷材胶粘剂　　　≥10mm　密封材料

80～100mm　　　　防水卷材

图 5-1　搭接缝密封处理示意图

(6)卷材末端收头控制要点。为使卷材末端收头黏结牢固,防止翘边、渗水和漏水,用聚氨酯密封膏等密封材料封闭严密后,再涂刷一层聚氨酯涂膜防水材料。

2.氯化聚乙烯—橡胶共混防水卷材施工控制要点

(1)基层控制要点。铺贴卷材的基层表面必需平整、清洁、坚固、干燥(含水率不大于 9%),且不得有起砂、开裂和空鼓等缺陷,屋面阴阳角、女儿墙、烟囱根、天窗壁、变形缝和伸缩缝等处均已做成半径为 20 mm 的圆弧。

(2)涂刷基层处理剂控制要点。基层处理剂为低黏度的聚氨酯溶液或氯丁胶乳液,配制底胶时,将聚氨酯材料按甲∶乙∶二甲苯＝1∶1.5∶3 的比例(重量比)配合搅拌均匀,配制成底胶,后即可进行涂刷,涂刷时,用长把滚刷均匀涂刷在大面基层上,厚薄要一致,不得有漏刷和白点现象;阴阳角等管根部位可采用毛刷涂刷,对于用空铺法、点铺法和条粘铺贴卷材时,对于檐口、屋脊和屋面的转角处及突出屋面的连接处至少有 800 mm 宽的卷材涂布基层处理剂;常温下,干燥 4 h 以上即可涂布基层胶黏剂。

(3)铺贴卷材附加层控制要点。基层胶黏剂为采用氯丁胶与树脂等配制而成的 WPPA-1 型或 WPPA-2 型专用胶黏剂,由厂家直接配套供给,涂刷时,用毛刷在女儿墙、檐沟墙、天窗壁、变形缝、烟囱根、管道根的连接处及檐口、天沟、斜沟、水落口、屋脊等处做细部附加层,涂刷 2～3 遍,厚度不小于 1.5mm。

(4)卷材铺贴控制要点。

1)弹基准线。氯化聚乙烯—橡胶防水卷材通常采用平行于屋脊的方向铺贴,按照顺水接槎的原则从屋面标高最低处向最高处屋脊铺贴,铺贴前先弹基准线控制卷材的搭接宽度。如垂直于屋面铺贴时,应按照年最大频率风向的原则搭接和弹出相应的基准线。

2)铺贴卷材时,先铺贴女儿墙根部、立墙根部等阴角部位的第一块(或第一行)卷材,平面和立面应各占约 1/2 幅宽卷材,与之相连的平面和立面的卷材均与其相搭接,以符合顺水接槎的原则。为了提高卷材与立面基层即附加防水层之间的黏结力,铺贴阴角部位的第一块卷材及立面部位的卷材不采用基层胶黏剂,而是采用黏结力较强的卷材胶黏剂。涂布前,要将卷材胶黏剂搅拌均匀,涂布要均匀,涂布位置如图 5-2 所示。涂布过后,将卷材胶黏剂静置干燥 10~40 min,直至胶黏剂基本不黏手指时即可铺贴。

3)在将卷材移至铺贴位置进行铺贴时,为保证卷材沿基准线铺贴得平直,避免卷材中间部位出现下凹现象,可适当增加一些持卷人。铺贴时,先将卷材平面部位的长边对准平面部位基层的基准线,对齐后,由平面逐渐铺向立面。就位后,

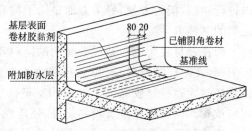

图 5-2 阴角部位卷材胶黏剂涂刷位置示意图

立面部分的卷材用长把干滚刷自阴角开始由下向上排除空气,一边驱除空气,一边用手持压辊滚压牢固,端部卷材必须压实,不得出现翘边和滑落现象;平面部分的卷材用干滚刷自阴角开始由里向外排除空气,紧接着用手持压辊压服贴,卷材的搭接部分应用力滚压,不得出现"虚搭"现象。附加防水层为了能更好地适应基层结构变形的需要,可采用空铺法、条铺法和点铺法进行铺贴。

4)对于有立柱的女儿墙,在进行立面部位的铺贴时,先用卷尺量出两立柱间女儿墙的每跨长度,按此跨长多出 400 mm 的长度裁下卷材,按铺贴要求铺贴于跨间立墙,两立柱侧面应各自占 200 mm 的搭接卷材,如图 5-3(a)所示。相邻两跨卷材铺贴完后,在进行立柱部位的铺贴,直立柱侧面铺至立墙的搭接卷材也应有 200 mm 的宽度,如图 5-3(b)所示。

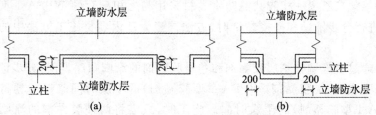

图 5-3 有力柱的女儿墙防水构造图

有立柱的女儿墙不得用整捆卷材通长铺贴,否则,很难铺贴紧密,容易出现皱折现象。而分段铺贴,容易施工,立墙与立柱交接部位的阴角搭接卷材,也可作为附加防水卷材作增强处理。铺贴完后,还应用附加卷材在三面阴角或阳角部位作增强处理。在立面部位铺贴防水卷材均应采用 WPPA-1 型卷材胶黏剂。

5)在平面部位铺贴卷材时,卷材的底面和基层表面都应涂布基层胶黏剂,在卷材表面涂布时,将成捆不打折不拉伸地自由推展在找平层上,再将卷材移至铺贴位置,使卷材长边边线对准长边基准线、短边边线对准短边基准线。然后把卷材沿长边方向对折成 1/2 幅宽。勾兑基层胶黏剂,用长把滚刷蘸满胶

液,采用半面涂布法,将基层胶黏剂均匀、不遗漏、不堆积地涂布在半面卷材上。长、短边搭接边应预留出 250 mm 宽的空白边供搭接时涂布卷材胶黏剂。满粘法施工时,只要求卷材的搭接宽度为 80 mm,预留出 250 mm 宽的空白边涂布卷材胶黏剂,一方面是因为长把滚刷的宽度正好为 250 mm,施主时在这一宽度内进行涂刷,极为方便,另一方面是为了提高卷材与卷材之间、卷材与部分基层之间的黏结力。

6)在卷材表面涂布基层胶黏剂的同时,将基层胶黏剂涂布在相对应的找平层表面,在距已铺卷材长、短边搭接边基准线 250 mm 宽的范围内留出空白边供搭接时涂布卷材胶黏剂。如采用空铺法、点铺法或条粘法铺贴卷材,除应按规定位置和面积涂布基层胶黏剂外,还应在檐口、屋脊、屋面的转角处和突出屋面的连接处至少应有 800 mm 宽的卷材和基层满涂基层胶黏剂,长、短边的搭接宽度为 100 mm。

7)在待铺卷材表面和对应的找平层表面涂布完基层胶黏剂后,需要静止干燥,时间约 10~40 min。待其干燥到基本不黏手指时,即可铺贴该 1/2 幅宽卷材。铺贴时,将涂有胶黏剂的半幅卷材轻轻地推铺平整,用干净的长把滚刷沿垂直长边方向由卷材中心线向外滚压一边,排除空气,再用铁压辊滚压服贴。半面卷材铺贴完后,用同样的方法铺贴另一半卷材。在另一半卷材表面涂布基层胶黏剂时,由于其长边直接铺贴在找平层上,所以,只在短边搭接部位留出250 mm 宽的空白边,长边满涂基层胶黏剂,不再留出空白边。平面卷材铺贴完后,还应用小块附加卷材对阴阳角部位作增强处理。

(5)搭接缝控制要点。

1)氯化聚乙烯—橡胶共混防水卷材采用与之相配套的 WPPA-1 型卷材胶黏剂,进行分步铺贴和搭接黏结时,方法同三元乙丙卷材施工方法中的卷材搭接方法。

2)通过合理调整基层胶黏剂和卷材胶黏剂的涂刷顺序,可将分步铺贴改为一步来完成,基层胶黏剂(WPPA-2 型胶黏剂)的干燥时间略慢于卷材胶黏剂(WPPA-1 型胶黏剂)的干燥时间。施工时,只需将两种胶黏剂的涂刷时间岔开,就能使干燥时间基本一致。涂刷时,将待铺卷材的铺贴位置折成 1/2 幅宽,先用滚刷在待铺卷材表面以及对应的基层表面涂布基层胶黏剂,并在待铺卷材的搭接边一侧以及对应的已铺卷材搭接边一侧分别留出 250 mm 宽的空白边,待基层胶黏剂刚涂布结束,接着就可用涂布卷材黏结剂的专用滚刷在 250 mm 宽的空白边涂布卷材胶黏剂。

3)两种胶黏剂涂布时间间隔仅以基层胶黏剂先涂刷所占用的时间间隔。基层胶黏剂涂布结束,静置干燥至基本不黏手指,即可轻轻推平铺贴,并按要求驱除空气和滚压服贴,卷材搭接部分不得有翘边现象。半幅卷材铺完后,翻起另外半幅卷材,在卷材短边搭接边及对应的基层及卷材表面留出 250 mm 宽的空白边,与其余部位涂刷基层胶黏剂后,在 250 mm 宽的空白边部位涂刷卷材黏结剂。待胶黏剂基本干燥后就可按要求黏结铺贴。

4)如采用空铺法、点粘法或条粘法铺贴卷材时,长、短边的搭接宽度应为 100 mm。施工时,仍留有 250 mm 宽的搭接边涂布卷材胶黏剂。空铺法长、短边搭接边涂布卷材胶黏剂的宽度为 250 mm,除进行卷材与卷材之间的黏结外,尚须与部分基层进行黏结;点粘法除卷材搭接部分涂布 250 mm 卷材胶黏剂外,其余部分与基层采用点状黏结,每平方米不少于 5 点,每点面积为 100 mm×100 mm;条粘法卷材长边搭接部分可涂布 250 mm 宽的卷材胶黏剂,另一条长边涂布不小于 150 mm 宽的基层胶黏剂。空铺法、点粘法、条粘法和满粘法在立面、立墙铺贴时均采用卷黏胶黏剂进行满粘法施工,并应尽量减少短边搭接。

5)卷材铺贴结束后,为防止搭接缝开裂和翘起,提高搭接缝的防水性能,还应对搭接缝缝口作密封处理。氯化聚乙烯—橡胶共混防水卷材用双组分聚氨酯密封膏或单组分氯磺化聚乙烯密封膏作嵌缝密封材料。双组分聚氨酯密封膏应按配方规定的比例混合搅拌均匀后,嵌填于卷材末端收头接缝缝口、水泥钢钉钉眼和卷材搭接缝缝口等部位,嵌填宽度不小于 10 mm。

(6)保护层控制要点。防水层表面保护色可用银粉涂料或其他浅色涂料。涂刷前,要将防水层晾干 24 h,以免湿涂刷溶开密封搭接缝,施工前,要清除防水层表面杂物,清扫干净后,勾兑银粉涂料或浅色涂料,用长把滚刷均匀涂布在防长层上。浅色涂膜能起到反射阳光、降低防水表面温度的作用。

3.氯化聚乙烯防水卷材施工控制要点

(1)基层控制要点。铺贴卷材的基层表面必需平整、清洁、坚固、干燥(含水率不大于 9%),且不得有起砂、开裂和空鼓等缺陷,屋面阴阳角、女儿墙、烟囱良、天窗壁、变形缝和伸缩缝等处均已做成半径为 20 mm 的圆弧。

(2)铺贴卷材附加层控制要点。卷材胶黏剂为氯化聚乙烯卷材胶黏剂,双组分胶黏剂按比例混合后搅拌均匀,涂刷时,由两人持长把滚刷蘸满胶黏剂,分别同时在卷材表面及相应的找平层表面涂布胶黏剂,先做防水附加层,对屋面阴阳钩、天沟、檐沟、女儿墙、伸出屋面的管道、水落口、设备基础至层等细部进行施工,附加层和基层之间要满涂胶黏剂。

(3)卷材铺贴控制要点。

1)弹基准线:铺贴防水卷材时,应弹出卷材铺贴位置的基准线,以保证卷材沟搭接宽度和铺贴位置的顺直。在屋面天沟、女儿墙根部等屋面标高最低处铺贴第一层卷材时,由于其不与其他卷材搭接,所以基准线要弹在找平层上。以后立面和平面铺贴的卷材,要按卷材的搭接宽度,基准线均弹在已铺卷材长边搭接边的结合面上。卷材长、短边的搭接宽度:满粘法为 80 mm,空铺法、点粘法、条粘法为 100 mm。

2)铺贴卷材前,分别同时在卷材表面及相应的找平层表面、长边搭接黏合边涂卷材胶黏剂并应超过长边基准线 10 mm 左右,涂布要均匀,不堆积、不漏涂,下边搭接边不涂胶黏剂。

3)将已基本干燥的卷材,按卷材中心线对折成 1/2 幅宽,无胶面相对,待铺卷材长边搭接边与已铺卷材长边搭接边在同一方向,然后每隔 2 m 左右站立一人,手持卷材移向铺贴位置,接着双脚分开站立,置卷材在双脚中间(持卷人均需留一面朝短边铺贴起始位置,不可相背站立),双手持卷材两边,铺贴卷材。铺贴对,要持平持直卷材(但不得拉伸卷材),并应从卷材短边起始位置开始铺贴,持卷人再逐个依次慢慢放下卷材,以免出现皱折和扭曲现象,然后慢慢推平卷材并用洁净长把滚刷或胶皮压辊从卷材中心线开始,分别向两侧滚压,以驱除空气,并用手持压辊在卷材长边搭接边用力滚压一边,以使搭接边乳结牢固;最后将短边搭接边裁剪平齐,并要确保有 800 mm(空铺、条粘、点粘为 100 mm)的搭接宽度,翻开搭接边,涂刷胶黏剂,稍干燥后(胶层表面结膜)合上搭接边,用手持压辊滚压严密,不得有空鼓和虚搭现象。

(4)搭接缝控制要点。卷材铺贴完毕,要用聚氨酯密封膏(双组分聚氨酯密封膏要按规定比例混合搅拌均匀)或单组分氯磺化聚乙烯密封膏对大面防水卷材的搭接缝缝口、细部构造等节点防水卷材的搭接缝缝口进行嵌缝密封处理;末端收头卷材端缝的嵌缝密封要在金属压条钉压固定,金属管箍箍紧后再进行,卷材表面的钉眼部位亦应用密封材料密封严密。密封的宽度不小于10 mm。

(5)卷材末端收头控制要点。参照三元乙丙橡胶防水卷材施工方法及细部构造控制要点。

(6)保护层控制要点。对于深色(黑色)卷材涂布白色或浅色涂料保护色(浅色卷材可不涂刷保护色),涂刷方法参照三元乙丙橡胶卷材施工方法。

要点 3:屋面工程高聚物改性沥青卷材防水的施工要点

1.基层处理检验与清理

施工前基层应干燥,干燥程度的简易检验方法是将 1 m² 卷材平铺在找平层上,静置 3~4 h 后掀开检查,找平层覆盖部位与卷材上未见水印即可。将基层浮浆、杂物彻底清扫干净。

2 涂刷基层处理剂

(1)基层处理剂一般为沥青基层防水涂料,将基层处理剂在屋面基层满刷一遍。大面用长把滚刷涂刷,细部构造部位如管根、水落口等处可用油漆刷涂刷。要求涂刷均匀,不得见白露底。

(2)基层处理剂的品种要与卷材相符,不可错用。施工时除应掌握其产品说明书的技术要求外,还应注意下列问题:

1)施工时应将已配制好的或分桶包装的各组分按配合比搅拌均匀。

2)一次喷涂的面积,根据基层处理剂干燥时间的长短和施工进度的快慢确定。面积过大,来不及铺贴卷材,时间过长易被风沙尘土污染或露水打湿;面积过小,影响下道工序的进行,拖延工期。

3)基层处理剂涂刷后宜在当天铺完防水层,但也要根据情况灵活确定。如多雨季节、工期紧张的情况下,可先涂好全部基层处理剂后再铺贴卷材,这样可防止雨水渗入找平层,而且基层处理剂干燥后的表面水分蒸发较快。

4)当喷、涂2遍基层处理剂时,第2遍喷、涂应在第1遍干燥后进行。等最后1遍基层处理剂干燥后,才能铺贴卷材。一般气候条件下基层处理剂干燥时间为1 h左右。

3.确定铺贴方向、顺序及搭接方法

(1)铺贴方向。卷材的铺贴方向应根据屋面坡度和屋面是否有振动来确定。当屋面坡度小于3%时,卷材宜平行于屋脊铺贴;屋面坡度在3%～15%时。卷材可平行或垂直于屋脊铺贴;屋面坡度大于15%或受振动时,沥青卷材、高聚物改性沥青卷材应垂直于屋脊铺贴。上下层卷材不得相互垂直铺贴;屋面坡度大于25%时;卷材宜垂直屋脊方向铺贴,并应采取固定措施;固定点还应密封。

(2)施工顺序。防水层施工时,应先做好节点、附加层和屋面排水比较集中部位(如屋面与水落口连接处、檐口、天沟、檐沟、屋面转角处、板端缝等)的处理,然后由屋面最低标高处向上施工。铺贴天沟、檐沟卷材时,宜顺天沟、檐口方向,减少搭接。

(3)搭接方法及宽度要求。

1)叠层铺设的各层卷材,在天沟与屋面的连接处应采用叉接法搭接,搭接缝应错开;接缝宜留在屋面或天沟侧面,不宜留在沟底。

2)坡度超过25%的拱形屋面和天窗下的坡面上,应尽量避免短边搭接。如必须短边搭接时,在搭接处应采取防止卷材下滑的措施。如预留凹槽,卷材嵌入凹槽并用压条固定密封。

3)高聚物改性沥青防水卷材和合成高分子卷材的搭接缝宜用与其材性相容的密封材料封严。各种卷材的搭接宽度参见表5-1。

表 5-1　高聚物改性沥青防水卷材搭接宽度　　　　(单位:mm)

铺贴方法 卷材种类	短边搭接		长边搭接	
	满粘法	空铺、点粘、条粘法	满粘法	空铺、点粘、条粘法
高聚物改性沥青防水卷材	80	100	80	100

(4)卷材与基层的粘贴方法。

1)空铺法。铺贴卷材防水层时,卷材与基层仅在四周一定宽度内黏结,其余部分采取不黏结的施工方法;条粘法:铺贴卷材时,卷材与基层结面不少于两条,每条宽度不小于 150 mm。

2)点粘法。铺贴卷材时,卷材或打孔卷材与基层采用点状黏结的施工方法。每平方米黏结不少于 5 点,每点面积为 100 mm×100 mm。

4.伸出屋面管道与排气孔构造及处理

(1)为确保屋面工程的防水质量,对伸出屋面的管道应做好防水处理,应在距管道外径 100 mm 范围内,组成高 30mm 的圆锥台,在管四周留 20 mm×20 mm 凹槽嵌填密封材料,并增加卷材附加层,做到管道上方 250 mm 处收头,用金属箍或钢丝紧固,密封材料封严,做法如图 5-4 所示。

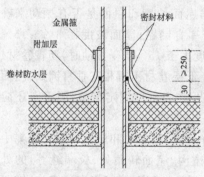

图 5-4　伸出屋面管道

(2)应根据屋面的构造情况,一般每 36 mm 应设一个排气孔。找平层的分格缝兼做排气道时;分格缝加宽至 30 mm,并纵横贯通。排气管设在交叉位置。排气孔与屋面交角处卷材的铺贴方法和立墙与屋面转角处相似,所不同的是流水方向不应有逆搓,排气孔阴角处卷材应作附加增强层,上部剪口交叉贴实或者涂刷涂料增强。

5.热熔铺贴大面防水卷材

(1)滚铺法。这是一种不展开卷材而边加热烘烤边滚动卷材铺贴的方法。

1)起始端卷材的铺贴。将卷材置于起始位置,对好长、短方向搭接缝,滚展卷材 1 000 mm 左右,掀开已展开的部分,开启喷枪点火,喷枪头与卷材保持 50～100 mm 距离,与基层成 39°～45°,将火焰对准卷材与基层变接处,同时加热卷材底面热熔胶面和基层,至热熔胶层出现黑色光泽、发亮至稍有微泡出现,慢慢放下卷材平铺基层,然后进行排气辊压使卷材与基层黏结牢固,如图 5-5 所示。当铺贴至剩下 300 mm 左右长度时,将其翻放在隔热板上,用火焰加热余下起始端基层后,再加热卷材起始端余下部分,然后将其粘贴于基层,如图 5-6 所示。

图 5-5　热熔卷材端部粘贴

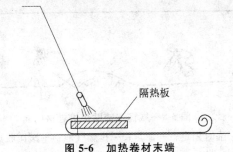

图5-6 加热卷材末端

2)滚铺。卷材起始端铺贴完成后即可进行大面积滚铺。持枪人位于卷材滚铺的前方。按上述方法同时加热卷材和基层,条粘时只需加热两侧边,加热宽度各为150 mm左右。推滚卷材人蹲在已铺好的卷材起始端上面,等卷材充分加热后缓缓推压卷材,并随时注意卷材的平整顺直和搭接缝宽度。其后紧跟一人用辊子从中间向两边抹压卷材,赶出气泡,并用刮刀将溢出的热熔胶刮压接缝边。另一人用辊子压实卷材,使之与基层粘贴密实,如图5-7所示。

图5-7 滚铺法铺贴热熔卷材

1—加热;2—滚铺;3—排气、收边;4—压实

(2)展铺法。展铺法是先将卷材平铺于基层,再沿边掀起卷材予以加热粘贴。此方法主要适用于条粘法铺贴卷材,其施工方法如下:

1)先将卷材展铺在基层上,对好搭接缝,按滚铺法的要求先铺贴好起始端卷材。

2)接直整幅卷材,使其无皱折、无波纹,能平坦地与基层相贴,并对准长边搭接缝,然后对末端作临时固定,防止卷材回缩,可采用站人等方法。

3)由起始端开始熔贴卷材,掀起卷材边缘约200 mm高,将喷枪头伸入侧边卷材底下,加热卷材边宽约200 mm的底面热熔胶和基层,边加热边后退,然后另一人用辊子由卷材中间向两边辊压赶出气泡,并辊压平整,典型示范由紧随的操作人员持辊压实两侧边卷材,并用刮刀将溢出的热熔胶刮压平整。

4)铺贴到距末端100 mm左右长度时,撤去临时固定,按前述滚铺法铺贴末端卷材。

(3)搭接缝法。操作时,由持枪人手持烫板(隔火板)柄,将烫板沿搭接粉线后退,喷枪火焰随烫板移动,喷枪应离开卷材50~100 mm,贴靠烫板,如图5-8所示。移动速度要控制合适,以刚好熔去隔离纸为宜。烫板和喷枪要密切配合,以免浇损卷材。排气和辊压方法与前述相同。

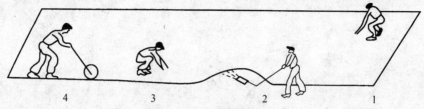

图 5-8　展铺法铺贴热熔卷材
1—临时固定；2—加热；3—排除气泡；4—滚压收边

6.蓄水试验

屋面防水层完工后,应做蓄水或淋水试验。有女儿墙的平屋面做蓄水试验,蓄水 24 h 无渗漏为合格。坡层面可做淋水试验,一般淋水 2 h 无渗漏为合格。

7.保护层施工

(1)浅色、彩色涂料保护层。适用于非上人屋面,涂刷前用柔软、干净的棉布清除防水层表面的浮灰,涂刷时要均匀,避免漏涂,2 遍涂刷时,第 2 遍涂刷的方向要与第 1 遍垂直。

(2)粒料保护层。粒料保护层是指细砂、石渣及绿豆砂,适用于非上人屋面。

1)细砂用于涂膜和冷玛琋脂面层的保护层,在最后一次涂刷涂料或冷玛琋脂时应随铺随撒均匀。

2)石渣保护层一般在生产改性沥青卷材时直接覆于面层。

3)绿豆砂是涂刷油毡面层热玛琋脂时边涂玛琋脂边铺撒,铺撒的绿豆砂要经过筛选、颗粒均匀,并用水冲洗干净,使用时在铁板上预先加热,以便与沥青玛琋脂黏牢固地结合在一起。铺撒绿豆砂要沿屋脊方向顺着卷材的接缝全面向前推进,绿豆砂铺撒均匀,不得堆积,并与沥青玛琋脂黏结牢固,不得残留未黏结的绿豆砂。

(3)碎石片粘贴。此种做法适用于卷材防水上人屋面。首先将防水层表面清擦干净,并要保证表面干燥,均匀涂刷透明胶黏剂,将用水冲洗过且晾干后的碎石片均匀撒在防水层表面,并进行适当压实,待碎石片和防水层完全黏结牢固后,将表面未黏结的碎石片清扫干净,有露出防水层处进行补粘。要求施工完毕后,保护层表面黏结牢固,厚度均匀一致,无透底、漏粘、浮石。

(4)块体保护层:块体铺砌前应根据排水坡度要求挂线,以满足排水要求,保证铺砌的块体横平竖直。块体保护层结合层采用 1∶2 水泥砂浆,块体要先浸水湿润并阴干,当块体尺寸较大时,可采用铺灰法铺砌,即先在隔离层上将水泥砂浆摊开环节,然后摆放块体;当块体尺寸较小时,可将水泥砂浆刮在块材的黏结面上再进行摆铺,每块块体摆铺完后立即进行挤压密实、平整、使块体与结合层之间不留空隙。铺砌工作要在水泥砂浆凝结前完成,块体间预留 10 mm 的缝隙,铺砌 1～2 天后用 1：2 水泥砂浆勾成凹槽。为防止因热胀冷缩造成块体起拱或开裂,块体保护层每 100 m 以内要预留分格缝,缝宽 20 mm,缝内嵌填密封材料。

(5)水泥砂浆保护层。水泥砂浆保护层是采用水泥砂浆直接铺抹于防水层上作为保护层,配合比为 1：(2.5～3)(体积比),厚度为 15～25 mm,上人屋面砂浆层可适当加厚。铺抹水泥砂浆时,要根据结构情况每隔 4～6 m 用木模役置纵横分格缝,并随铺抹随拍实,并用刮尺刮平,随即用 $\phi 10$ 的钢筋或麻绳压出表面分格缝,间距不大于 1 m,终凝前用铁抹子压光。

(6)细石混凝土保护层。细石混凝土整体保护层是在防水层上铺设隔离层后直接浇筑细石混凝土,厚度为 25～60 mm,有的还配以钢筋作为使用面层。

要点 4:地下工程高聚物改性沥青卷材防水层施工

1.确定卷材铺贴方法

(1)高聚物改性沥青防水卷材应铺贴在地下室结构主体底板垫层至墙体顶端基面上,在外围形成封闭的防水层,通称为全外包法施工,它又分为外防外贴法和外防内贴法两种。一般在施工场地允许下,宜采用外防外贴的施工方法。

(2)高聚物改性沥青防水卷材与基层连接的方法有热熔法、自粘法、冷粘法和空铺法四种,一般多以热熔法施工为宜。

2.清理基层

清理基层时要有专人负责,在涂刷基层处理剂之前,将基层表面的砂浆疙瘩、杂物、尘土等彻底铲除并清扫干净。清除一切杂物,棱角处的尘土用吹尘器吹净,并随时保持清洁。

3.涂刷基层处理剂

在打扫干净的基层上涂刷基层处理剂,要求薄厚均匀一致,小面积或阴阳角等细部不易滚刷的部位,要用毛刷蘸基层处理剂认真涂刷,不得有麻点、漏刷等缺陷,切勿反复涂刷。

4.铺贴卷材附加层

在大面防水卷材铺贴前,防水基层面上所有的阴阳角、管根、后浇带及设计有要求的特殊部位等均先铺贴一道防水卷材附加层,其附加层卷材宽度为:阴阳转角部位不小于 500 mm;管根部位不小于管直径加 300 mm 并平分于转角处;后浇带和变形缝部位每侧外加 300 mm,其具体铺贴方法为阴阳角、管根部位应采用满粘铺贴法,后浇带、变形缝的水平面宜采用空铺法。如设计另有具体做法要求时,均以设计要求为准。

5. 弹控制线

在已处理好并干燥的基层表面,按照所选卷材的宽度留出搭接缝尺寸,将铺贴卷材的基准线弹好,以便按此基准线进行卷材铺贴施工。

6. 满粘法防水卷材铺贴要点

(1) 熔粘端部卷材。将整卷卷材(勿打开)置于铺贴起始端,对准基层已弹好的粉线,滚展卷材约 1 m,由一人站在卷材正面将这 1 m 卷材拉起,另一人站在卷材底面(有热熔胶)手持液化气火焰喷枪,慢旋开关、点燃火焰,调呈蓝色,使火焰对准卷材与基面交接处同时加热卷材底面与基层面如图 5-9 (a)所示,待卷材底面胶呈熔融状即进行粘铺,再由一人以手持压辊对铺贴的卷材进行排气压实,这样铺到卷材端头剩下约 30 cm 时,将卷材端头翻放在隔热板上如图 5-9 (b)所示,再行熔烤,最后将端部卷材铺牢压实。

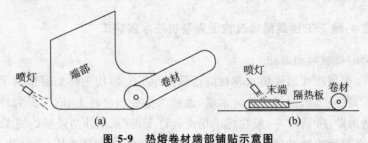

图 5-9 热熔卷材端部铺贴示意图

(a)卷材端部加热;(b)卷材末端加热

(2) 滚粘大面卷材。起始端卷材粘牢后,持火焰喷枪的人应站在滚铺前方,对着待铺的整卷卷材,点燃喷枪使火焰对准卷材与基层面的夹角如图 5-10 所示,喷枪距卷材及基层加热处约 0.3~0.5m,施行往复移动烘烤(不得将火焰停留在一处直火烧烤时间过长,否则易产生胎基外露或胎体与改性沥青基料瞬间分离),至卷材底面胶层呈黑色光泽并伴有微泡(不得出现大量大泡),即及时推滚卷材进行粘铺,后随一人施行排气压实工序。

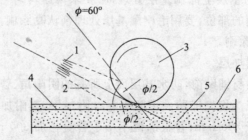

图 5-10 熔焊火焰与卷材和基层表面的相对位置

1—喷嘴;2—火焰;3—改性沥青卷材;4—水泥砂浆找平层;

5—混凝土层;6—卷材防水层

(3) 粘贴立面卷材。采用外防外贴法从底面转到立面铺贴的卷材,恰为有热熔胶的底面背对立墙基面,因此这部分卷材应使用氯丁橡胶改性沥青胶黏剂(SBS 改性沥青卷材配套材料)以冷粘法粘铺在立墙上,与这部分卷材衔接继续向上铺贴的热熔卷材仍用热熔法铺贴,且上层卷材盖过下层卷材应不小于150 mm。铺贴借助梯子或架子进行,操作应精心仔细将卷材粘贴牢固,否则立面卷材(特别是低温情况下)易产生滑坠。在立面与平面的转角处,卷材的搭接宜留在平面上,且距离立面不应小于 600 mm。

(4)卷材搭接缝施工。

1)搭接要求。

· 防水卷材短边和长边(横缝和纵缝),其搭接宽度均不应小于 100 mm。采用双层卷材时,上下两层和相邻两幅卷材的接缝应错开 1/3~1/2 幅宽,且两层卷材不得相互垂直铺贴。

· 也可采用对接。方法是在接缝处下面垫 300 mm 宽的卷材条,两边卷材横向对接,接缝处用密封材料处理。

· 同一层相邻两幅卷材的横向接缝,应彼此错开 1 500 mm 以上,避免接缝部力集中。搭接缝及收头的卷材必须 100%烘烤,粘铺时必须有熔融沥青从边端挤出,毛刮刀将挤出的热熔胶刮平,沿边端封严。

2)施工方法。

· 为搭接缝薪结牢固,先将下层卷材(已铺好)表面的防护隔离层熔掉,为防止烘烤到搭接缝以外的卷材,应使用烫板沿搭接粉线移动,火焰喷枪随烫板移动,由于烫板的挡火作用,则火焰喷枪只将搭接卷材的隔离层熔掉而不影响其他卷材。带页岩片卷材短边搭接时,需要去掉页岩片层,方法是用烫板沿搭接粉线移动,喷灯或火焰喷枪随着烫板移动,烘烤卷材表面后,用铁抹子刮去搭接部位的页岩片,然后再搭接牢固。

· 粘贴搭接缝。一手用抹子或刮刀将搭接缝卷材掀起,另一手持火焰喷枪(或汽油喷灯)从搭接缝外斜向里喷火烘烤卷材面,随烘烤熔融随粘贴,并须将熔融的沥青挤出,以抹子(或刮刀)刮平。搭接缝或收头粘贴后,可用火焰及抹子沿搭接缝边缘再行均匀加热抹压封严,或以密封材料沿缝封严,宽度不小于10 mm。

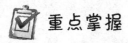 重点掌握

要点 5:后浇带的处理

(1)后浇带的几种做法,如图 5-11 和图 5-12 所示。

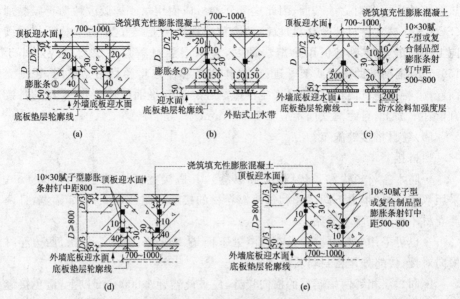

图 5-11 后浇带做法示意图

(a)膨胀条止水;(b)膨胀止水条外贴式止水带复合止水;(c)膨胀止水条;

(d)大体积双道膨胀条止水;(e)大体积双道膨胀条止水

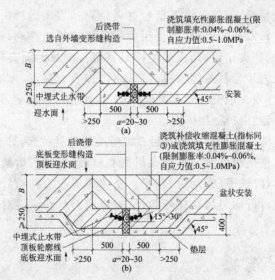

图 5-12 超前止水后浇带做法示意图

(a)墙超前止水后浇带;(b)底板、顶板超前止水后浇带

(2)后浇缝留设的位置及宽度应符合设计要求。

(3)后浇带应在其两侧混凝土龄期达到 42 天后再施工,但高层建筑的后浇带应在结构顶板浇混凝土 14 天后进行。

（4）后浇带混凝土施工前，后浇带部位和外贴式止水带应予以保护，严防落入杂物和损伤外贴式水带。

（5）后浇带应采用补偿收缩混凝土浇筑，其强度等级不应低于两侧混凝土。

（6）后浇带混凝土的养护时间不得少于 28 天。

（7）后浇缝可留成平直缝、企口缝或阶梯缝如图 5-13 所示。

（8）浇筑补偿收缩混凝土前，应将接缝处的表面凿毛，清洗干净，保持湿润，并在中心位置粘贴遇水膨胀橡胶止水条。

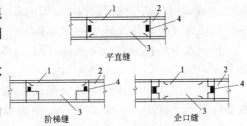

图 5-13　后浇缝形式

1—钢筋；2—先浇混凝土；3—后浇混凝土；
4—遇水膨胀橡胶止水条

要点 6：变形缝的处理

1. 地下防水工程

（1）中埋式止水带施工应符合以下要求。

1）止水带埋设应准确，其中间空心圆环应与变形缝的中心线重合。止水带的安装方法，如图 5-14 所示。

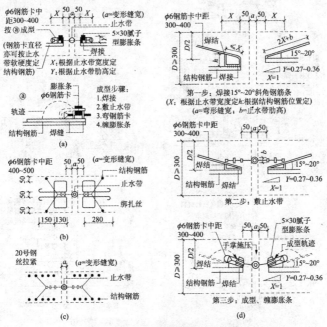

图 5-14　止水带的安装示意图

(a) 平直型安装方法（一）；(b) 平直型安装方法（二）

(c) 平直型安装方法（三）；(d) 止水带呈盆状安装施工步骤

2)止水带应妥善固定,顶、底板内止水带应成盆状安设,安装方法如图 8-6(d)所示,止水带宜采用专用钢筋套或扁钢固定。采用扁钢固定时,止水带端应先用扁钢夹紧,并将扁钢与结构内钢筋焊牢。固定扁钢用的螺栓间距宜为 500 mm。

3)中埋式止水带先施工一侧混凝土时,其端模应支撑牢固,严防漏浆。

4)止水带的接缝宜设 1 处,应设在边墙较高位置上,不得设在结构转角处,接头宜采用热压焊。

5)中埋式止水带在转弯处宜采用直角专用配件,并应做成圆弧形,橡胶止水带的转角半径应不小于 200 mm,钢边橡胶止水带应不小 300 mm,且转角半径应随止水带的宽度增大而相应加大。

(2)宜采用遇水膨胀橡胶与普通复合的复合型橡胶条、中间夹有钢丝或纤维织物的遇水膨胀橡胶条、中空圆环型遇水膨胀橡胶条。当采用遇水膨胀橡胶条时,应采取有效的固定措施,防止止水条胀出缝外。

(3)在不同防水等级的条件下,变形缝的几种复合防水做法,如图 5-15 和图 5-16 所示。

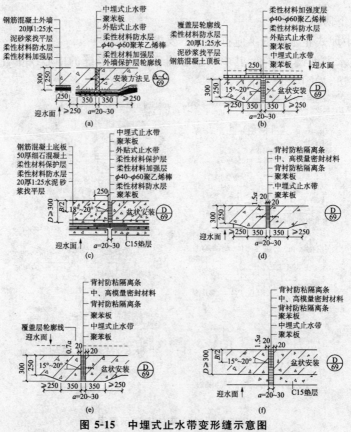

图 5-15　中埋式止水带变形缝示意图
(a)外墙;(b)顶板;(c)底板;(d)外墙[防水层构造同图(a)]
(e)顶板[防水层构造同图(b)];(f)底板[防水层构造同图(c)]

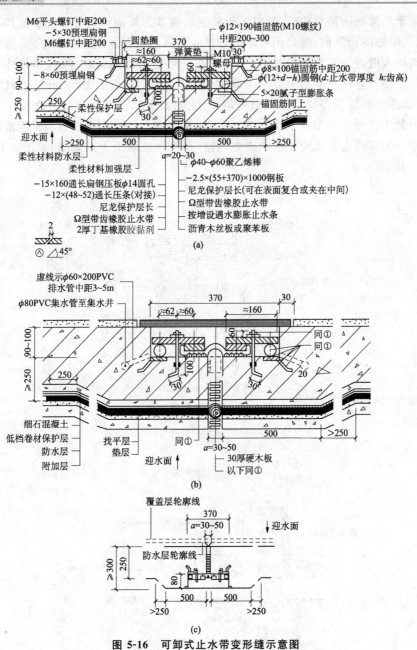

M6平头螺钉中距200
−5×30预埋扁钢
M6螺钉中距200
圆垫圈 370
φ12×190锚固筋(M10螺纹)中距200~300
弹簧垫 M10 30
螺母
≈160
≈62≈60 60
−8×60预埋扁钢
φ8×100锚固筋中距200
φ(12+d−h)圆钢(d:止水带厚度 h:齿高)
5×20腻子型膨胀条
锚固筋同上
柔性保护层
250
30
迎水面
>250 500 500 >250
柔性材料防水层
柔性材料加强层
a=20~30
φ40~φ60聚乙烯棒
−15×160通长扁钢压板φ14圆孔
−2.5×(55+370)×1000钢板
−12×(48~52)通长压条(对接)
尼龙保护层长(可在表面复合或夹在中间)
尼龙保护层长
Ω型带齿橡胶止水带
Ω型带齿橡胶止水带
按增设遇水膨胀止水条
2厚丁基橡胶胶黏剂
沥青木丝板或聚苯板

2
Ⓐ △45°

(a)

虚线示φ60×200PVC
排水管中距3~5m
φ80PVC集水管至集水井
370 30
≈62≈60 ≈160
60
同①
同①
90~100
250
250
30 100 30 20
细石混凝土
低档卷材保护层
防水层
附加层
找平层
垫层
迎水面
同①
a=30~50
30厚硬木板
以下同①
500 >250

(b)

覆盖层轮廓线
370
a=30~50 迎水面
≥300 250
防水层轮廓线
80
500 500
>250 >250

(c)

图 5-16 可卸式止水带变形缝示意图

(a)外墙;(b)底板;(c)顶板构造示意图[防水层构造同图(a),方向相反]

2.屋面防水工程

(1)卷材和涂膜防水屋面变形缝。

屋面变形缝处附加墙与屋面交接处的泛水部位,应作好附加增强层;接缝两侧的卷材防水层铺贴至缝边;然后在缝中填嵌直径略大于缝宽的衬垫材料,如聚苯乙烯泡沫塑料棒（直径略大于缝宽）、聚苯乙烯泡沫板等。为了使其不掉落，在附加墙砌筑前，缝口用可伸缩卷材或金属板覆盖。附加墙砌好后，将衬垫材料填入缝内。嵌填完衬垫材料后，再在变形缝上铺贴益缝卷材，并延伸至附加墙立面。卷材在立面上应采用满粘法，铺贴宽度不小于 100 mm。卷材施工完后，在变形缝顶部加盖预制钢筋混凝土盖板或 0.55 mm 厚镀锌钢板。预制钢混凝土盖板采用 20 mm 厚 1∶3 水泥砂浆坐垫。镀锌钢板在侧面采用水泥钉固定。为提高卷材适应变形的能力，卷材与附加墙顶面上宜黏结，如图 5-17 和图 5-18 所示。

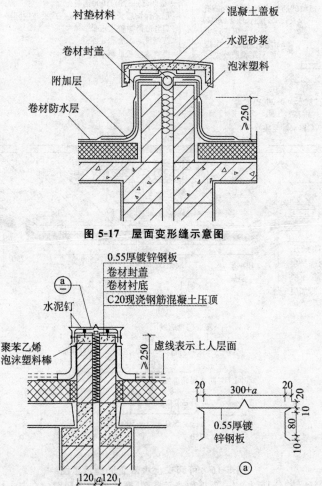

图 5-17　屋面变形缝示意图

图 5-18　变形缝构造示意图

（2）刚性防水屋面分格缝。

普通细石混凝土和补偿收缩混凝土防水层，分格缝的宽度宜为 5～30 mm，分格缝内应嵌填密封材料，上部应设置保护层，如图 5-19 所示。

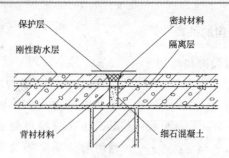

图 5-19　刚性防水屋面分隔缝

要点 7：檐口的处理

(1)卷材防水屋面檐口。无组织排水檐口 800 mm 范围内的卷材应采用满粘法,将铺贴到檐口端头的卷材裁齐后压入凹槽内,然后将凹槽用密封材料嵌填密实。如用压条(20 mm 宽薄钢板等)或用带垫片钉子固定时,钉子应敲入凹槽内,钉帽及卷材端头用密封材料封严,如图 5-20 所示。檐口下端应抹出鹰嘴和滴水槽。

(2)涂膜防水屋面檐口。檐口处涂膜防水层的收头、应用该涂料多遍涂刷,或用密封材料封严,如图 5-21 所示。

(3)刚性防水屋面檐口如图 5-22 所示。

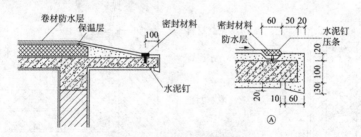

图 5-20　卷材防水屋面檐口

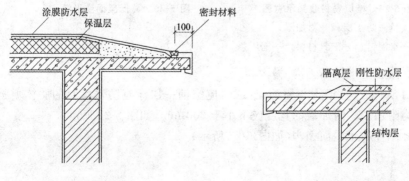

图 5-21　屋面檐口　　　　　　　　图 5-22　无组织排水檐口

要点8:天沟、檐沟的处理

1. 卷材防水屋面天沟和檐沟

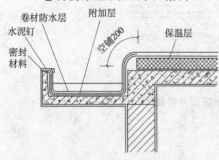

图 5-23　屋面檐口结构图

（1）天沟、檐沟应增设附加层,防水卷材屋面防水面设置防水涂膜附加层,形成涂膜与卷材复合的防水层。天沟、檐沟与屋面交接处的附加层宜空铺,空铺宽度不应小于 200 mm。

（2）卷材防水收头。天沟、檐沟的卷材应由沟底翻上至沟外檐顶部,采用 20 mm宽的薄钢板压条与水泥钉钉牢,卷材端头应用密封材料封严,然后抹 25 mm厚与外檐材料相同的保护层,并向檐沟找坡,防止雨水倒流,如图 5-23 和图 5-24 所示。

（3）高低跨内排水天沟与立墙交接处,应采用能适应变形的密封处理,如图 5-25 所示。

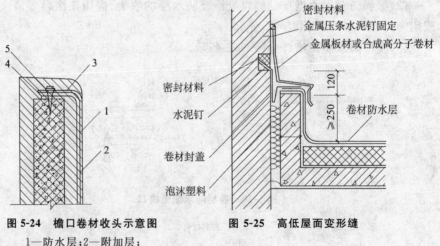

图 5-24　檐口卷材收头示意图
1—防水层;2—附加层;
3—水泥钉;4—密封材料;5—钢压条

图 5-25　高低屋面变形缝

2. 涂膜防水屋面天沟、檐沟

对预制天沟、檐沟与屋面交接处,应空铺一层涂有防水涂料的胎体增强材料作为附加层。附加层的宽度应不小于 200 mm,如图 5-26 所示。

3. 刚性防水屋面檐沟(如图 5-27 所示)

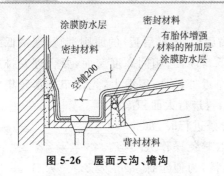

图 5-26 屋面天沟、檐沟

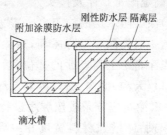

图 5-27 刚性防水屋面檐沟

要点 9：屋面工程涂膜防水层施工

1. 检查找平层

（1）检查找平层质量是否符合规定和设计要求，并进行清理、清扫。若存在凹凸不平、起砂、起皮、裂缝、预埋件固定不牢等缺陷，应及时进行修补，修补方法按表 5-2 要求进行。

表 5-2 找平层缺陷的修补方法

缺陷种类	修补方法
凹凸不平	铲除凸起部位，低凹处应用 1：2.5 水泥砂浆掺 10％～15％的 108 胶补抹，较浅时可用素水泥掺胶涂刷；对沥青砂浆找平层可用沥青胶结材料或沥青砂浆填补
起砂、起皮	要求防水层与基层牢固黏结时必须修补。起皮处应将表面清除，用水泥素浆掺胶涂刷一层，并抹平压光
裂缝	当裂缝宽度小于 0.5 mm 时，可用密封材料刮封；当裂缝宽度大于 0.5 mm 时，沿缝凿成 V 形槽（宽 15～20 mm），清扫干净后嵌填密封材料，再做 100 mm 宽防水涂料层
预埋件固定不牢	凿开重新灌筑掺 108 胶或膨胀剂的细石混凝土，四周按要求做好坡度

（2）检查找平层干燥度是否符合所用防水涂料的要求。基层的干燥程度根据涂料的特性决定，对溶剂形涂料，基层必须干燥，检查找平层含水率可将 1 m，塑料膜（或卷材）在太阳（白天）下铺放于找平层上，3～4 h 后，掀起塑料膜（卷材）无水印，即可进行防水涂料的施工。部分水乳型涂料允许在潮湿基层上施工，但基层必须无明水，基层的具体干燥程度要求，可根据材料生产厂家的要求而定。

（3）合格后方可进行下步工序。

2.确定施工顺序及接头

(1)涂膜防水层的施工也应按"先高后低,先远后近"的原则进行,遇高低跨屋面时,一般先涂布高跨屋面,后涂布低跨屋面;相同高度屋面,要合理安排施工段,先涂布距上料点远的部位,后涂布近处;同一屋面上,先涂布排水较集中的水落口、天沟、檐沟、檐口等节点部位,再进行大面积涂布。

涂料涂布应分条或按顺序进行,分条进行时,每条宽度与胎体增强材料宽度相一致,以避免操作人员踩踏刚涂好的涂层。流平性差的涂料,为便于抹压,加快施工进度,可以采用分条间隔施工的方法,如图 5-28 所示,待阴影处涂层干燥后,再抹空白处。

立面部位涂层应在平面涂布前进行,涂布次数应根据涂料的流平性好坏确定,流平性好的涂料应

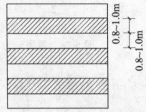

图 5-28　涂料分条间隔施工

薄而多次进行,以不产生流坠现象为度,以免涂层因流坠使上部涂层变薄,下部涂层变厚,影响防水性能。

(2)涂膜防水层施工前,应先对水落口、天沟、泛水、伸出屋面管道要根部等节点部位进行增强处理,一般涂刷加铺胎体增强材料的涂料进行增强处理。

(3)需铺设胎体增强材料时,如坡度小于 15% 可平行屋脊铺设;坡度大于 15% 应垂直屋脊铺设,并由屋面最低标高处开始向上铺设。胎体增强材料长边塔接宽度不得小于 50 mm,短边搭接宽度不得小于 70 mm。采用两层胎体增强材料时,上下层不得互相垂直铺设,搭接缝应错开,其间距不应小于幅宽的 1/3。

(4)涂料和卷材同时使用时,卷材和涂膜的接缝应顺水流方向,搭接宽度不得小于 100 mm。

3.配料和搅拌

(1)采用双组分涂料时,每个组分涂料在配料前必须先搅拌均匀。配料应根据生产厂家提供的配合比现场配制,严禁任意改变配合比。配料时要求计量准确(过秤),主剂和固化剂的混合偏差不得大于±5%。

(2)涂料混合时,应先将主剂放入搅拌容器或电动搅拌器内,然后放入固化剂,并立即开始搅拌。搅拌桶应选用圆的铁桶或塑料桶,以便搅拌均匀。采用人工搅拌时,应注意将材料上下、前后、左右及各个角落都充分搅匀,搅拌时间一般在 3~5 min。

(3)搅拌的混合料以颜色均匀一致为标准,如涂料稠度太大涂布困难时,可根据厂家提供的品种和数量掺加稀释剂,切忌任意使用稀释剂稀释,否则会影响涂料性能。

(4)双组分涂料每次配制数量应根据每次涂刷面积计算确定,混合后的涂料存放时间不得超过规定的可使用时间,无规定时以能涂刷为准,不得一次搅

拌过多,以免因涂料发生凝聚或固化而无法使用,夏天施工时尤需注意。

(5)单组分涂料一般用铁桶或塑料桶密闭包装,打开桶盖后即可施工。但由于桶装量大,且防水涂料中均含有填充料,容易沉淀而产生不均匀现象,故使用前还应进行搅拌。

(6)单组分涂料还有一种较简便的搅拌方法是:在使用前将铁桶或塑料桶反复滚动,使桶内涂料混合均匀,达到浓度一致。最理想的方法是将桶装涂料倒入开口的大容器中,用机械搅拌均匀后使用。没有用完的涂料,应加盖封严,桶内如有少量结膜现象,应清除或过滤后使用。

4.涂层厚度控制试验

涂层厚度是影响涂膜防水层质量的一个关键问题,但要通过手工准确控制涂层厚度是比较困难的,而且涂刷时每个涂层要涂刷几遍才能完成,而每遍涂膜不能太厚,如果涂膜太厚,就会出现涂膜表面已干燥成膜,而内部涂料的水分或溶剂却不能蒸发或挥发的现象,使涂膜难以实干,无法形成具有一定强度和防水能力的防水涂层。当然,涂刷时涂膜也不能过薄,否则就要增加涂刷遍数,增加劳动力,拖延施工工期。

5.涂刷间隔时间试验

在涂刷厚度及用量试验的同时,可测定每遍涂层的间隔时间。

薄质涂料施工时,每遍涂刷必须待前遍涂膜实干后才能进行,否则单组分涂料的底层水分或溶剂被封固在上层涂膜下不能及时挥发,而双组分则尚未完全固化,从而形不成有一定强度的防水膜,后一遍涂料涂刷时容易将前一遍涂膜刷皱起皮而破坏。一旦遇雨,雨水渗入易冲刷或溶解涂膜层,破坏涂膜的整体性。

薄质涂料每遍涂层表干时实际上已基本达到实干,因此可用表干时间来控制涂刷间隔时间。涂膜的干燥快慢与气候有较大关系,气温高,干燥就快,空气干燥、湿度小,且有风时干燥也快。一般在北方常温下 2～4 h 即可干燥,而在南方湿度较大的季节,2～3 天也不一定干燥,因此涂刷的间隔时间应根据气候条件来确定。

6.涂刷基层处理剂

(1)水乳型防水涂料可用掺 0.2%～0.5%乳化剂的水溶液或软化水将涂料稀释,其用量比例一般为,防水涂料:乳化剂水溶液(或软水)＝1:(0.5～1)。如无软水可用冷开水代替,切忌加入一般天然水或自来水。

(2)若为溶剂型防水涂料,由于其渗透能力比水乳型防水涂料强,可直接用涂料薄涂作基层处理,如涂料较稠,可用相应的溶剂稀释后使用。

(3)高聚物改性沥青或沥青基防水涂料也可用沥青溶液(即冷底子油)作为基层处理剂,或在现场以煤油:30 号沥青＝60:40 的比例配制而成的溶液作为基层处理剂。

7.铺设胎体增强材料

(1)湿铺法就是在第 2 遍涂料涂刷时,边倒料、边涂布、边铺贴的操作方法。施工时,先在已干燥的涂层上,用刷子或刮板将涂料仔细涂布均匀,然后将成卷的胎体增强材料平放在屋面上,逐渐推滚铺贴与刚刷上涂料的屋面上,用滚刷滚压一遍,务必使全部布眼浸满涂料,使上下两层涂料能良好结合,确保其防水效果。为防止胎体增强材料产生皱折现象,可在布幅两边每隔 1.5~2 m 间距各剪 15 mm 的小口,以利铺贴平整。铺贴好的胎体增强材料不得有皱折、翘边、空鼓、露白等现象。如发现露白,说明涂料用量不足,应下次再在上面蘸料涂刷,使之均匀一致。

(2)干铺法就是在上道涂层干燥后,边干铺胎体增强材料,边在已展平的表面上用刮板均匀满刮一道涂料;也可将胎体增强材料按要求在已干燥的涂层上展平后,用涂料将边缘部位点粘固定,然后再在上面满刮一道涂料,使涂料浸入网眼渗透到已固化的涂膜上。如采用干铺法铺贴的胎体增强材料表面有露白现象,即表明涂料用量不足,应立即补刷。由于干铺法施工时,上涂层的涂料是从胎体增强材料的网眼中渗透到已固化的涂膜上而形成整体,因此当渗透性较差的涂料与比较密实的胎体增强材料配套使用时不宜采用干铺法施工。

8.防水涂料涂布

(1)涂刷下层涂料须待底层涂料干燥后方可涂刷。

(2)涂刷中层涂料须待下层涂料干燥后方可涂刷。

(3)涂刷面层涂料须待中层涂料干燥后,用滚刷均匀涂刷。可多刷一遍或几遍,直至达到设计规定的涂膜厚度。

9.收头处理

为了防止收头部位出现翘边现象,所有收头均应用密封材料压边,压边宽度不得小于 10 mm。收头处的胎体增强材料应裁剪整齐,如有凹槽时应压入凹槽内,不得出现翘边、皱折、露白等现象。否则应进行处理后再涂封密封材料。

10.涂膜保护层施工

(1)浅色、反射涂料保护层施工。

浅色反射涂料目前常用的有铝基沥青悬浊液、丙烯酸浅色涂料或在涂料中掺入铝粉的反射涂料,反射涂料可在现场就地配制。

涂刷浅色反射涂料应待防水层养护完毕后进行,一般涂膜防水层应养护一周以上。涂刷前,应清除防水层表面的浮灰,浮灰用柔软、干净的棉布擦干净。材料用量应根据材料说明书的规定使用,涂刷工具、操作方法和要求与防水涂料施工相同。涂刷应均匀,避免漏涂。二遍涂刷时,第二遍涂刷的方向应与第一遍垂直。由于浅色反射涂料具有良好的阳光反射性,施工人员在阳光下操作时,应佩戴墨镜,以免强烈的反射光线刺伤眼睛。

（2）粒料保护层施工。

细砂、云母或蛭石主要用于非上人屋面的涂膜防水屋面的保护层,使用前应先筛去粉料。用砂作保护层时,应采用天然水成砂,砂粒粒径不得大于涂层厚度1/4;使用云母或蛭石时不受此限制,因为这些材料是片状的,质地较软。当涂刷最后一道涂料时,边涂刷边撒布细砂（或云母、蛭石）,同时用软质的胶辊在保护层上反复轻轻滚压,务必使保护层牢固地黏结在涂层上。涂层干燥后,应及时扫除未黏结的材料以回收利用。如不清扫,日后雨水冲刷就会堵塞水落口,造成排水不畅。

（3）水泥砂浆保护层施工。

水泥砂浆保护层与防水层之间也应设置隔离层,保护层用的水泥砂浆的配合比一般为水泥：砂＝1：（2.5～3）（体积比）。保护层施工前,应根据结构情况每隔4～6 m用木模设置纵横分格缝。铺设水泥砂浆时,应随铺随拍实,并用刮尺找平,随即用直径为8～10 mm的钢筋或麻绳压出表面分格缝,间距为1～1.5 m,终凝前用铁抹子压光保护层。保护层应表面平整,不能出现抹子压的痕迹和凹凸不平的现象。排水坡度应符合设计要求。

（4）板块保护层施工。

预制板块保护层的结合层可采用砂或水泥砂浆。板块铺砌前应根据排水坡度挂线,以满足排水要求,保证铺砌的块体横平竖直。

在砂结合层上铺砌块体时,砂结合层应洒水压实,并用刮尺刮平,以满足块体铺设的平整度要求。块体应对接铺砌,缝隙宽度一般为10 mm左右。块体铺砌完成后,应适当洒水并轻轻拍平压实,以免产生翘角现象。板缝先用砂填至一半的高度,然后用1：2水泥砂浆勾成凹缝。为防止砂子流失,在保护层四周500 mm范围内,应改用低强度等级水泥砂浆做结合层。

（5）细石混凝土保护层施工。

细石混凝土整体浇保护层施工前,也应在防水层上铺设一层隔离层,并按设计要求支设好分格缝的木模或聚苯泡沫条,设计无要求时。每格面积不大于36 m²,分格缝宽度为20 mm。一个分格内的混凝土应尽可能连续浇筑,不留施工缝。振捣宜采用铁辊滚压或人工拍实。不宜采用机械振捣,以免破坏防水层。振实后随即用刮尺按排水坡度刮平,并在初凝前用木抹子提浆抹平,初凝后及时取出分格缝木模（泡沫条可不取出）,终凝前用铁抹子压光。抹平压光时不宜在表面掺加水泥浆或干灰,否则表层砂浆易产生裂缝与剥落现象。若采用配筋细石混凝土保护层时,钢筋网片的位置设置在保护层中间偏上部位。在铺设钢筋网片时用砂浆垫块支垫。细石混凝土保护层浇筑完后应及时进行养护,养护时间不应少于7天,养护完后,将分格缝清理干净（割去泡沫条上部

10 mm),嵌填密封材料。

要点 10:厕浴间聚合物水泥防水涂料防水层施工

(1)清理基层。表面必须彻底清扫干净,不得有浮尘、杂物、明水等。

(2)涂刷底面防水层。底层用料:由专人负责材料配制,先按配合比分别称出配料所用的液料、粉料、水,在桶内用手提电动搅拌器搅拌均匀,使粉料充分分散。用滚刷或油漆刷均匀地涂刷成底面防水层,不得露底,一般用量为 0.3～0.4 kg/m²。待涂层干涸后,才能进行下一道工序。

(3)细部附加层。

1)嵌填密封膏。按设计要求在管根等部位的凹槽内嵌填密封膏,密封材料应压嵌严密,防止裹入空气,并与缝壁黏结牢固,不得有开裂、鼓泡和下塌现象。

2)细部附加层。在地漏、管根、阴阳角和出入口等易发生漏水的薄弱部位,可加一层增强胎体材料,材料宽度不小于 30 mm,搭接宽度应不小于 100 mm。施工时先涂一层 JS 防水涂料,再铺胎体增强材料,最后涂一层 JS 防水涂料。

(4)涂刷中、面防水层。

1)按设计要求和防水涂料配合比,将配制好的Ⅰ型或Ⅱ型 JS 防水涂料,均匀涂刷在底面防水层上。每遍涂刷量以 0.8～1.0 kg/m² 为宜(涂料用量均为液料和粉料原材料有量,不含稀释加水量)。多遍涂刷(一般 3 遍以上),直到达到设计规定的涂膜厚度要求,也可见表 5-3。

表 5-3　涂刷遍数、厚度与用量

涂料型号	遍数/道	涂料用量/(kg/m²)	涂膜总厚度/mm
Ⅰ型	4	约 3.2	1.5
Ⅱ型	4	约 2.8	1.5

注:1.涂料用量均为液料和粉料原材料的用量,不含稀释加水量。
　　2.涂膜层厚度以切块法、针扎法检查。

2)大面涂刷涂料时,不得加铺胎体,如设计要增加胎体时,须使用耐碱网格布或 40g/m² 的聚酯无纺布。

(5)第一次蓄水试验。在最后一遍防水层干涸 48 h 试水后蓄水 24 h,以无渗漏为合格。

(6)饰面层。防水层上应做 20 mm 厚水泥砂浆保护层,其上做地面砖等饰面层,材料由设计确定。

(7)墙面与顶板防水。墙面与顶板应做防水处理。有淋浴设施的厕浴间墙面,防水层高度不应小于 1.8 m,并与楼地面防水层交圈。顶板防水处理由设计确定。

要点 11:水泥砂浆防水层

(1)基层处理。

1)水泥砂浆铺抹前,基层混凝土强度等级不应小于 C15;砌体结构砌筑用的砂浆强度等级不应低于 M7.5。

2)基层表面应先作处理使其坚实、平整、粗糙、洁净,并充分湿润,无积水。

3)基层表面的孔洞、缝隙应用与防水层相同的砂浆填塞抹平。

(2)防水砂浆层施工前应将预埋件、穿墙管四周预留凹槽内嵌填密封材料。

(3)水泥砂浆品种和配合比设计应根据防水工程要求确定。

(4)砂浆的拌制。

1)防水砂浆的拌制以机械搅拌为宜,也可用人工搅拌。拌和时材料称量要准确,不得随意增减用水量。机械搅拌时,先将水泥、砂干拌均匀,再加水拌和 1~2 min 即可。

2)使用外加剂或聚合物乳液时,先将水泥、砂干拌均匀,然后加入预配好的外加剂水溶液或聚合物乳液。严禁将外加剂干粉直接倒入水泥砂浆中,配制时聚合物砂浆的用水量应扣除聚合物乳液中的水量。

3)防水砂浆要随拌随用,聚合物水泥防水砂浆拌和物应在 45 min 内用完,当气温高、湿度小或风速较大时,宜在 20 min 内用完;其他外加剂防水砂浆应初凝前用完。在施工过程中如有离析现象,应进行二次拌和,必要时应加素水泥浆及外加剂,不得任意加水。

(5)水泥砂浆防水层应分层铺抹或喷涂,铺抹时应注意压实、抹平和表面压光。

(6)聚合物水泥防水砂浆涂抹施工应符合下列规定:

1)防水砂浆层厚度大于 10 mm 时,立面和顶面应分层施工,第 1 层应待前一层指触干后进行,各层应黏结牢固。

2)每层宜连续施工,当必须留槎时,应采用阶梯坡形槎,接槎部位离阴阳角处不得小于 200 mm,上下层接槎应错开 10~15 mm。接槎应依层次顺序操作,层层搭接紧密。

3)铺抹可采用抹压或喷涂施工。喷涂施工时,喷枪的喷嘴应垂直于基面,合理调整压力、喷嘴与基面距离。

4)铺抹时应压实、抹平,如遇气泡应挑破压实,保证铺抹密实。

5)压实、抹平应在初凝前完成。

(7)砂浆施工程序一般先立面后地面,防水层各层之间应紧密结合,防水层的阴阳角处应抹成圆弧形。

(8)水泥砂浆防水层不宜在雨天或 5 级以上大风中施工。冬期施工时,气温不得低于 5 ℃,基层表面温度应保持 0 ℃以上,夏季施工时,不应在 35 ℃以上或烈日直晒下施工。

(9)砂浆防水层厚度因材料品种不同而异。聚合物水泥砂浆防水层厚度单层施工宜为 6~8 mm,双层施工宜为 10~12 mm,掺外加剂、掺和料等的水泥砂浆防水层厚度宜为 18~20 mm。

(10)养护。

1)防水砂浆终凝后应及时养护,养护温度不宜低于 5 ℃,养护时间不得少于 14 天,养护期间应保持湿润。

2)聚合物水泥砂浆防水层未达到硬化状态时,不得浇水养护或直接受雨水冲刷,终凝后应进行 7 天的保湿养护,在潮湿环境中,可在自然条件下养护。养护期间不得受冻。

3)使用特种水泥、外加剂、掺和料的防水砂浆,养护应按产品说明书要求进行。

要点 12:防水混凝土施工

1.混凝土的搅拌

(1)宜采用预拌混凝土。混凝土搅拌时必须严格按试验室配合比通知单的配合比准确称量,不得擅自修改。当原材料有变化时,应通知试验室进行试验,对配合比作必要的调整。

(2)雨期施工期间对露天堆放料场的砂、石应采取遮挡措施,下雨天应测定雨后砂、石含水率并及时调整砂、石、水用量。

2.混凝土运输

(1)混凝土运送道路必须保持平整、畅通,尽量减少运输的中转环节,以防止混凝土拌和物产生分层、离析及水泥浆流失等现象。

(2)混凝土拌和物运至浇筑地点后,如出现分层、离析现象,必须加入适量的原水灰比的水泥浆进行二次拌和,均匀后方可使用,不得直接加水拌和。

(3)注意坍落度损失,浇筑前坍落度每小时损失值不应大于 20 mm,坍落度总损失值不应大于 40 mm。

3.混凝土浇筑

(1)当混凝土入模自落高度大于 2 m 时应采用串筒、溜槽、溜管等工具进行浇筑,以防止混凝土拌和物分层离析。

(2)混凝土应分层浇筑,每层厚度为振捣棒有效作用长度 1.25 倍,一般 $\phi50$ 棒分层厚度为 400~480 mm。

(3)分层浇筑时,第 1 层防水混凝土浇筑时间应在第 1 层初凝以前,将振捣器垂直插入到下层混凝土中 50 mm,插入要迅速,拔出要缓慢,振捣时间以混凝土表面浆出齐、不冒泡、不下沉为宜,严防过振、漏振和欠振而导致混凝土离析或振捣不实。

(4)防水混凝土必须采用机械振捣,以保证混凝土密实。对于掺加气剂和引气型减水剂的防水混凝土应采用高频振捣器(频率在 10000 次/min 以上)振捣,可以有效地排除大气泡,使小气泡分布更均匀,有利于提高混凝土强度和抗渗性。

(5)防水混凝土应连续浇筑,宜不留或少留施工缝。当必须留设施工缝时,应符合下列规定。

1)施工缝留设的位置。

·墙体水平施工缝不应留在剪力最大处或底板与侧墙的交接处,应留在高出底板表面不小于 300 mm 的墙体上。拱(板)墙结合的水平施工缝,宜留在拱(板)墙接缝以下 150～300 mm 处。墙体有预留空洞时,施工缝距空洞边缘不应小于 300 mm。

·垂直施工缝应避开地下水和裂隙水较多的地段,并宜与变形缝相结合。

2)施工缝防水的构造形式:施工缝应采用多道防水措施,其构造形式如图 5-29 所示。

3)施工缝新旧混凝土接缝处理。

·水平施工缝浇筑混凝土前,应将其表面凿毛,清除表面浮浆和杂物,先铺净浆或涂刷界面处理剂或涂刷水泥基渗透结晶型防水涂料等,再铺 30～50 mm 厚

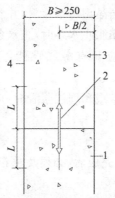
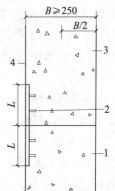

基本构造(一)
钢板止水带L≥150
橡胶止水带L≥125
钢边橡胶止水带L≥120
1—先浇混凝土
2—中埋式止水带
3—后浇混凝土
4—结构迎水面

基本构造(二)
外贴止水带L≥150
外涂防水涂料L≥200
外抹防水砂浆L≥200
1—先浇混凝土
2—外贴防水层
3—后浇混凝土
4—结构迎水面

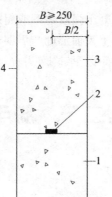
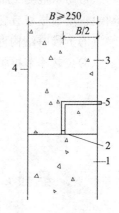

基本构造(三)
1—先浇混凝土
2—遇水膨胀止水胶(条)
3—后浇混凝土
4—结构迎水面

基本构造(四)
1—先浇混凝土
2—预埋注浆管
3—后浇混凝土
4—结构迎水面
5—注浆导管

图 5-29 施工缝防水

的 1∶1 水泥砂浆,并及时浇灌混凝土。

· 垂直施工缝浇筑混凝土前,应将其表面凿毛并清理干净,涂刷混凝土界面处理剂或水泥基渗透结晶型防水涂料,并及时浇筑混凝土。

· 施工缝采用遇水膨胀止水条时,止水条应牢固地安装在接缝表面或预留槽内,遇水膨胀止水条应具有缓胀性能,7 天膨胀率不应大于最终膨胀率的 60%。

· 采用中埋式止水带或预埋注浆管时,应确保位置准确,牢固可靠,严防混凝土施工时错位。

4. 养护

(1)防水混凝土浇筑完成后,必须及时养护,并在一定的温度和湿度条件下进行。

(2)混凝土初凝后应立即在其表面覆盖草袋、塑料薄膜或喷涂混凝土养护剂等进行养护,炎热季节或刮风天气应随浇灌随盖,但要保护表面不被压坏。浇捣后 4～6 h 浇水或蓄水养护,3 天内每天浇水 4～6 次,3 天后每天浇水 2～3 次,养护时间不得少于 14 天。墙体混凝土浇筑 3 天后,可采取撬松侧模,在侧模与混凝土表面缝隙中浇水养护的做法保持混凝土表面湿润。

5. 拆模

(1)防水混凝土拆模时间一律以同条件养护试块强度为依据,不宜过早拆除模板,梁板模板宜在混凝土强度达到或超过设计强度等级的 75% 时拆模。

(2)拆模时结构混凝土表面温度与周围环境温度差不得大于 25 ℃。

(3)炎热季节拆模时间以早、晚间为宜,应避开中午或温度最高的时段。

第二节　脚手架工程

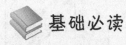
基础必读

要点 1:脚手架的种类

1. 按用途划分

(1)操作脚手架:为施工操作提供作业条件的脚手架,包括"结构脚手架"、"装修脚手架"。

(2)防护用脚手架:只用作安全防护的脚手架,包括各种护栏架和棚架。

(3)承重、支撑用脚手架:用于材料的运转、存放、支撑以及其他承载用途的脚手架,如承料平台、模板支撑架和安装支撑架等。

2.按构架方式划分

(1)杆件组合式脚手架:俗称"多立杆式脚手架",简称"杆组式脚手架"。

(2)框架组合式脚手架:简称"框组式脚手架",即由简单的平面框架(如门架)与连接、撑拉杆件组合而成的脚手架,如门式钢管脚手架、梯式钢管脚手架等。

(3)格构件组合式脚手架,即由桁架梁和格构柱组合而成的脚手架,如桥式脚手架,有提升(降)式和沿齿条爬升(降)式两种。

(4)台架:具有一定高度和操作平面的平台架,多为定型产品,其本身具有稳定的空间结构。它可单独使用或立拼增高与水平连接扩大,并常带有移动装置。

3.按设置形式划分

(1)单排脚手架:只有 1 排立杆的脚手架,其横向水平杆的另一端搁置在墙体结构上。

(2)双排脚手架:具有 2 排立杆的脚手架。

(3)多排脚手架:具有 3 排及 3 排以上立杆的脚手架。

(4)满堂脚手架:按施工作业范围满设的、两个方向各有 3 排以上立杆的脚手架。

(5)满高脚手架:按墙体或施工作业最大高度,由地面起满高度设置的脚手架。

(6)交圈(周边)脚手架:沿建筑物或作业范围周边设置并相互交圈连接的脚手架。

(7)特形脚手架:具有特殊平面和空间造型的脚手架,如用于烟囱、水塔、冷却塔以及其他平面为圆形、环形、"外方内圆"形、多边形和上扩、上缩等特殊形式的建筑施工脚手架。

4.按脚手架的设置方式划分

(1)落地式脚手架:搭设(支座)在地面、楼面、屋面或其他平台结构之上的脚手架。

(2)悬挑脚手架(简称"挑脚手架"):采用悬挑方式设置的脚手架。

(3)附墙悬挂脚手架(简称"挂脚手架"):在上部或(和)中部挂设于墙体挑挂件上的定型脚手架。

(4)悬吊脚手架(简称"吊脚手架"):悬吊于悬挑梁或工程结构之下的脚手架。当采用篮式作业架时,称为"吊篮"。

(5)附着升降脚手架(简称"爬架"):附着于工程结构、依靠自身提升设备实现升降的悬空脚手架。

(6)水平移动脚手架:带行走装置的脚手架(段)或操作平台架。

5.按脚手架平、立杆的连接方式分类

(1)承插式脚手架:在平杆与立杆之间采用承插连接的脚手架。常见的承插连接方式有插片和楔槽、插片和碗扣、套管和插头以及 U 形托挂等。

(2)扣件式脚手架:使用扣件箍紧连接的脚手架,即靠拧紧扣件螺栓所产生的摩擦力承担连接作用的脚手架。

要点 2:脚手架的适用范围

1.扣件式钢管脚手架适用范围

(1)工业与民用建筑施工用落地式单、双排脚手架,以及底撑式分段悬挑脚手架。

(2)水平混凝土结构工程施工中的模板支承架。

(3)上料平台、满堂脚手架。

(4)高耸构筑物,如烟囱、水塔等施工用脚手架。

(5)栈桥、码头、高架路、高架桥等工程用脚手架。

(6)为了确保脚手架的安全可靠,《建筑施工扣件式钢管脚手架安全技术规范》(JGJ 130—2011)规定单排脚手架不适用于情况:墙体厚度不大于 180 mm;建筑物高度超过 24 m;空斗砖墙、加气块墙等轻质墙体;砌筑砂浆强度等级不大于 M1.0 的砖墙。

2.悬挑脚手架的应用

(1)±0.000 以下结构工程回填土不能及时回填,而主体结构工程必须立即进行,否则将影响工期。

(2)高层建筑主体结构四周为裙房,脚手架不能直接支承在地面上。

(3)超高层建筑施工,脚手架搭设高度超过了架子的容许搭设高度,因此将整个脚手架按容许搭设高度分成若干段,每段脚手架支承在由建筑结构向外悬挑的结构上。

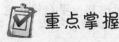 重点掌握

要点 3:落地扣件式钢管脚手架搭设的具体要求

1.扣件式脚手架适宜的搭设高度

(1)单管立杆扣件式双排脚手架的搭设高度不宜超过 50 m。根据对国内脚手架的使用调查,立杆采用单根钢管的落地式脚手架一般均在 50 m 以下,当需要搭设高度超过 50 m 时,一般都比较慎重地采用了加强措施,如采用双管立杆、分段卸荷、分段悬挑等。从经济方面考虑,搭设高度超过 50 m 时,钢管、扣件等的周转使用率降低,脚手架的地基基础处理费用也会增加,导致脚手架成

本上升。

（2）分段悬挑脚手架。由于分段悬挑脚手架一般都支承在由建筑物挑出的悬臂梁或三脚架上，如果每段悬挑脚手架过高时，将过多增加建筑物的负担，或使挑出结构过于复杂，故分段悬挑脚手架每段高度不宜超过 25 m，高层建筑施工分段搭设的悬挑脚手架如图 5-30 所示，必须有设计计算书，悬挑梁或悬挑架应为型钢或定型杆架，应绘有经设计计算的施工图，设计计算书要经上级审批，悬挑梁应按施工图搭设。安装时必须按设计要求进行。悬挑梁搭设和挑梁的间距是悬挑式脚手架的关键问题之一。当脚手架上荷载较大时，间距小，反之则大，设计图纸应明确规定。挑梁架设的结构部位，应能承受较大的水平力和垂直力的作用。若根据施工需要只能设置在结构的薄弱部位时，应加固结构，采取可靠措施，将荷载传递给结构的坚固部位。

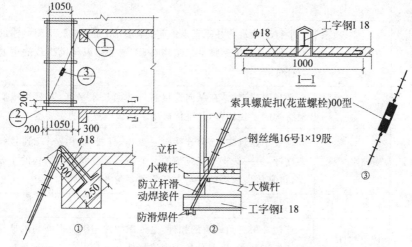

图 5-30 悬挑脚手架示意图

2.搭设基本要求

落地式双排脚手架，其横向尺寸（横距）远小于其纵向长度和高度，这一高度与宽度很大、厚度很小的构架如不在横向（垂直于墙面方向）设置连墙件，它是不可能可靠地传递其自重、施工荷载和水平荷载的，对这一连墙的钢构架其结构体系可归属于在竖向、水平向具有多点支承的"空间框架"或"格构式平板"。为使扣件式脚手架在使用期间满足安全和使用要求，即脚手架既要有足够承载能力，又要具有良好的刚度（使用期间，脚手架的整体或局部不产生影响正常施工的变形或晃动），故其组成应满足以下要求：

（1）必须设置纵、横向水平杆和立杆，三杆交汇处用直角扣件相互连接，并应尽量紧靠，此三杆紧靠的扣接点称为扣件式脚手架的主节点。

（2）扣件螺栓拧紧扭力矩应在 40～65 N·m 之间，以保证脚手架的节点具有必要的刚性和承受荷载的能力。

（3）在脚手架和建筑物之间，必须按设计计算要求设置足够数量、分布均匀的连墙件，此连墙件应能起到约束脚手架在横向（垂直于建筑物墙面方向）产生变形的支承点，以防止脚手架横向失稳或倾覆，并可靠地传递风荷载。

（4）脚手架立杆基础必须坚实，并具有足够承载能力，以防止不均匀或过大的沉降。

（5）应设置纵向剪刀撑和横向斜撑，以使脚手架具有足够的纵向和横向整体刚度。

3.扣件式钢管脚手架主要组成

扣件式脚手架的主要构配件及作用见表 5-4。

表 5-4　扣件式脚手架的的主要构配件及作用

项次	名称	作用
1	立杆	平行于建筑物并垂直于地面的杆件，既是组成脚手架结构的主要杆件，又是传递脚手架结构自重、施工荷载与风荷载的主要受力杆件
2	纵向水平杆	平行于建筑物，在纵向连接各杆的通长水平杆，既是组成脚手架结构的主要杆件，又是传递施工荷载给立杆的主要受力杆件
3	横向水平杆	垂直于建筑物，横向连接脚手架内、外排立杆或一端连接脚手架立杆，另一端支于建筑物的水平杆是组成脚手架结构的主要杆件，也是传递施工荷载给立杆的主要受力杆件
4	扣件	是组成脚手架结构的连接件
	直角扣件	连接 2 根直角钢管的扣件，是依靠扣件与钢管表面间的摩擦力传递施工荷载，风荷载的受力连接件
	对接扣件	钢管对接接长用的扣件，也是传递荷载的受力连接件
	旋转扣件	连接 2 根任意角度相交的钢管扣件，用于连接支撑斜杆与立杆或横向水平杆的连接件

要点 4：脚手架工程的基本要求

（1）满足施工的需要。脚手架要有足够的作业面（比如适当的宽度、步架高度、离墙距离等），以保证施工人员操作、材料堆放和运输的需要。

（2）构架稳定、承载可靠、使用安全。脚手架要有足够的承载力、刚度和稳定性，施工期间在规定的天气条件和允许荷载的作用下，脚手架应稳定不倾斜、不摇晃、不倒塌，确保安全。

（3）尽量使用自备和可租赁到的脚手架材料，减少使用自制加工件。

（4）依工程结构情况解决脚手架设置中的穿墙、支撑和拉结要求。

（5）脚手架的构造要简单，便于搭设和拆除，脚手架材料能多次周转使用。

要点 5：落地门式钢管外脚手架搭设的具体要求

1.门式钢管脚手架的搭设形式与搭设原则

门式钢管脚手架搭设形式通常有两种：一种是每三列门架用两道剪刀撑相连，其间每隔 3～4 榀门架高设一道水平撑；另一种是在每隔一列门架用一道剪刀撑和水平撑相连。门式钢管脚手架的搭设应自一端延伸向另一端，由下而上按步架设，并逐层改变搭设方向，以减少架设误差。不得自两端同时向中间进行或相同搭设，以避免接合部位错位，难于连接。脚手架的搭设速度应与建筑结构施工进度相配合，一次搭设高度不应超过最上层连墙杆 3 步，或自由高度不大于 6 m，以保证脚手架的稳定。

2.门式钢管脚手架的搭设顺序

铺设垫木（板）→拉线、安放底座→自一端起立门架并随即装交叉支撑（底步架还需安装扫地杆、封口杆）→安装水平架（或脚手板）→安装钢梯→（需要时，安装水平加固杆）→装设连墙杆→重复上述步骤逐层向上安装→按规定位置安装剪刀撑→安装顶部栏杆，挂立杆安全网。

3.门式钢管脚手架的搭设

（1）铺设垫木（板）、安放底座。

脚手架的基底必须平整坚实，并铺底座、作好排水，确保地基有足够的承载能力，在脚手架荷载作用下不发生塌陷和显著的不均匀沉降。回填土地面必须分层回填，逐层夯实。门架立杆下垫木的铺设方式：

1）当垫木长度为 1.6～2.0 m 时，垫木宜垂直于墙面方向横铺。

2）当垫木长度为 4.0 m 时，垫木宜平行于墙面方向顺铺。

（2）立门架、安装交叉支撑、安装水平架或脚手板。

在脚手架的一端将第一榀门和第二榀门架立在 4 个底座上后，纵向立即用交叉支撑连接两幅门架的立杆，门架的内外两侧安装交叉支撑，在顶部水平面上安装水平架或挂扣式脚手板，搭成门式钢管脚手架的一个基本结构。以后每安装一榀门架，及时安装交叉支撑、水平架或脚手板，依次按此步骤沿纵向逐榀安装搭设。在搭设第二层门架时，人就可以站在第一层脚手板上操作，直至最后完成。

（3）搭设要求。

1）门架。不同规格的门架不得混用；同一脚手架工程，不配套的门架与配件也不得混合使用。门架立杆离墙面的净距不宜大于 150 mm，大于 150 mm 时，应采取内挑架板或其他防护的安全措施。不用三脚架时，门架的里立杆边缘距墙面约 50～60 mm,如图 5-31(a)所示;用三脚架时,门架里立杆距墙面 550～600 mm,如图 5-31（b）所示。底步门架的立杆下端应设置固定底座或可调底座。

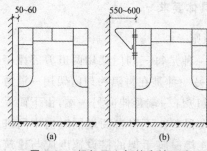

图 5-31　门架里立杆的离墙距离

2)交叉支撑。门架的内外两侧均应设置交叉支撑,其尺寸应与门架间距相匹配,并应与门架立杆上的锁销销牢。

3)水平架。在脚手架的顶层门架上部、连墙件设置层、防护棚设置层必须连续设置水平架。脚手架高度 $H \leqslant 45$ m时,水平架至少两步一设;$H > 45$ m 时,水平架应每步一设。不论脚手架高度,在脚手架的转角处,端部及间断处的一个跨距范围内,水平架均应每步一设。水平架可由挂扣式脚手板或门架两侧的水平加固杆代替。

4)脚手板。第 1 层门架顶面应铺设一定数量的脚手板,以便在搭设第 2 层门架时,施工人员可站在脚手板上操作。

在脚手架的操作层上应连续满铺与门架配套的挂扣式脚手板,并扣紧挂扣,用滑动挡板锁牢,防止脚手板脱落或松动。采用一般脚手板时,应将脚手板与门架横杆用钢丝绑牢,严禁出现探头板。并沿脚手架高度每步设置一道水平加固杆或设置水平架,加强脚手架的稳定。

5)安装封口杆、扫地杆。在脚手架的底步门架立杆下端应加封口杆、扫地杆。封口杆是连接底步门架立杆下端的横向水平杆件,扫地杆是连接底步门架立杆下端的纵向水平杆件。扫地杆应安装在封口杆下方。

6)脚手架垂直度和水平度的调整。脚手架的垂直度(表现为门架竖管轴线的偏移)和水平度(架平面方向和水平方向)对于确保脚手架的承载性能至关重要(特别是对于高层脚手架)。门式脚手架搭设的垂直度和水平度允许偏差见表 5-5。

表 5-5　门式钢管脚手架搭设的垂直度和水平度允许偏差

项　目		允许偏差/mm
垂直度	每步架	$h/1\,000$ 及 ± 2.0
	脚手架整体	$H/600 \pm 50$
水平度	一跨距内水平架两端高差	$\pm l/600$ 及 ± 3.0
	脚手架整体	$\pm H/600$ 及 ± 50

注:h—步距;H—脚手架高度;l—跨距。

其注意事项为:严格控制首层门型架的垂直度和水平度。在装上以后要逐片地、仔细地调整好,使门架立杆在两个方向的垂直偏差都控制在 2 mm 以内,门架顶部的水平偏差控制在 3 mm 以内。随后在门架的顶部和底部用大横杆和扫地杆加以固定。搭完一步架后应按规范要求检查并调整其水平度与垂直度。接门架时上下门架立杆之间要对齐，对中的偏差不宜大于 3 mm，同时注意调整门架的垂直度和水平度。另外，应及时装设连墙杆，以避免架子发生横向偏斜。

7）转角处门架的连接。脚手架在转角之处必须作好连接和与墙拉结，以确保脚手架的整体性，处理方法为：在建筑物转角处的脚手架内、外两侧按步设置水平连接杆，将转角处的两门架连成一体如图 5-32 所示。水平连接杆必须步步设置，以使脚手架在建筑物周围形成连续闭合结构。或者利用回转扣直接把两片门架的竖管扣结起来。水平连接杆钢管的规格应与水平面加固杆相同，以便于用扣件连接。水平连接杆应采用扣件与门架立杆及水平加固杆扣紧。另外，在转角处适当增加连墙件的布设密度。

（4）斜梯安装。

作业人员上下脚手架的斜梯应采用挂扣式钢梯，钢梯的规格应与门架规格配套，并与门架挂扣牢固。

脚手架的斜梯宜采用"之"字形式，一个梯段宜跨越 2 步或 3 步，每隔 4 步必须设置 1 个休息平台。斜梯的坡度应在 30°以内如图 5-33 所示。斜梯应设置护栏和扶手。

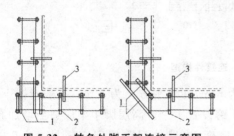

图 5-32 转角处脚手架连接示意图

1—连接钢管；2—门架；3—连墙件

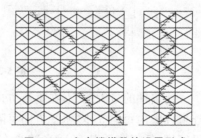

图 5-33 上人楼梯段的设置形式

（5）安装水平加固杆。

门式钢管脚手架中，上、下门架均采用连接棒连接，水平杆件采用搭扣连接，斜杆采用锁销连接，这些连接方法的紧固性较差，致使脚手架的整体刚度较差，在外力作用下，极易发生失稳。因此必须设置一些加固件，以增强脚手架刚度。门式脚手架的加固件主要有：剪刀撑、水平加固杆件、扫地杆、封口杆、连墙件，沿脚手架内外侧周围封闭设置。

水平加固杆是与墙面平行的纵向水平杆件。为确保脚手架搭设的安全，以及脚手架整体的稳定性，水平加固杆必须随脚手架同步搭设。

当脚手架高度超过 20 m 时，为防止发生不均匀沉降，脚手架最下面 3 步可以每步设置一道水平加固杆(脚手架外侧),3步以上每隔4步设置一道水平加固杆,并宜在有连墙件的水平层连续设置,以形成水平闭合圈,对脚手架起环箍作用,增强脚手架的稳定性。水平加固杆采用 $\phi48$ 钢管用扣件在门架立杆的内侧与立杆扣牢。

(6)设置连墙件。

为避免脚手架发生横向偏斜和外倾,加强脚手架的整体稳定性、安全可靠性,脚手架必须设置连墙件如图5-34所示。

连墙件的搭设按规定间距必须随脚手架搭设同步进行不得漏设,严禁滞后设置或搭设完毕后补做。

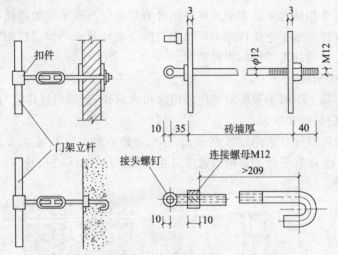

图 5-34　连接件构造

连墙件的最大间距,在垂直方向为6 m,在水平方向为8 m。一般情况下,连墙件竖向每隔3步,水平方向每隔4跨设置1个。高层脚手架应适当增加布设密度,低层脚手架可适当减少布设密度,连墙件间距规定应满足表5-6的要求。

表 5-6　连墙件竖向、水平间距

脚手架搭设高度/m	基本风压 $\omega_0/(KN/m^3)$	连墙件间距/m	
		竖向	水平方向
≤45	≤0.55	≤6.0	≤8.0
45～60	>0.55	≤4.0	6.0

连墙件应能承受拉力与压力,其承载力标准值不应小于10 kN;连墙件与门架、建筑物的连接也应具有相应的连接强度。

连墙件宜垂直于墙面,不得向上倾斜,连墙件埋入墙身的部分必须锚固可靠。

连墙件应连于上、下两榀门架的接头附近,靠近脚手架中门架的横杆设置,其距离不宜大于 200 mm。

在脚手架外侧因设置防护棚或安全网而承受偏心荷载的部位应增设连墙件,且连墙件的水平间距不应大于 4.0 m。

脚手架的转角处,不闭合(一字形、槽形)脚手架的两端应增设连墙件,且连墙件的竖向间距不应大于 4 m,以加强这些部位与主体结构的连接,确保脚手架的安全工作。

当脚手架操作层高出相邻连墙件两步以上时,应采用确保脚手架稳定的临时拉结措施,直到连墙件搭设完毕后方可拆除。

加固件、连墙件等与门架采用扣件连接时,扣件规格应与所连钢管外径相匹配;扣件螺栓拧紧扭力矩宜为 50~60 N·m,并不得小于 40 N·m。各杆件端头伸出扣件盖板边缘长度不应小于 100 mm。

(7)搭设剪刀撑。

为了确保脚手架搭设的安全,以及脚手架的整体稳定性,剪刀撑必须随脚手架的搭设同步搭设。

剪刀撑采用 φ48 钢管,用扣件在脚手架门架立杆的外侧与立杆扣牢,剪刀撑斜杆与地面倾角宜为 45°~60°,宽度一般为 4~8 m,自架底至顶连续设置。剪刀撑之间净距不大于 15 m 如图 5-35 所示。

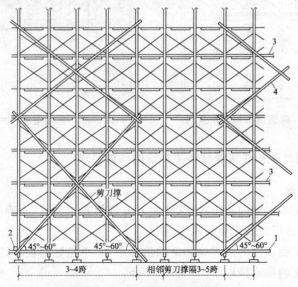

图 5-35　剪刀撑设置示意图
1—纵向扫地杆;2—横向扫地杆;3—水平加固杆;4—剪刀撑

剪刀撑斜杆若采用搭接接长,搭接长度不宜小于 600 mm,且应采用两个扣件扣紧。脚手架的高度 $H > 20$ m 时,剪刀撑应在脚手架外侧连续设置。

(8)门架竖向组装。

上、下榀门架的组装必须设置连接棒和锁臂,其他部件(如栈桥梁等)则按其所处部位相应及时安装。搭第二步脚手架时,门架的竖向组装、接高用连接棒。连接棒直径应比立杆内径小 $1 \sim 2$ mm,安装时连接棒应居中插入上、下门架的立杆中,以使套环能均匀地传递荷载。连接棒采用表面油漆涂层时,表面应涂油,以防使用期间锈蚀,拆卸时难以拔出。门式脚手架高度超过 10 m 时,应设置锁臂,如采用自锁式弹销式连接棒时,可不设锁臂。锁臂是上下门架组成接头处的拉结部件,用钢片制成,两端钻有销钉孔,安装时将交叉支撑和锁臂先后锁销,以限制门架及连接棒拔出。连接门架与配件的锁臂、搭钩必须处于锁住状态。

(9)通道洞口的设置。

通道洞口高度不宜大于 2 个门架高,宽度不宜大于 1 个门架跨距,通道洞口应采取加固措施。当洞口宽度为 1 个跨距时,应在脚手架洞口上方的内、外侧设置水平加固杆,在洞口两个上角加设斜撑杆如图 5-36 所示。当洞口宽为两个及两个以上跨距时,应在洞口上方设置水平加固杆及专门设计和制作的托架,并在洞口两侧加强门架立杆如图 5-37 所示。

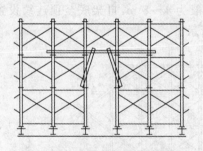
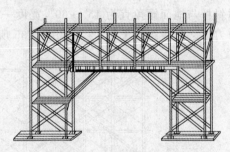

图 5-36　通道洞口加固示意图　　　图 5-37　宽通道洞口加固示意图

要点 6:落地碗扣式钢管脚手架搭设的具体要求

1. 施工准备

(1)工程技术人员向施工人员、使用人员进行技术交底,明确脚手架的质量标准、要求、搭设形式及安全技术措施。

(2)将建筑物周围的障碍物和杂物清理干净,平整好搭设场地,松土处要进行夯实,有可靠的排水措施。

(3)把钢管、扣件、底座、脚手板及安全网等运到搭设现场,并按脚手架材料的质量要求进行检查验收,不符合要求的都不准使用。扣件式钢管脚手架应采用可锻铸铁制作的扣件,其质量可靠;钢板压制扣件现行规范不推荐使用。钢管脚手架的脚手板常用的类型有:冲压式钢脚手板、木脚手板、竹串片及竹笆板等,可根据施工地区的材源就地取材使用。

2.搭设工艺顺序

按建筑物平面形式放线→铺垫板→按立杆间距排放底座→摆放纵向扫地杆→逐根竖立杆→与纵向扫地杆扣紧→安放横向扫地杆→与立杆或纵向扫地杆扣紧→绑扎第1步纵向水平杆和横向水平杆→绑扎第2步纵向水平杆和横向水平杆→加设临时抛撑(设置两道连墙件后可拆除)→绑扎第3、4步纵向水平杆和横向水平杆→设置连墙件→绑扎横向斜撑→接立杆→绑扎剪刀撑→铺脚手板→安装护身栏和挡脚板→绑扎封顶杆→立挂安全网。

3.搭设要点和要求

(1)按建筑物的平面形式放线、铺垫板。根据脚手架的构造要求放出立杆位置线,然后按线铺设垫板,垫板厚度不小于50 mm,再按立杆的间距要求放好底座。

(2)摆放扫地杆、竖立杆。脚手架必须设置纵、横向扫地杆。纵向扫地杆应采用直角扣件固定在距底座上皮不大于200 mm处的立杆内侧;横向扫地杆也应采用直角扣件固定在紧靠纵向扫地杆下方的立杆上,其摆放、构造如图5-38所示。

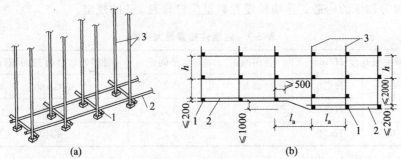

图 5-38　纵、横向扫地杆

(a)摆放示意图;(b)构造

1—横向扫地杆;2—纵向扫地杆;3—立杆

竖立杆时,将立杆插入底座中,并插到底。要先里排后外排,先两端后中间。在与纵向水平杆扣住后,按横向水平杆的间距要求,将横向水平杆与纵向水平杆连接扣住,然后绑上临时抛撑(斜撑)。开始搭设立杆时,应每隔6跨设置一根抛撑,直至连墙件安装稳定后,方可根据情况拆除。立杆必须用连墙件与建筑物可靠连接。严禁将 $\phi48$ 与 $\phi51$ 的钢管混合使用。

对于双排脚手架,在第1步架搭设时,最好有6～8人互相配合操作。立杆竖起时,最好有2人配合操作,一人拿起立杆,将一头顶在底座处;另一人用左脚将立杆底端踩住,再左手扶住立杆,右手帮助用力将立杆竖起,待立杆竖直后插入底座内。一人不松手继续扶立杆,另一人再拿起纵向水平杆与立杆绑扎。

(3)安装纵、横向水平杆的操作要求。应先安装纵向水平杆,再安装横向水平杆,结构图 5-39 所示。纵向水平杆宜设置在立杆内侧,其长度不宜小于 3 跨。

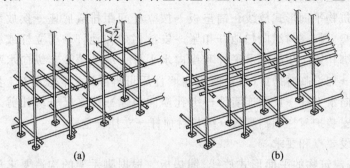

(a)　　　　　　　　　　　　(b)

图 5-39　纵、横向水平杆安装

(a)铺冲压钢脚手架;(b)铺竹笆脚手架

进行各杆件连接时,必须有一人负责校正立杆的垂直度和纵向水平杆的水平度。立杆的直偏差控制在 1/200 以内。在端头的立杆校直后,以后所竖的立杆就以端头立杆为标志穿即可。

(4)连墙件。连墙件中的连墙杆或拉筋宜呈水平设置,连墙件必须采用可承受拉力和压的构造。连墙件设置数量应符合表 5-7 的规定。

表 5-7　连墙件布置最大间距

脚手架高度 H/m		竖向间距	水平间距	每根连墙件覆盖面积/m²
双排	$H \leqslant 50$	$3h$	$3l_a$	$\leqslant 40$
	$H \leqslant 50$	$3h$	$3l_a$	$\leqslant 27$
单排	$H \leqslant 24$	$3h$	$3l_a$	$\leqslant 40$

注:h—步距;l_a—纵距。

(5)剪刀撑和横向斜撑。双排脚手架应设剪刀撑和横向斜撑,单排脚手架应设剪刀撑。高度在 24 m 以下的单、双排脚手架,均必须在外侧立面的两端各设置一道剪刀撑,并应由底至顶连续设置。高度在 24 m 以上的双排脚手架,应在外侧立面整个长度和高度上连续设置剪刀撑。横向斜撑应在同一节间、由底至顶层呈"之"字形连续布置。剪刀撑和横向斜撑搭设应随立杆、纵向水平杆、横向水平杆等同步进行。

(6)脚手板的设置。作业层脚手板应铺满、铺稳,离开墙面 120~150 mm,端部脚手板探头长度应取 150 mm,其板长两端均应与支承杆可靠固定。

冲压钢脚手板、木脚手板、竹串片脚手板等,应设置在 3 根横向水平杆上。当脚手板长度小于 2 m,可采用 2 根横向水平杆支承。此 3 种脚手板的铺设可采用对接平铺或搭接铺设,其构造如图 5-40 所示。

竹笆脚手板应按其主竹筋垂直于纵向水平杆方向铺设,且采用对接平铺,4 个角应用直径为 1.2 mm 的镀锌钢丝固定在纵向水平杆上。

(7)护身栏和挡脚板。护身栏和挡脚板应设在外立杆内侧;上栏杆上皮高度应为 1.2 m,中栏杆应居中设置;挡脚板高度应不小于 180 mm,构造如图5-41 所示。

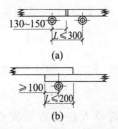
图 5-40　脚手板对接、搭接构造
(a)脚手板对接平铺;(b)脚手板搭接铺设

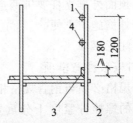
图 5-41　栏杆和挡脚板构造
1—上栏杆;2—外立杆;3—挡脚板;4—中栏杆

(8)搭设安全网。应严格执行国家标准《建筑施工安全网搭设安全技术范》。一般沿脚手架外侧满挂封闭式安全立网,底部搭设防护棚,立网应与立杆和纵向水平杆绑扎牢固,绑扎间距小于 0.30 m。在脚手架底部离地面 3~5 m 和层间每隔 3~4 步处,设置水平安全网及支架一道,水平安全网的水平张角约 20°,支护距离大于 2 m 时,用调整拉杆夹角来调整张角和水平距离,并使安全网张紧。在安全网支架层位的上下两节点必须设连墙件各一个,水平距离 4 跨设 1 个连墙杆,构造如图 5-42 所示。

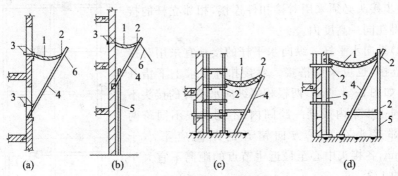
图 5-42　水平安全网设置
(a)墙面有窗口;(b)墙面无窗口;(c)3 m 宽平网;(d)6 m 宽平网
1—平网;2—纵向水平杆;3—挡墙杆;4—斜杆;5—立杆;6—麻绳

(9)脚手架的封顶。脚手架封顶时,必须按安全技术操作规程进行。外排立杆顶端,平屋顶的必须超过女儿墙顶面 1 m;坡屋顶的必须超过檐口顶 1.5 m。非立杆必须低于檐口底面 15~20 cm,脚手架最上一排连墙件以上建筑物高度应不大于 4 m。

在房屋挑檐部位搭设脚手架时,可用斜杆将脚手架挑出,如图 5-40 (b)所示。要求挑出部分的高度不得超过两步,宽度不超过 1.5 m;斜杆应在每根立杆上挑出,与水平面的夹角得小于 60°,斜杆两端均交于脚手架的主节点处;斜杆间距不得大于 1.5 m;脚手架挑出部分最外排立杆与原脚手架的两排立杆,应至少设置 3 道平行的纵向水平杆。

脚手架顶面外排立杆要绑两道护身栏、一道挡脚板,并要立挂一道安全网,以确保安全外檐施工方便。

4.搭设注意事项

(1)扣件安装注意事项。

1)扣件规格必须与钢管规格相同。

2)扣件的螺栓拧紧度十分重要,扣件螺栓拧得太紧或太松都容易发生事故,如拧得过松,脚手架容易向下滑落;拧得过紧,会使扣件崩裂和滑扣,使脚手架发生倒塌事故。扭力矩以 45～55 N·m 为宜,最大不超过 65 N·m。

3)扣件开口的朝向。对接扣件的开口应朝脚手架的内侧或朝下。连接纵向(或横向)水平杆与立杆的直角扣件开口要朝上,以防止扣件螺栓滑扣时水平杆脱落。

4)各杆件端头伸出扣件盖板边缘的长度应不小于 100 mm。

(2)各杆件搭接。

1)立杆。每根立杆底部应设置底座或垫板。要注意长短搭配使用,立杆接长除顶层顶步外,其余各层、各步接头必须采用对接扣件连接,相邻立杆的接头不得在同一高度内。

2)纵向水平杆。纵向水平杆的接长宜采用对接扣件连接,也可采用搭接。对接扣件要求上下错开布置,如图 5-43 所示,两根相邻纵向水平杆的接头不得在同一步架内或同一跨间内;不同步或不同跨两个相邻接头在水平方向错开的距离应不小于 500 mm,各接头中心至最近主节点的距离不宜大于纵距的 1/3。

搭接时,搭接长度应不小于 1 m,应等间距设置 3 个旋转扣件固定,端部扣件盖板边缘至搭接纵向水平杆杆端的距离应不小于 100 mm,如图 5-44 所示。

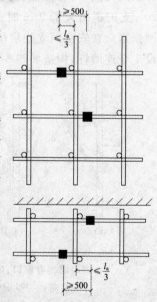

图 5-43 纵向水平杆接头布置

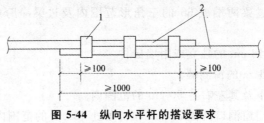

图 5-44 纵向水平杆的搭设要求

1—扣件；2—纵向水平杆

3）横向水平杆。主节点处必须设置一根横向水平杆，用直角扣件连接且严禁拆除。

（3）在递杆、拔杆时，下方人员必须将杆件往上送到脚手架上的上方人员接住杆件后方可松手，否则容易发生安全事故。在脚手架上的拔杆人员必须挂好安全带，双脚站好位置，一手抓住立杆，另一手向上拔杆，待杆件拔到中间时，用脚将下端杆件挑起，站在两端的操作人员立即接住，按要求绑扣件。

（4）剪刀撑的安装。随着脚手架的搭高，每搭七步架时，要及时安装剪刀撑。剪刀撑两端的扣件距邻近连接点应不大于 20 cm，最下一对剪刀撑与立杆的连接点距地面应不大于 50 cm，每道剪刀撑宽度应不小于 4 跨，且应不小于 6 m，斜杆与地面的倾角宜成 $45°\sim60°$。每道剪刀撑跨越立杆的根数应按表 5-8 的规定确定。

表 5-8 剪刀撑跨越立杆的最多根数

剪刀撑斜杆与地面的倾角 a（°）	45	50	60
剪刀撑跨越立杆的最多根数 n/根	7	6	5

剪刀撑斜杆的接长宜采用搭接。剪刀撑斜杆用旋转扣件固定在与之相交的横向水平杆的伸出端或立杆上，旋转扣件中心线至主节点的距离应不大于 150 mm。

（5）连墙件的安装。当钢管脚手架搭设较高（三步架以上）、无法支撑斜撑时，为了不使钢管脚手架往外倾斜，应设连墙件与墙体拉结牢固。

连墙件应从底层第 1 步纵向水平杆处开始设置，宜靠近主节点设置，偏离主节点的距离应不大于 300 mm；要求上下错开、拉结牢固；宜优先采用菱形布置，也可采用方形、矩形布置。

对高度在 24 m 以下的单、双排脚手架，宜采用刚性连墙件与建筑物可靠连接，也可采用拉筋和顶撑配合使用的附墙连接方式。严禁使用仅有拉筋的柔性连墙件。对高度在 24 m 以上的双排脚手架，必须采用刚性连墙件与建筑物可靠连接。

（6）搭设单排扣件式钢管脚手架时，下列部位不应设置横向水平杆：

1)过梁上与过梁两端成 60°的三角形范围内及过梁净跨度一半的高度范围内。

2)宽度小于 48 cm 的独立或附墙砖柱。

3)宽度小于 1 m 的窗间墙。

4)梁或梁垫下及其左右各 50 cm 的范围内。

5)砖砌体的门窗洞口两侧 20 cm 和转角处 45 cm 的范围内;其他砌体的门窗洞口两侧 30 cm 和转角处 60 cm 的范围内。

6)设计规定不允许留设脚手眼的部位。

要点 7:吊篮脚手架搭设的具体要求

1.搭设顺序

确定支承系统的位置→安置支承系统→挂上吊篮绳及安全绳→组装吊篮→安装提升装置→穿插吊篮绳及安全绳→提升吊篮→固定保险绳。

2.电动吊篮施工要点

(1)电动吊篮在现场组装完毕,经检查合格后,运到指定位置,接上钢丝绳和电源试车,同时由上部将吊篮绳和安全绳分别插入提升机构及安全锁中,吊篮绳一定要在提升机运行中插入。

(2)接通电源时,要注意电动机运转方向,使吊篮能按正确方向升降。

(3)安全绳的直径不小于 12.5 mm,不准使用有接头的钢丝绳,封头卡扣不少于 3 个。

(4)支承系统的挑梁采用不小于 14 号的工字钢。挑梁的挑出端应略高于固定端。挑梁之间纵向应采用钢管或其他材料连接成一个整体。

(5)吊索必须从吊篮的主横杆下穿过,连接夹角保持 45°,并用卡子将吊钩和吊索卡死。

(6)承受挑梁拉力的预埋铁环,应采用直径不小于 16 mm 的圆钢,埋入混凝土的长度大于 360 mm,并与主筋焊接牢固。

要点 8:爬架搭设的具体要求

(1)选择安装起始点、安放提升滑轮组并搭设底部架子。脚手架安装的起始点一般选在爬架的爬升机构位置不需要调整的地方,如图 5-45 所示。

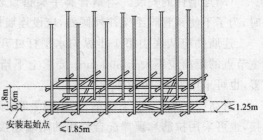

图 5-45　底部架子搭设

安装提升滑轮组,并和架子中与导轨位置相对应的立杆连接,并以此立杆为准(向一侧或两侧)依次搭设底部架。

脚手架的步距为 1.8 m，最底一步架增设一道纵向水平杆，距底的距离为 600 mm，跨距不大于 1.85 m，宽度不大于 1.25 m。

最底层应设置纵向水平剪刀撑以增强脚手架承载能力，与提升滑轮组相连（即与导轨位置）相对应的立杆一般为位于脚手架端部的第 2 根立杆，此处要设置从底到顶的横向斜杆。底部架搭设后，对架子应进行检查、调整。具体要求：横杆的水平度偏差不大于 $L/400$（L 为脚手架纵向长度）；立杆的垂直度偏差小于 $H/500$（H 为脚手架高度）；脚手架的纵向直线度偏差小于 $L/200$。

(2)脚手架（架体）搭设。随着工程进度，以底部架子为基础，搭设上部脚手架。与导轨位置相对应的横向承力框架内沿全高设置横向斜杆，在脚手架外侧沿全高设置剪刀撑；在脚手架内侧安装爬升机械的两立杆之间设置剪刀撑。如图 5-46 所示。

脚手板、扶手杆除按常规要求铺放外，底层脚手板必须用木脚手板或者用无网眼的钢脚手板密铺，并要求横向铺至建筑物外墙，不留间隙。脚手架外侧满挂安全网，并要求从脚手架底部兜过来，将安全网固定在建筑物上。

(3)安装导轮组、导轨。在脚手架（架体）与导轨相对应的两根立杆上，各上、下安装两组导轮组，然后将导轨插进导轮和如图 5-47 所示提升滑轮组下的导孔中，导轨与架体连接如图 5-48 所示。在建筑物结构上安装连墙挂板、连墙支杆、连墙支座杆，再将导轨与连墙支座连接如图 5-49 所示。

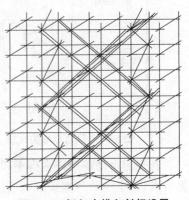

图 5-46　框架内横向斜杆设置

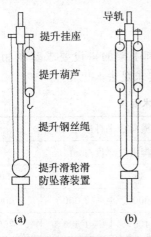

图 5-47　提升机构

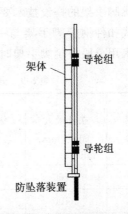

图 5-48　导轨与架体连接

当脚手架（支架）搭设到两层楼高时即可安装导轨，导轨底部（下端）应低于支架1.5 m左右,每根导轨上相同的数字应处于同一水平上。

两根连墙杆之间的夹角宜控制在45°～150°内,用调整连墙杆的长短来调整导轨的垂直度,偏差控制在$H/400$以内。

(4)安装提升挂座、提升葫芦、斜拉钢丝绳、限位器。将提升挂座安装在导轨上(上面一组导轮组下的位置),再将提升葫芦挂在提升挂座上,钢丝绳下端固定在支架立杆的下碗扣底部,上部用在花篮螺栓挂在连墙挂板上,挂好后将钢丝绳拉紧如图5-50所示。

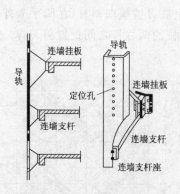

图5-49　导轨与结构连接

图5-50　限位锁设置

若采用电动葫芦则在脚手架上搭设电控柜操作台,并将电缆线布置到每个提升点,同电动葫芦连接好(注意留足电缆线长度)。限位锁固定在导轨上,并在支架立杆的主节点下碗扣底部安装限位锁夹。

要点9:悬挑脚手架搭设的具体要求

1.悬挑脚手架的搭设技术要求

外挑式扣件钢管脚手架与一般落地式钢管脚手架的搭设要求基本相同。高层建筑采用分段外挑脚手架时,脚手架的技术要求见表5-9。

表5-9　分段式外挑脚手架技术要求

允许荷载 /(N/m²)	立杆最大 间距/mm	纵向水平杆 最大间距/mm	横向水平杆间距/mm		
			脚手板厚度/mm		
			30	43	50
1 000	2 700	1 350	2 000	2 000	2 000
2 000	2 400	1 200	1 400	1 400	1 750
3 000	2 000	1 000	2 000	2 000	2 200

2. 支撑杆式挑脚手架搭设

水平横杆→纵向水平杆→双斜杆→内立杆→加强短杆→外立杆→脚手板→栏杆→安全网→上一步架的横向水平杆→连墙杆→水平横杆与预埋环焊接。

按上述搭设顺序一层一层搭设，每段搭设高度以 6 步为宜，并在下面支设安全网。

脚手架的搭设方法是预先拼装好一定的高度的双排脚手架，用塔吊吊至使用位置后，用下撑杆和上撑杆将其固定。

3. 挑梁式脚手架搭设

安置型钢挑梁（架）→安装斜撑压杆→斜拉吊杆（绳）→安放纵向钢梁→搭设脚手架或安放预先搭好的脚手架。每段搭设高度以 12 步为宜。

4. 施工要点

(1) 连墙杆的设置。

根据建筑物的轴线尺寸，在水平方向应每隔 3 跨（隔 6 m）设置一个，在垂直方向应每隔 3~4 m 设置一个，并要求各点互相错开，形成梅花状布置。

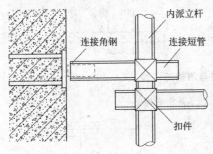

图 5-51　连墙杆的做法

(2) 连墙杆的做法。

在钢筋混凝土结构中预埋铁件，然后用∟100 mm×63 mm×10mm 的角钢，一端与预埋件焊接，另一端与连接短管用螺栓连接如图 5-51 所示。

(3) 垂直控制。

搭设时，要严格控制分段脚手架的垂直度，垂直度偏差：

1) 第一段不得超过 1/400。

2) 第二段、第三段不得超过 1/200。

3) 脚手架的垂直度要随搭随检查，发现超过允许偏差时，应及时纠正。

(4) 脚手板铺设。

脚手架的底层应满铺厚木脚手板，其上各层可满铺薄钢板冲压成的穿孔轻型脚手板。

(5) 安全防护措施。

1) 脚手架中各层均应设置护栏、踢脚板和扶梯。

2) 脚手架外侧和单个架子的底面用小眼安全网封闭，架子与建筑物要保持必要的通道。

(6) 挑梁式挑脚手架立杆与挑梁（或纵梁）的连接，应在挑梁（或纵梁）上焊150~200 mm 长钢管，其外径比脚手架立杆内径小 1.0~1.5 mm，用接长扣件连接，同时在立杆下部设 1~2 道扫地杆，以确保架子的稳定。

　　(7)悬挑梁与墙体结构的连接,应预先预埋铁件或留好孔洞,保证连接可靠,不得随便打凿孔洞,破坏墙体。各支点要与建筑物中的预埋件连接牢固。挑梁、拉杆与结构的连接可参考如图 5-52 和图 5-53 所示的方法。

　　(8)斜拉杆(绳)应装有收紧装置,以使拉杆收紧后能承担荷载。

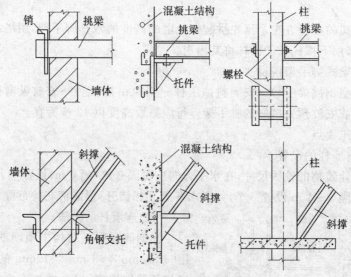

图 5-52　下撑式挑梁与结构的连接

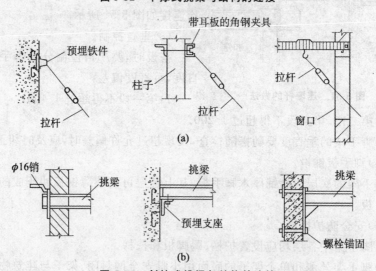

(a)

(b)

图 5-53　斜拉式挑梁与结构的连接

（a）斜拉杆与结构连接方式；（b）悬挑梁的连接方式

第六章

安全与施工组织管理

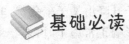 **本章导读**

　　施工安全和施工组织设计是整个建筑工程中的重要环节,它关系到整个工程能否顺利进行,本章限于篇幅关系,仅介绍一些常用的基本知识,如读者另有需求,请参考其他相关书籍。

第一节　施工安全管理

基础必读

要点 1:预防高处坠落和物体打击事故的防护措施

　　(1)进入施工现场的作业人员,必须首先参加安全教育培训,考试合格方可上岗作业,未经培训或考试不合格者,不得上岗作业。

　　(2)建筑登高作业(架子工),必须经过体检,身体健康,并经专业安全技术培训,考试合格,持特种作业操作证上岗作业。架子工的学徒工必须办理学习证,在技工带领、指导下操作,非架子工未经同意不得单独进行作业。

　　(3)所有施工人员均应服从领导、听从指挥,特别是在脚手架上作业时,严禁酒后作业。

　　(4)进入施工现场的人员必须正确戴好安全帽,系好下领带;按照作业要求正确穿戴个人防护用品,着装要整齐;在 2 m 以上(含 2 m)没有可靠安全防护设施的高处、悬崖和陡坡施工时,必须系好安全带;高处作业不得穿硬底和带钉易滑的鞋,不得向下投掷物料,严禁赤脚、穿拖鞋、高跟鞋进入施工现场。

　　(5)施工现场行走要走安全通道,不得攀登脚手架、井字架、龙门架、外用电梯上下。

　　(6)上班作业前应认真察看在施工程洞口、临边安全防护和脚手架护身栏、挡脚板、立网是否齐全、牢固;脚手板是否按要求间距放正、绑牢,有无探头板和空隙。

　　(7)各类脚手架材料必须符合规范要求,安全平网、立网的挂设应符合安全技术要求,未经验收合格前严禁上架子作业,验收使用后不准随便拆改或移动。

(8)无外脚手架或采用单排外脚手架和工具式脚手架时,凡高度在 4 m 以上的建筑物,首层四周必须支设固定 3 m 宽的水平安全网(20 m 以上的建筑物搭设 6 m 宽双层安全网),网底距下方物体表面不得小于 3 m(20 m 以上的建筑物不得小于 5 m)。安全网下方不得堆物品。

(9)施工人员在脚手架、操作平台等高处用水管浇水或移动水管作业时,不得倒退猛拽。严禁在脚手架、操作平台上坐、躺和背靠防护栏杆休息。

(10)脚手架拆除应按由上而下按层按步的拆除程序,先拆护身栏、脚手板和横向水平杆,再依次拆剪刀撑的上部扣件和接杆。拆除剪刀撑、抛撑以前,必须搭设临时加固斜支撑,预防架子倾倒。

(11)各工种在施工作业过程中,脚手架上堆放料量不得超过规定荷载(均布荷载每平方米不得超过 3 kN,集中荷载不超过 1.5 kN)。脚手架上的工具、材料要分散放稳,不得超过允许荷载。

(12)各工种操作人员在使用脚手架之前应先检查脚手板是否有空隙、探头板、护身栏、挡脚板,确认合格后,方可使用。吊篮架子升降由架子工负责,非架子工不得擅自拆改或升降。作业过程中遇有脚手架影响正常施工时,未经领导同意,严禁拆除。必要时由架子工负责采取加固措施后方可拆除。

(13)脚手板不得搭设在门窗、散热器、洗脸池等非承重的物器上。阳台通廊部位抹灰,外侧必须挂设安全网。严禁踩踏脚手架的护身栏杆和阳台栏板进行操作。

(14)作业人员采用在高凳上铺脚手板时,宽度不得少于 2 块(50 cm)脚手板,间距不得大于 2 m,移动高凳时上面不得站人,作业人员最多不得超过 2 人。高度超过 2 m 时,应由架子工搭设脚手架。

(15)高度 2 m 以下的作业可使用人字梯,超过 2 m 按规定搭设脚手架。所使用的人字梯应四脚落地,摆放平稳,梯脚应设防滑橡皮垫和保险拉链。人字梯上搭铺脚手板,脚手板两端搭接长度不得小于 20 cm。脚手板中间不得同时两人操作,梯子挪动时,作业人员必须下来,严禁站在梯子上踩高跷式挪动。人字梯顶部铰轴不准站人、不准铺设脚手板。人字梯应经常检查,发现开裂、腐朽、禅头松动、缺挡等不得使用。

(16)玻璃工悬空高处作业必须系好安全带,严禁腋下挟住玻璃,另一手扶梯攀登上下。玻璃幕墙安装应利用外脚手架或吊篮架子从上往下逐层安装,抓拿玻璃时应用橡皮吸盘。

(17)升降吊篮时,必须同时摇动所有手扳葫芦或拉动倒链,各吊点必须同时升降,保持吊篮平衡。吊篮升降时不要碰撞建筑物,特别是阳台、窗户等部位,应有专人负责推动吊篮,防止吊篮挂碰建筑物。

(18)从脚手架或操作平台坠落是高处坠落事故的常见形式之一,针对相邻两外挂脚手架操作平台之间大于 300 mm 的空隙,应按临边防护要求进行防护。小于 300 mm 的空隙,可覆盖盖板,盖板只固定一边,既保证盖板不滑脱,又保证盖板可以进行 180°旋转,目的是不影响外挂架子的随层提升,当外挂架子提升后,把两外挂架之间的盖板再旋转过来,盖住空隙即可。这样既能满足对两外挂架之间空隙的有效防护,又避免了多次解除和重新绑扎盖板的重复用工。

要点 2:现场施工中的防火基本要求

(1)施工现场总平面布置图,施工方法和施工技术均要符合防火安全要求。

(2)开工前按施工组织、设计、防火措施的需要,配置相应种类数量的消防器材设备设施。

(3)焊割作业与氧气瓶、电石桶和乙炔发生器等危险品的存放使用均应符合规定的安全距离。

(4)施工现场的防火作业,必须按防火要求,严格执行"十不烧"的规定。

(5)施工现场的防火作业,必须执行审批制度。

(6)施工现场的用电,严格按照施工现场临时用电安全技术规范,加强电流管理,以防发生电气火灾。

(7)发现火警时,应迅速正确的报警,并积极参加补救。

(8)负责定期向职工进行防火安全教育和普及消防知识教育,提高职工防火警惕性。

(9)定期实行防火安全检查制度,发现火险隐患,必须立即消除,对于难于消除的隐患限期整改。

(10)对违反规定造成火灾的有关人员进行处罚,情节严重的依法追究刑事责任。

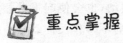 重点掌握

要点 3:起重吊装作业的安全技术要求

(1)操纵室远离地面的起重机,在正常指挥发生困难时,地面及作业层(高空)的指挥人员均应采用对讲机等有效的通讯联络进行指挥。

(2)起重机的内燃机、电动机和电气、液压装置部分,应分别按照内燃机、电动机和电气、液压装置部分安全操作技术要求进行操作。

(3)在吊装过程中,不可避免会遇到一些需要超过规定起重性能进行吊装,操作人员应按规定的起重性能作业,不得超载。在特殊情况下需超载使用时,

必须经过验算,有保证安全的技术措施,并写出专题报告,经企业技术负责人批准,有专人在现场监护下,方可作业。

(4)起重机进行斜拉、斜吊导致其作用力在起重机一侧,将破坏起重机的稳定性,造成超载及钢丝绳出槽,还会使其重臂因侧向力而扭弯,甚至造成倾翻事故。为了避免起重机的稳定性遭到破坏,严禁使用起重机进行斜拉、斜吊和起吊地下埋设或凝固在地面上的重物以及其他不明重量的物体。现场浇筑的混凝土构件或模板,必须全部松动后方可起吊。

(5)为保证在起重吊装作业中正确操作机械,操作人员在作业前必须对工作现场环境、行驶道路、架空电线、建筑物以及构件重量和分布情况进行全面了解。

(6)操作人员进行起重机回转、变幅、行走和吊钩升降等动作前,应发出音响信号示意。

(7)起吊重物应绑扎平稳、牢固,不得在重物上再堆放或悬挂零星物件。易散落物件应使用吊笼栅栏固定后方可起吊。标有绑扎位置的物件,应按标记绑扎后起吊。吊索与物体的夹角越小,吊索受拉力越大,同时,吊索对物体的水平压力也越大,因此,吊索与物件的夹角宜采用 $45°\sim60°$,且不得小于 $30°$,吊索与物件棱角之间应加垫块。

(8)现场施工负责人应为起重机作业创造必备的操作条件,提供足够的工作场地,清除或避开起重臂起落及回转半径内的障碍物,以保证机械安全作业。

(9)起重机荷载越大,安全系数越小,越要认真对待。为了预防事故的发生,起吊荷载达到起重机额定起重量的 90% 及以上时,应先将重物吊离地面 $200\sim500$ mm 后,检查起重机的稳定性,制动器的可靠性,重物的平稳性,绑扎的牢固性,确认无误后方可继续起吊。对易晃动的重物应拴拉绳。

(10)重物下降时突然制动,其冲击荷载将使起升机构损伤,严重时会破坏起重机稳定性而倾翻,因此重物起升和下降速度应平稳、均匀,不得突然制动。如果回转未停稳即反转,所吊重物因惯性而大幅度摆动,也会使起重臂扭弯或起重机倾翻。所以,左右回转应平稳,当回转未停稳前不得作反向动作。非重力下降式起重机,不得带载自由下降。

(11)起吊重物长时间悬挂在空中,如遇操作人员疏忽或制动器失灵时,将使重物失控而快速下降,造成事故。所以,作业中遇突发故障,应采取措施将重物降落到安全地方,并关闭发动机或切断电源后进行检修。在突然停电时,应立即把所有控制器拨到零位,断开电源总开关,并采取措施使重物降到地面。

(12)各类起重机应装有音响清晰的喇叭、电铃或汽笛等信号装置。在起重臂、吊钩、平衡重等转动体上应标以鲜明的色彩标志。

(13)起重机不得靠近架空输电线路作业。起重机的任何部位与架空输电导线的安全距离不得小于表 6-1 的要求。

表 6-1　起重吊装机械与架空输电导线的安全距离

输电导线电压/kV	<1	1～15	20～40	60～110	220
允许沿输电导线垂直方向最近距离/m	1.5	3	4	5	6
允许沿输电导线水平方向最近距离/m	1	1.5	2	4	6

　　(14)起重机使用的钢丝绳,应有钢丝绳制造厂签发的产品技术性能和质量的证明文件。当无证明文件时,必须经过试验合格后方可使用。

　　(15)雨、雪天气能使露天作业的起重机部分机件受潮,尤其是制动带受潮后影响制动性能,所以在露天有六级及以上大风或大雨、大雪、大雾等恶劣天气时,应停止起重吊装作业。雨雪过后作业前,应先试吊,确认制动器灵敏可靠后方可进行作业。

　　(16)起重机使用的钢丝绳,其结构形式、规格及强度应符合该型起重机使用说明书的要求。钢丝绳与卷筒应连接牢固,放出钢丝绳时,卷筒上应至少保留 3 圈,收放钢丝绳时应防止钢丝绳打环、扭结、弯折和乱绳,不得使用扭结、变形的钢丝绳。使用编结的钢丝绳,其编结部分在运行中不得通过卷筒和滑轮。

　　(17)钢丝绳采用编结固接时,编结部分的长度不得小于钢丝绳直径的 20 倍,并不应小于 300 mm,其编结部分应捆扎细钢丝。当采用绳卡固接时,与钢丝绳直径匹配的绳卡的规格、数量应符合表 6-2 的要求。最后一个绳卡距绳头的长度不得小于 140 mm,绳卡滑鞍(夹板)应在钢丝绳承载时受力的一侧,U 形螺栓应在钢丝绳的尾端,不得正反交错。绳卡初次固定后,应待钢丝绳受力后再度紧固,并宜拧紧到使两绳直径高度压扁 1/30 作业中应经常检查紧固情况。

表 6-2　与绳径匹配的绳卡数

钢丝绳直径/mm	<10	10～20	21～26	28～36	36～40
最少绳卡数/个	3	4	5	6	7
绳卡间距/mm	80	140	160	220	240

　　(18)每班作业前,应检查钢丝绳及钢丝绳的连接部位。当钢丝绳在一个节距内断丝根数达到或超过表 6-3 根数要求时,应予报废。当钢丝绳表面锈蚀或磨损使钢丝绳直径显著减少时,应将表 6-3 报废标准按表 6-4 折减,并按折减后的断丝数报废。

表 6-3　钢丝绳报废标准(一个节距内的断丝数)

采用的安全系数	钢丝绳规格					
	6×19+1		6×37+1		6×61+1	
	交互捻	同向捻	交互捻	同向捻	交互捻	同向捻
6 以下	12	6	22	11	36	18
6～7	14	7	26	13	38	19
7 以上	16	8	30	15	40	20

表 6-4　钢丝绳锈蚀或磨损时报废标准的折减系数

钢丝绳表面锈蚀磨损量(%)	10	15	20	25	30～40	>40
折减系数	85	75	70	60	50	报废

(19)起重吊装的指挥人员必须持证上岗,作业时应与操作人员密切配合,执行规定的指挥信号,不得违章指挥。操作人员应按照指挥人员的信号进行作业,当信号不清或错误时,操作人员可拒绝执行,不得违章操作。

(20)为了避免将手或脚卷进卷筒造成伤亡,向转动的卷筒上缠绕钢丝绳时,不得用手拉或脚踩来引导钢丝绳。钢丝绳涂抹润滑脂,必须在停止运转后进行。

(21)起重机的变幅指示器、力矩限制器、起重量限制器以及各种行程限位开关等安全保护装置,应完好齐全、灵敏可靠,不得随意调整或拆除。严禁利用限制器和限位装置代替操纵机构。

(22)起重机的吊钩和吊环严禁补焊,当出现下列情况之一时应更换:

1)表面有裂纹、破口。

2)危险断面及钩颈有永久变形。

3)吊钩衬套磨损超过原厚度 50%。

4)挂绳处断面磨损超过高度 10%。

5)心轴(销子)磨损超过其直径的 3%～5%。

(23)起重机作业时,起重臂和重物下方严禁有人停留、工作或通过。重物吊运时,严禁从人上方通过。严禁用起重机载运人员。

(24)当起重机制动器的制动鼓表面磨损达 1.5～2.0 mm(小直径取小值,大直径取大值)时,应更换制动鼓,同样,当起重机制动器的制动带磨损超过原厚度 50%时,应更换制动带。

要点 4：现场施工临时用电的基本要求和常见隐患的排除

1. 一般要求

（1）施工现场的临时用电电力系统严禁利用大地做相线或零线。

（2）相线、N 线、PE 线的颜色标记必须符合以下规定：相线 L1（A）、L2（B）、L3（C）相序的绝缘颜色依次为黄、绿、红色；N 线的绝缘颜色为淡蓝色；PE 线的绝缘颜色为绿/黄双色。任何情况下上述颜色标记严禁混用和互相代用。

（3）在施工现场专用变压器的供电的 TN-S 接零保护系统中，电气设备的金属外壳必须与保护零线连接。保护零线应由工作接地线、配电室（总配电箱）电源侧零线或总漏电保护器电源侧零线处引出。

（4）接地装置的设置应考虑土壤干燥或冻结等季节变化的影响，并应符合表 6-5 的要求，防雷装置的冲击接地电阻值只考虑在雷雨季节中土壤干燥状态的影响。

表 6-5　接地装置的季节系数 ϕ 值

埋深/m	ϕ	
	水平接地体	长 2~3 m 的垂直接地体
0.5	1.4~1.8	1.2~1.4
0.8~1.0	1.25~1.45	1.15~1.3
2.5~3.0	1.0~1.1	1.0~1.1

注：大地比较干燥时，取表中较小值；比较潮湿时，取表中较大值。

（5）二次侧为 50V 及以下电压的安全隔离变压器时，二次侧不得接地，并应将二次线路用绝缘管保护或采用橡皮护套软线。

当采用普通隔离变压器时，其二次侧一端应接地，且变压器正常不带电的外露可导电部分应与一次回路保护零线相连接。

（6）PE 线所用材质与相线、工作零线（N 线）相同时，其最小截面应符合表 6-6 的规定。

表 6-6　PE 线截面与相线使面的关系

相线芯线截面 S/mm²	PE 线最小截面/mm²
$S \leqslant 16$	5
$16 < S \leqslant 35$	16
$S > 35$	$S/2$

(7)保护零线必须采用绝缘导线。配电装置和电动机械相连接的 PE 线应为截面不小于 2.5 mm² 的绝缘多股铜线。手持式电动工具的 PE 线应为截面不小于 1.5 mm² 的绝缘多股铜线。

(8) PE 线上严禁装设开关或熔断器,严禁通过工作电流,且严禁断线。

(9)当施工现场与外电线路共用同一供电系统时,电气设备的接地、接零保护应与原系统保持一致;不得一部分设备做保护接零,另一部分设备做保护接地;采用 TN 系统做保护接零时,工作零线(N 线)必须通过总漏电保护器,保护零线(PE 线)必须由电源进线零线重复接地处或总漏电保护器电源侧零线处,引出形成局部 TN-S 接零保护系统。

(10)在 TN 接零保护系统中,通过总漏电保护器的工作零线与保护零线之间不得再做电气连接;在 TN 接零保护系统中,PE 零线应单独敷设。重复接地线必须与 PE 线相接,严禁与 N 线相连接。

2. 保护接零

(1)城防、人防、隧道等潮湿或条件特别恶劣施工现场的电气设备必须采用保护接零。

(2)在 TN 系统中,下列电气设备不带电的外露可导电部分,可不做保护接零。

1)安装在配电柜、控制柜金属框架和配电箱的金属箱上,且与其可靠电气连接的电气测量仪表、电流互感器、电器的金属外壳。

2)在木质、沥青等不良导电地坪的干燥房间内,交流电压 380 V 及以下的电气装置金属外壳(当维修人员可能同防触及电气设备金属外壳和接地金属物件时除外)。

(3)在 TN 系统中,下列电气设备不带电的外露可导电部分应做保护接零。

1)配电柜与控制柜的金属框架。

2)电气设备传动装置的金属部件。

3)电机、变压器、电器、照明器具、手持式电动工具的金属外壳。

4)配电装置的金属箱体、框架及靠近带电部分的金属围栏和金属门。

5)安装在电力线路杆(塔)上的开关、电容器等电气装置的金属外壳及支架。

6)电力线路的金属保护管、敷线的钢索、起重机的底座和轨道、滑升模板金属操作平台等。

3. 接地与接地电阻

(1)移动式发电机供电的用电设备,其金属外壳或底周应与发电机电源的接地装置有可靠的电气连接。

(2)在 TN 系统中,严禁将单独敷设的工作零线再做重复接地。

(3)每一接地装置的接地线应采用 2 根及以上导体，在相同点与接地体做电气连接；不得采用铝导体做接地体或地下接地线；垂直接地体宜采用角钢、钢管或光面圆钢，不得使用螺纹钢；接地可利用自然接地体，但应保证其电气连接和热稳定。

(4) TN 系统中的保护零线除必须在配电室或总配电灌处做重复接地外。还必须在配电系统的中间处和末端处侧重复接地；在 TN 系统中，保护零线每一处重复接地装置的接地电阻值不应大于 10 Ω。在工作接地电阻值允许达到 10 Ω 的电力系统中，所有重复接地的等效电阻值不应大于 10 Ω。

(5)单台容量超过 100 kV·A 或使用同一接地装置并联运行且总容量超过 100 kV·A 的电力变压器或发电机的工作接地电阻值不得大于 4 Ω；单台容量不超过 100 kV·A 或使用同一接地装置并联运行且总容量不超过 100 kV·A 的电力变压器或发电机的工作接地电阻值不得大于 10 Ω；在土壤电阻率大于 1000 Ωm 的地区，当达到上述接地电阻值有困难时，工作接地电阻值可提高到 30 Ω。

(6)在有静电的施工现场内，对集聚在机械设备上的静电应采取接地泄漏措施。每组专设的静电接地体的接地电阻值不应大于 100 Ω，高土壤电阻率地区不应大于 1000 Ω。

(7)移动式发电机系统接地应符合电力变压器系统接地的要求。下列情况可不另做保护接零。

1)不超过 2 台的用电设备由专用的移动式发电机供电，供、用电设备间距不超过 50 m，且供、用电设备的金属外壳之间有可靠的电气连接时。

2)移动式发电机和用电设备固定在同一金属支架上，且不供给其他设备用电时。

4.安全隐患

(1)用电作业存在的事故隐患。

1)未按要求使用安全电压。

2)停用设备未拉闸断电，锁好开关箱。

3)电气设备设施采用不合格产品。

4)灯具金属外壳未做保护接零。

5)电箱内的电器和导线有带电明露部分，相线使用端子板连接。

6)电缆过路无保护措施。

7)36V 安全电压照明线路混乱和接头处未用绝缘胶布包扎。

8)电工作业未穿绝缘鞋，作业工具绝缘设施损坏。

9)用铝导体、螺纹钢作接地体或垂直接地体。

10)配电不符合三级配电二级保护的要求。

11) 搬迁或移动用电设备未切断电源,未经电工妥善处理。

12) 手持照明灯未使用 36V 及以下电源供电。

13) 施工用电设备和设施线路裸露,电线老化破皮未包。

14) 照明线路混乱,接头未绝缘。

15) 停电时未挂警示牌,带电作业现场无监护人。

16) 保护零线和工作零线混接。

17) 配电箱的箱门内无系统图和开关电器未标明用途无专人负责。

18) 未使用五芯电缆,使用四芯加一芯代替五芯电缆。

19) 外电与设施设备之间的距离小于安全距离又无防护或防护措施不符合要求。

20) 电气设备发现问题未及时请专业电工检修。

21) 高压设备未采用屏蔽保护。

22) 在潮湿场所不使用安全电压。

23) 用电器一次线长度超过规定。

24) 闸力损坏或闸具不符合要求。

25) 电箱无门、无锁、无防雨措施。

26) Ⅰ类手持移动工具无保护接零,不使用绝缘手套。

27) Ⅱ类手持移动工具不使用绝缘用品。

28) 电箱安装位置不当,周围杂物多,没有明显的安全标志。

29) 高度小于 2.4 m 的室内未用安全电压。

30) 现场缺乏相应的专业电工,电工不掌握所有用电设备的性能。

31) 接触带电导体或接触与带电体(含电源线)连通的金属物体。

32) 用其他金属丝代替熔丝。

33) 开关箱无漏电保护器或失灵,漏电保护装置参数不匹配。

34) 各种机械未做保护接零或无漏电保护器。

(2) 接零接地及防雷存在的事故隐患。

1) 固定式设备未使用专用开关箱,未执行"一机、一闸、一漏、一箱"的规定。

2) 施工现场的电力系统利用大地作相线和零线。

3) 电气设备的不带电的外露导电部分,未做保护接零。

4) 使用绿/黄双色线做负荷线。

5) 现场专用中性点直接接地的电力线路未采用 TN-S 接零保护系统。

6) 作防雷接地的电气设备未同时做重复接地。

7) 保护零线未单独敷设,并作他用。

8) 电力变压器的工作接地电阻大于 4 Ω。

9) 塔式起重机(含外用电梯)的防雷冲击接地电阻值大于 10 Ω。

10)保护零线装置设开关或熔断器,零线有拧缠式接头。

11)同一供电系统一部分设备作保护接零,另一部分设备做保护接地(除电梯、塔吊设备外)。

12)保护零线未按规定在配电线路中做重复接地。

13)重复接地装置的接地电阻值大于 10 Ω。

14)潮湿和条件特别恶劣的施工现场的电气设备未采用保护接零。

(3)外电防护存在的事故隐患。

1)起重机和吊物边缘与架空线的最小水平距离小于安全距离,未搭设安全防护设施;未悬挂醒目的警告标示牌。

2)在高低压线路下施工、搭设作业棚、建造生活设施或堆放构件、架体和材料。

3)机动车道和架空线路交叉,垂直距离小于安全距离。

4)土方开挖非热管道与埋地电缆之间的距离小于 0.5 m。

5)架设外电防护设施无电气工程技术人员和专职安全员负责监护。

6)外电架空线路附近开沟槽时无防止电杆倾倒措施。

7)在建工程和脚手架外侧边缘与外电架空线路的边线未达到安全距离且未采取防护措施;未悬挂醒目的警示标。

第二节　施工组织设计

 基础必读

要点 1:一般工程的施工方案的编制内容

(1)施工流向和施工顺序。

(2)施工阶段划分。

(3)施工方法和施工机械选择。

(4)安全施工设计。

(5)环境保护内容及方法。如果该方案是包含在项目管理规划大纲或项目管理实施大纲中,上述内容能满足施工的要求。如果对一分项工程单独编制施工方案,则上述内容略显单薄。

通常来讲,对一分项工程单独编制的施工方案应主要包括以下内容:

(1)编制依据。

(2)分项工程概况和施工条件,说明分项工程的具体情况,选择本方案的优点、因素以及在方案实施前应具备的作业条件。

（3）施工总体安排。包括施工准备、劳动力计划、材料计划、人员安排、施工时间、现场布置及流水段的划分等。

（4）施工方法工艺流程、施工工序、四新项目详细介绍。可以附图附表直观说明，有必要的进行设计计算。

（5）质量标准。阐明主控项目、一般项目和允许偏差项目的具体根据和要求，注明检查工具和检验方法。

（6）质量管理点及控制措施。分析分项工程的重点难点，制定针对性的施工及控制措施及成品保护措施。

（7）安全、文明及环境保护措施。

（8）其他事项。

要点 2：一般工程的施工进度计划的编制内容

（1）计算工程量来源：根据批准的工程项目一览表，按单位工程分别计算其主要实物工程量，工程量只需粗略地计算即可。工程量的计算可按初步设计（或扩大初步设计）图纸和有关额定手册或资料进行。

（2）确定各单位工程的施工期限各单位工程的施工期限应根据合同工期确定，同时还要考虑建筑类型、结构特征、施工方法、施工管理水平、施工机械化程度及施工现场条件等因素。

（3）确定各单位工程的开竣工时间和相互搭接关系主要应考虑以下几点：

1）同一时期施工的项目不宜过多，以避免人力、物力过于分散。

2）尽量做到均衡施工，以使劳动力、施工机械和主要材料的供应在整个工期范围内达到均衡。

3）尽量提前建设可供工程施工使用的永久性工程，以节省临时工程费用。

4）急需和关键的工程先施工，以保证工程项目如期交工。对于某些技术复杂、施工周期较长、施工困难较多的工程，也应安排提前施工，以利于整个工程项目按期交付使用。

5）施工顺序必须与主要生产系统投入生产的先后次序相吻合。同时还要安排好配套工程的施工时间，以保证建成的工程能迅速投入生产或交付使用。

6）应注意季节对施工顺序的影响，使施工季节不导致工期拖延，不影响工程质量。

7）安排一部分附属工程或零星项目作为后备项目，用以调整主要项目的施工进度。

8）注意主要工种和主要施工机械能连续施工。

（4）编制初步施工总进度计划应安排全工地性的流水作业。全工地性的流水作业安排应以工程量大、工期长的单位工程为主导,组织若干条流水线,并以此带动其他工程。施工总进度计划既可以用横道图表示,也可以用网络图表示。

(5)编制正式施工总进度计划初步施工总进度计划编制完成后,要对其进行检查。主要是检查总工期是否符合要求,资源使用是否均衡且其供应是否能得到保证。

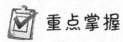 重点掌握

要点3:网络计划的关键线路

在关键线路法(CPM)中,线路上所有工作的持续时间总和称为该线路的总持续时间。总持续时间最长的线路称为关键线路,关键线路的长度就是网络计划的总工期。

在网络计划中,关键线路可能不止一条。而且在网络计划执行过程中,关键线路还会发生转移。

关键线路上的工作称为关键工作。在网络计划的实施过程中,关键工作的实际进度提前或拖后,均会对总工期产生影响。因此,关键工作的实际进度是建设工程进度控制工作中的重点。

要点4:双代号网络计划的基本编制方法

1.绘图规则

(1)网络图必须按照已定的逻辑关系绘制。由于网络图是有向、有序网状图形,所以其必须严格按照工作之间的逻辑关系绘制,这同时也是为保证工程质量和资源优化配置及合理使用所必需的。例如,已知工作之间的逻辑关系如表6-7所示,若绘出网络图6-1(a)则是错误的,因为工作A不是工作D的紧前工作。此时,可用虚箭线将工作A和工作D的联系断开,如图6-1(b)所示。

表6-7 工作之间的逻辑关系

工　　作	A	B	C	D
紧前工作	—	—	A、B	B

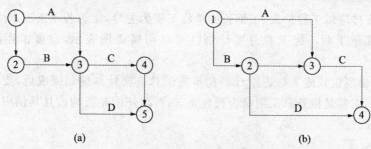

图 6-1　按表 6-2 绘制的网络图

（a）错误画法；（b）正确画法

（2）网络图中严禁出现从一个节点出发，顺箭头方向又回到原出发点的循环回路。如果出现循环回路，会造成逻辑关系混乱，使工作无法按顺序进行。当然，此时节点编号也发生错误。

（3）网络图中的箭线（包括虚箭线，以下同）应保持自左向右的方向，不应出现箭头指向左方的水平箭线和箭头偏向左方的斜向箭线。若遵循该规则绘制网络图，就不会出现循环回路。

（4）网络图中严禁出现双向箭头和无箭头的连线。因为工作进行的方向不明确，因而不能达到网络图有向的要求。

（5）网络图中严禁出现没有箭尾节点的箭线和没有箭头节点的箭线。图 6-2 即为错误的画法。

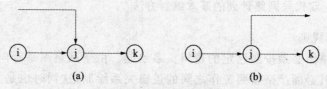

图 6-2　错误的画法

（a）存在没有箭尾节点的箭线；（b）存在没有箭头节点的箭线

（6）严禁在箭线上引入或引出箭线，图 6-3 即为错误的画法。

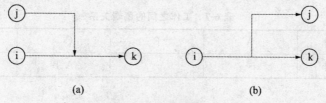

图 6-3　错误的画法

（a）在箭线上引入箭线；（b）在箭线上引出箭线

但当网络图的起点节点有多条箭线引出（外向箭线）或终点节点有多条箭线引入（内向箭线）时，为使图形简洁，可用母线法绘图。即：将多条箭线经一条共用的垂直线段从起点节点引出,或将多条箭线经一条共用的垂直线段引入终点节点,如图 6-4 所示。对于特殊线型的箭线,如粗箭线、双箭线、虚箭线、彩色箭线等,可在从母线上引出的支线上标出。

(7)应尽量避免网络图中工作箭线的交叉。当交叉不可避免时,可以采用过桥法或指向法处理,如图 6-5 所示。

(8)网络图中应只有一个起点节点和一个终点节点(任务中部分工作需要分期完成的网络计划除外)。除网络图的起点节点和终点节点外,不允许出现没有外向箭线的节点和没有内向箭线的节点。

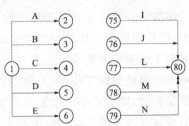

图 6-4　母线法

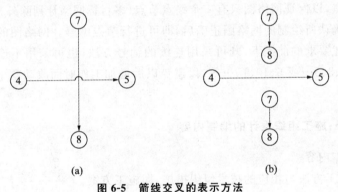

(a) (b)

图 6-5　箭线交叉的表示方法

(a) 过桥法;(b)指向法

2.绘图方法

(1)绘制没有紧前工作的工作箭线,使它们具有相同的开始节点,以保证网络图只有一个起点节点。

(2)依次绘制其他工作箭线。这些工作箭线的绘制条件是其所有紧前工作箭线都已经绘制出来。在绘制这些工作箭线时,应按下列原则进行:

1)当所要绘制的工作只有一项紧前工作时,则将该工作箭线直接画在其紧前工作箭线之后即可。

2)当所要绘制的工作有多项紧前工作时,应按以下四种情况分别予以考虑:①对于所要绘制的工作(本工作)而言,如果在其紧前工作之中存在一项只作为本工作紧前工作的工作(即在紧前工作栏目中,该紧前工作只出现一次),则应将本工作箭线直接画在该紧前工作箭线之后,然后用虚箭线将其他紧前工作箭线的箭头节点与本工作箭线的箭尾节点分别相连,以表达它们之间的逻辑关系。②对于所要绘制的工作(本工作)而言,如果在其紧前工作之中存在多项只作为本工作紧前工作的工作,应先将这些紧前工作箭线的箭头节点合并,再从合并后的节点开始,画出本工作箭线,最后用虚箭线将其他紧前工作箭线的箭头节点与本工作箭线的箭尾节点分别相连,以表达它们之间的逻辑关系。③对于所要绘制的工作(本工作)而言,如果不存在情况①和情况②时,应判断本工作的所有紧前工作是否都同时作为其他工作的紧前工作(即在紧前工作栏目中,这几项紧前工作是否均同时出现若干次)。如果上述条件成立,应先将这些紧前工作箭线的箭头节点合并后,再从合并后的节点开始画出本工作箭线。④对于所要绘制的工作(本工作)而言,如果既不存在情况①和情况②,也不存在情况③时,则应将本工作箭线单独画在其紧前工作箭线之后的中部,然后用虚箭线将其各紧前工作箭线的箭头节点与本工作箭线的箭尾节点分别相连,以表达它们之间的逻辑关系。

3.当各项工作箭线都绘制出来之后,应合并那些没有紧后工作之工作箭线的箭头节点,以保证网络图只有一个终点节点(多目标网络计划除外)。

4.当确认所绘制的网络图正确后,即可进行节点编号。网络图的节点编号在满足前述要求的前提下,既可采用连续的编号方法,也可采用不连续的编号方法,如1、3、5…或5、10、15…等,以避免以后增加工作时而改动整个网络图的节点编号。

要点5:施工组织设计的编制内容

1.基本内容

(1)施工方法与相应的技术组织措施,即施工方案。

(2)施工进度计划。

(3)施工现场平面布置。

(4)各种资源需要量及其供应。

在这四项基本内容中,第(3)、(4)项主要用于指导准备工作的进行,为施工创造物质技术条件。人力、物力的需要量是决定施工平面布置的重要因素之一,而施工平面布置又反过来指导各项物质的因素在现场的安排。第(1)、(2)两项内容则主要指导施工过程的进行,规定整个的施工活动。施工组织设计的这几项内容是有机地联系在一起的,它们互相促进,互相制约,密不可分。至于每个施工组织设计的具体内容,将因工程的情况和使用的目的之差异,而有多寡、繁简与深浅之分。

2.具体内容

(1)施工组织总设计应包括以下内容:

1)建设项目的工程概况。

2)施工部署及主要建筑物或构筑物的施工方案。

3)全场性施工准备工作计划。

4)施工总进度计划。

5)各项资源需要量计划。

6)全场性施工总平面图设计。

7)各项技术经济指标。

(2)单位工程施工组织设计应包括以下内容:

1)工程概况及其施工特点。

2)施工方案的选择。

3)单位工程施工准备工作计划。

4)单位工程施工进度计划。

5)各项资源需要量计划。

6)单位工程施工平面图设计。

7)质量、安全、节约及冬雨季施工的技术组织保证措施。

8)主要技术经济指标。

(3)分部分项工程施工组织设计应包括以下内容:

1)分部分项工程概况及其施工特点的分析。

2)施工方法及施工机械的选择。

3)分部分项工程施工准备工作计划。

4)分部分项工程施工进度计划。

5)劳动力、材料和机具等需要量计划。

6)质量、安全和节约等技术组织保证措施。

7)作业区施工平面布置图设计。

参 考 文 献

[1] 北京建工集团有限责任公司.建筑设备安装分项工程施工工艺标准 [S].北京:中国
建筑工业出版社,2008.

[2] 北京城建集团:建筑、路桥、市政工程工艺标准 [S].北京:中国计划出版社,2007.

[3] 北京建工集团有限责任公司.建筑分项工程施工工艺标准 [S].北京:中国建筑工业
出版社,2008.

[4] 中国建筑第八工程局.建筑工程施工技术标准 [S].北京:中国建筑工业出版
社,2005.

[5] 中国建筑工业出版社.新版建筑工程施工质量验收规范汇编 [M].北京:中国建筑工
业出版社、中国计划出版社,2003.

[6] 北京建工集团有限责任公司.建筑分项工程施工工艺标准 [S].北京:中国建筑工业
出版社,2008.

[7] 北京市建设委员会.建筑安装分项工程施工工艺规程（DBJ/T01-26-2003）[S].
北京:中国市场出版社,2004.